QC検定®
テキスト&問題集 2級

QC検定®は、一般財団法人日本規格協会の登録商標です。

成美堂出版

ＱＣ検定® ２級試験範囲の全体像

ＱＣ検定®２級の試験範囲は、**Ⅰ 手法編**と**Ⅱ 実践編**から構成されています。本書では手法編を10章分、実践編を７章分に分けて解説します。

学習の序盤は各章を断片的に学習する形になるかも知れませんが、下の試験範囲(一例)を参考に現在どこの学習を行っているかを意識し、学習を深めていくにつれて全体を有機的につなげ合わせて、全体像の中で現在どの学習をしているかをイメージすると効果的だと思います。

ＱＣ検定®２級の試験範囲(一例)

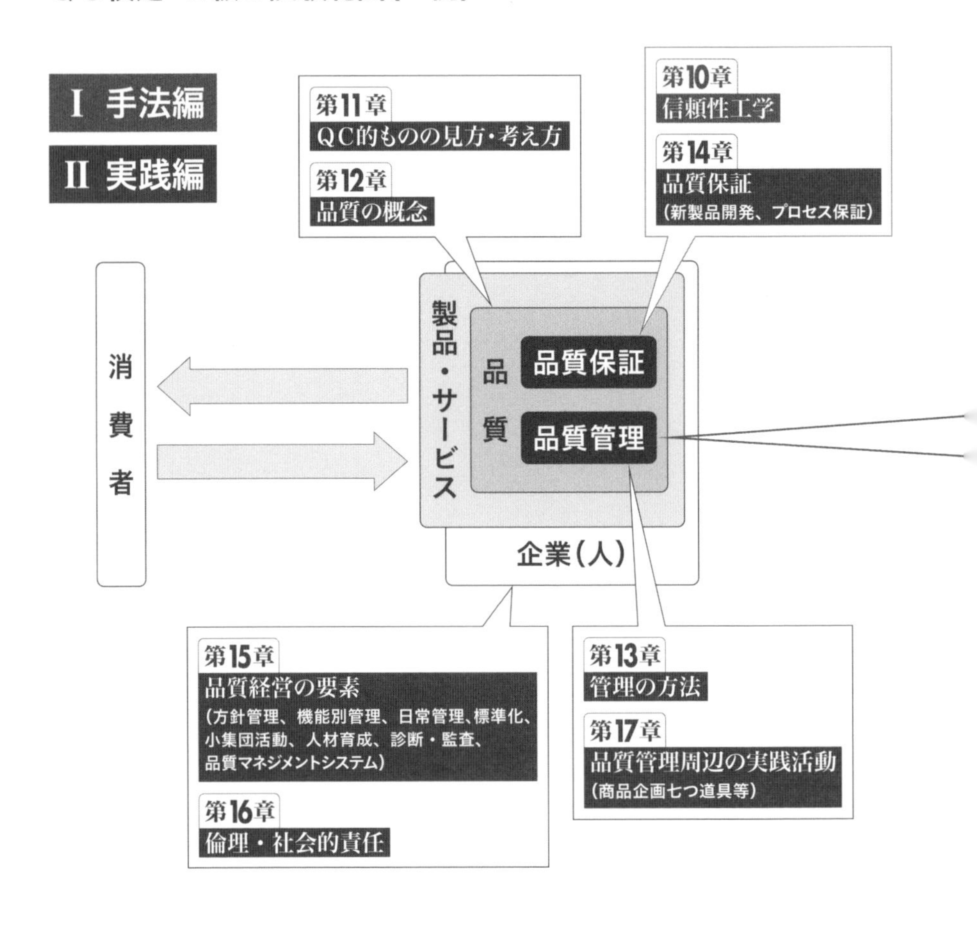

各章末には**練習問題**を、巻末には**模擬試験**を付けています。練習問題は、各章の基本的な内容を復習・確認できるように、模擬試験は、本番さながらの雰囲気で臨んでいただけるように用意しました。

手法編は、主に計算問題が出題されますので、問題文を丁寧に読み、用いる計算式を適切に選んで、計算を行うことが大切です。一方、**実践編**は、主に文章の穴埋め問題が出題されますので、出題範囲を大まかにかつ体系的に理解したうえで、文章読解能力を総動員して臨むことが大切です。

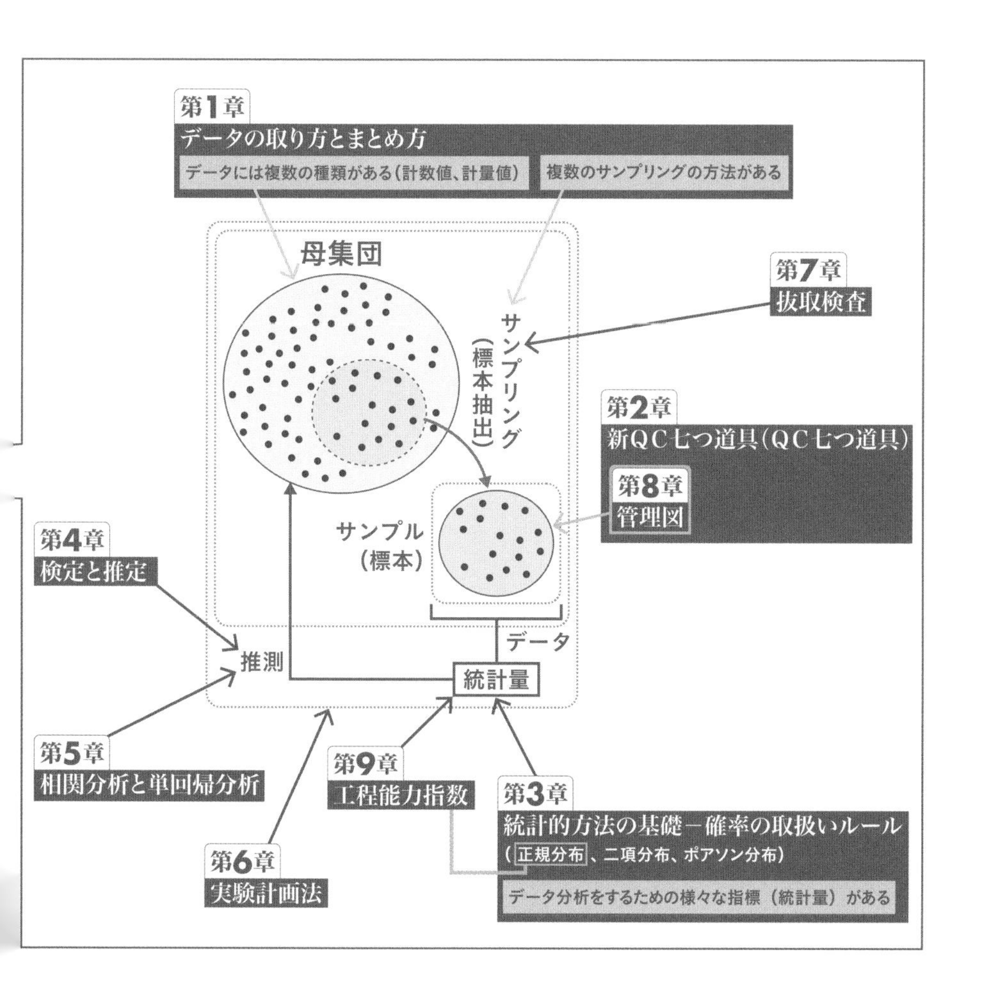

目次

ＱＣ検定®２級試験範囲の全体像……2

はじめに……10

I 手法編

第1章 データの取り方とまとめ方 11

1 データを取り扱う理由など……12
2 データの種類……12
3 データの変換……13
4 母集団とサンプル……13
5 サンプリングの種類……14
6 基本統計量……16
練習問題 19

第2章 新QC七つ道具 21

1 新ＱＣ七つ道具とは……22
2 ＱＣ七つ道具のおさらい……26
練習問題 31

第3章 統計的方法の基礎 35

1 確率とは……36

2 正規分布 …… 37
3 二項分布 …… 40
4 ポアソン分布 …… 42
5 期待値、分散、共分散の基本性質(公式) …… 43
6 統計量の分布 …… 46
練習問題 51

第4章
検定と推定 55

1 検定と推定の概要 …… 56
2 仮説の考え方(帰無仮説、対立仮説) …… 60
3 有意水準について …… 64
4 推定について(点推定、区間推定) …… 65
5 検定と推定の手順 …… 65
練習問題 100

第5章
相関分析と単回帰分析 105

1 相関分析 …… 106
2 単回帰分析 …… 111
練習問題 118

第6章
実験計画法 121

1 実験計画法の概要 …… 122
2 要因配置実験 …… 124
練習問題 142

第7章 抜取検査 147

1 抜取検査 …… 148
2 ＯＣ曲線 …… 149
3 計数規準型抜取検査 …… 151
4 計量規準型一回抜取検査(標準偏差既知) …… 153
練習問題 155

第8章 管理図 157

1 管理図の概要 …… 158
2 管理図の種類 …… 160
3 管理図の作成手順 …… 162
4 管理図の見方 …… 170
練習問題 172

第9章 工程能力指数 175

1 工程能力指数 …… 176
練習問題 179

第10章 信頼性工学 181

1 信頼性工学 …… 182
2 信頼度の計算 …… 182
3 故障現象・故障率・バスタブ曲線 …… 185
4 未然防止の方策(FEMA、FTA) …… 186
5 設計信頼性 …… 187
6 保全方式 …… 188
練習問題 188

II 実践編

第11章
QC的ものの見方・考え方 191
1 マーケットイン、プロダクトアウト……192
2 品質管理・品質保証　重要頻出キーワード……192
練習問題 196

第12章
品質の概念 199
1 品質の概念……200
2 品質要素の分類……201
練習問題 202

第13章
管理の方法 205
1 維持と管理、継続的改善……206
2 自主保全活動……207
3 問題解決型ＱＣストーリー、課題達成型ＱＣストーリー……208
練習問題 210

第14章
品質保証 213
1 新製品開発……214
2 プロセス保証……217
練習問題 220

第15章 品質経営の要素

品質経営の要素 223

1 方針管理 …… 224
2 機能別管理 …… 224
3 日常管理 …… 225
4 標準化 …… 227
5 小集団活動 …… 229
6 人材育成 …… 231
7 診断・監査 …… 232
8 品質マネジメントシステム …… 233
練習問題 236

第16章 倫理・社会的責任

倫理・社会的責任 239

1 倫理・社会的責任とは …… 240
練習問題 242

第17章 品質管理周辺の実践活動

品質管理周辺の実践活動 245

1 商品企画七つ道具 …… 246
2 ＩＥとＶＥ …… 247
3 設備管理、資材管理、生産における物流・量管理 …… 249
練習問題 250

III 第18章 模擬試験 253

問題【1】～【15】……254
模擬試験の解答・解説……271
解答記入欄……282

巻末付表／さくいん 283

付表1 正規分布表……284
付表2 t 表……285
付表3 χ^2(カイの2乗)表……286
付表4 F表①……288
付表5 F表②……290
付表6 計数規準型1回抜取検査表……292
付表7 抜取検査設計補助表……294
付表8 サンプル(サイズ)文字……294
付表9 $\overline{X}$ - R管理図用係数表……295
付表10 $\overline{X}$ - s 管理図用係数表……295
付表11 p_0(%)、p_1(%)をもとにしての試料の大きさnと合格判定値を計算するための係数kとを求める表……296

さくいん……298
引用・参考文献一覧……302
数値表 引用元……302

著者略歴……303

※本書の情報は、原則として2023年7月31日現在のものです
※受検に関する情報は、(一財)日本規格協会のホームページで必ずご確認ください

はじめに

本書は、一般財団法人日本規格協会および一般財団法人日本科学技術連盟が主催するＱＣ検定®の２級試験に着実に合格するためのテキスト＆問題集です。この１冊をしっかり学ぶことによって、ＱＣ検定®の試験範囲である「品質管理の手法」と「品質管理の実践」を体系的に理解し、着実に合格していただくことを目指して執筆しました。

合格するためには、「品質管理の手法」と「品質管理の実践」の各分野において概ね50％以上の正解率および両分野併せて概ね70％以上得点する必要があります。気になるＱＣ検定®２級の合格率ですが、新レベル表が適用された2015年９月（第20回）以降、若干のバラつきが見られるものの、概ね20％台で推移してきております。

着実に合格するためには、試験範囲を十分に把握し、体系的かつある程度本質的な理解が必要といえます。ＱＣ検定®２級（2023年３月；第35回）の受験者平均年齢は約37歳、合格者平均年齢は約35歳で、社会人の受験者が多数となっており、お仕事をしながら、限られた時間での受験対策となる方が多いと思います。完璧な理解に囚われず、試験範囲全体を満遍なく大まかにとらえていく、ある程度割り切った姿勢が合格のポイントといえます。

具体的には、本書を使った学習において、ある程度理解が進んでから、次の章に進むのではなく、理解度が低くても、まずはどんどん先に進んで、一通り全ての章に目を通して全体を大まかにつかんでみましょう。そのうえでまずは理解しやすい章から学習して頂いても結構です。また、本書はＱＣ検定®３級合格の知識を前提としているため、３級の試験に登場した用語の解説などは必要最小限にとどめていますのでご注意ください。

初対面の人と会ったとき、その日のうちにその人のことを理解することはなかなかできませんが、毎日のように顔を合わせたり、話しやすい話題からコミュニケーションをとったりすることで、その人のことを徐々に理解していくことができます。ＱＣ検定®２級においても同じことがいえます。ＱＣ検定®２級を皆さんの新しい友達ととらえて、毎日触れ合うようにしてみましょう。

【注】本書では、練習問題や模試に、本文では触れていない用語が出てくる場合があります。その場合は「解答・解説」で触れるので、１冊通して学習を進めてください。

森　浩光

I 手法編

第1章 データの取り方とまとめ方

合格のポイント

- ➡ サンプリング、基本統計量に関する大まかな考え方、キーワードや概要の体系的理解
- ➡ 基本統計量の計算プロセスの理解

1 データを取り扱う理由など

ＱＣ(Quality Control、品質管理)においては、これまでの経験や勘に頼るだけでなく、客観的な事実をデータとして収集し、「集団」の「傾向・性質」を「定量的」に明らかにすることを目的とし、次のアクションにつなげていくことを重要視しています。

データを整理・分析して、有益な情報(具体的には、**平均**と**ばらつき(分散)**)を得る方法を、**統計的方法**と呼びます。

2 データの種類

データとは、物事の推論の基礎となる事実、参考となる資料・情報のことです。ＱＣで取り扱うデータには、**数値データ**と**言語データ**があります。数値データは、さらに**計量値**(連続量)と**計数値**(個数を数えられる値)に分けられます。言語データは定性データともいわれ、数値化しにくいデータです。

図表1.1 データの種類

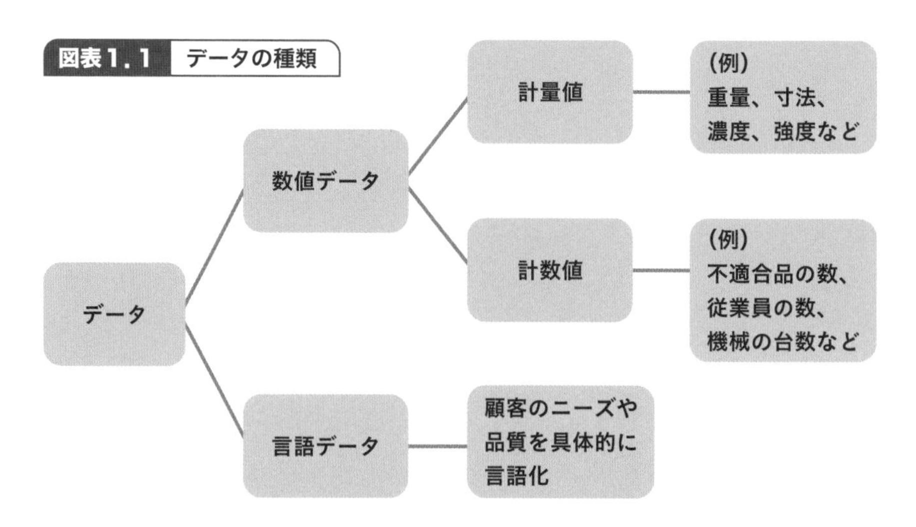

3 データの変換

データの統計解析においては、

- 計算を容易にするため
- 正規分布に近似させたり、分散を等質化させたりするため
- モデルを構成しやすくするため

といった目的で、データの変換がしばしば行われます。

図表1.2 データの変換イメージ

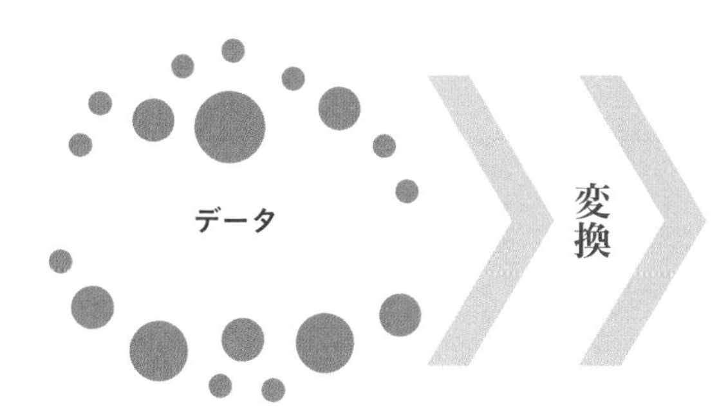

4 母集団とサンプル

母集団からデータを取ることを**サンプリング**といいます。サンプリングを行う目的は、サンプリングの対象となる集団に関する情報を得るためです。このサンプリングの対象となる集団を**母集団**といいます。データを取る際には、母集団が何であるかを明確に規定・記録する必要があります。

母集団のデータすべてを調査することは、技術的にも経済的にも困難である場合が多いので、サンプリングを行って母集団を推測するわけです。

図表1.3 母集団とサンプル

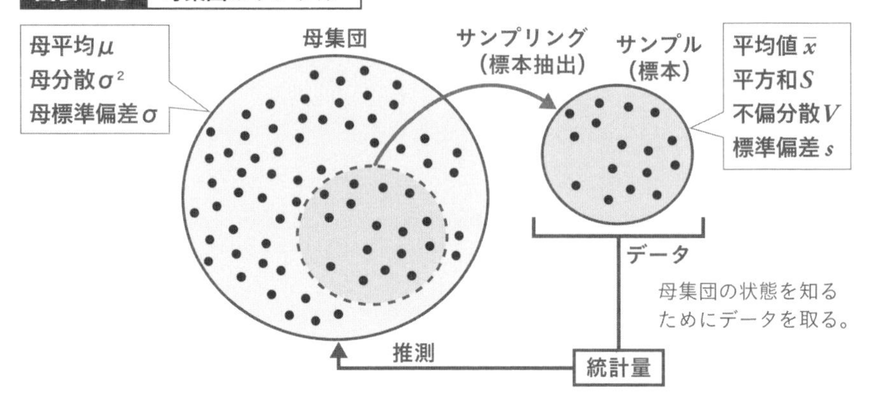

5 サンプリングの種類

サンプリングには主に以下の種類があります。**サンプリングの名称とその内容を正しく組み合わせる問題が出される**ことがありますので、各サンプリングの特徴を理解しておきましょう。

図表1.4 サンプリングの種類

種　類	説　明	イメージ
単純ランダムサンプリング	母集団から全く無作為にサンプルを抽出する。	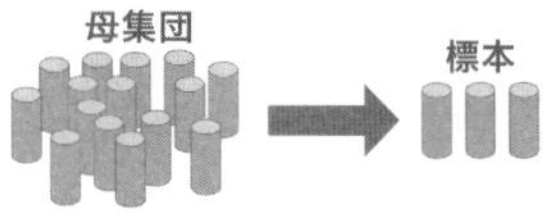 母集団 → 標本
多段（2段）サンプリング	母集団からいくつかのサンプルを取り、さらに各サンプル内でいくつかのサンプルを取る。 単純サンプリングを繰り返し行うものといえる。	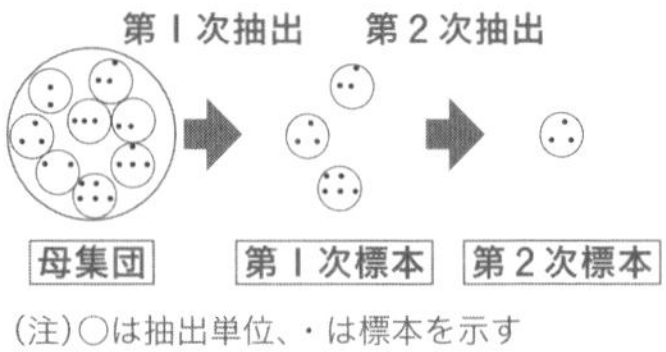 第1次抽出　第2次抽出 母集団　第1次標本　第2次標本 （注）○は抽出単位、・は標本を示す

系統サンプリング	サンプリング単位が（生産順など）何らかの順序で並んでいるときに、母集団に番号をつけて、一定の間隔でサンプリングする。	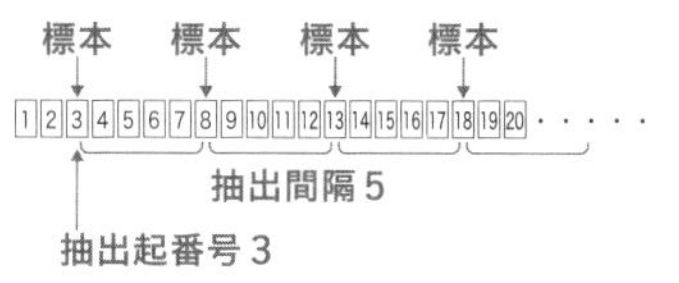 標本 標本 標本 標本 1 2 3 4 5 6 7 8 9 10 11 12 13 14 15 16 17 18 19 20 ・・・・・ 抽出間隔 5 抽出起番号 3
層別サンプリング	母集団をいくつかの層に分け、その分けた層から１つ以上のサンプルを取る。	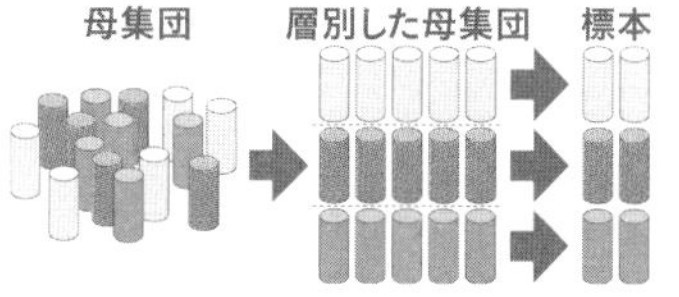 母集団 層別した母集団 標本
集落サンプリング	母集団をいくつかの集落（クラスター）に分けてサンプリングし、その集落の全数をサンプリングする。	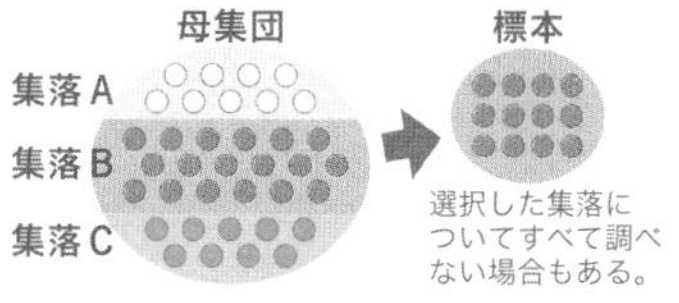 母集団 標本 集落 A 集落 B 集落 C 選択した集落についてすべて調べない場合もある。

なお、サンプリングには次の２つの区分もあるので、押さえておきましょう。

□ **復元サンプリング**　：１つのサンプリング単位を採取・測定して、次のサンプリング単位を採取する前に採取したサンプルを母集団に戻すサンプリング。

□ **非復元サンプリング**：１つのサンプリング単位を採取・測定して、採取したサンプルを母集団に戻すことなく次々と取られるサンプリング。

■ **有意サンプリング**　：意図を持って行うサンプリング。

■ **無作為サンプリング**：作為なしにランダムに行うサンプリング。

理解しておきたいキーワード

キーワード	概　要
母集団	調査、研究の対象となる特性を持つすべてのものの集団。 **無限母集団**：大きさが無限大である母集団 **有限母集団**：大きさが有限である母集団
サンプル	母集団から、その特性を調べる目的を持って取ったもの。
ロット	生産量の単位。
サンプルサイズ（サンプルの大きさ）	サンプルに含まれるサンプリング単位の数。
サンプリング単位	製品、材料、サービスのひとまとまりで、サンプルを構成するもの。

6 基本統計量

基本統計量とは、データの分布の特徴を記述したり要約したりするために必要な指標です。データ表から、**(偏差)平方和 S** や**不偏分散 V**、**標準偏差 s** の計算ができるようにしておきましょう。

図表1.5 母集団とサンプルの関係

	母集団(母数)	サンプル(統計量)
平均	母平均 μ	平均値 $\bar{x}$
ばらつき		(偏差)平方和 S*
	母分散 σ^{2}*	不偏分散 V
	母標準偏差 σ	標準偏差 s

理解しておきたい基本統計量

基本統計量	概要
平均値 $\bar{x}$	個々のデータ($x_1, x_2, x_3, x_4, \cdots, x_n$)を全部足して合計を求め、その合計をデータの個数で割ったもの。 $\bar{x}=\frac{1}{n}(x_1+x_2+x_3+x_4, \cdots+x_n)=\frac{1}{n}\sum_{i=1}^{n}x_i$ ◉ $\sum_{i=1}^{n}x_i$ について、Σの上下にある n と $i=1$ は省略して表記されることがある(以下同) 〈例〉ある部品の長さ(単位：mm)について、5個のデータ {3.0, 3.2, 3.3, 3.3, 3.7} の平均値 $\bar{x}$ は、 $\bar{x}=\frac{3.0+3.2+3.3+3.3+3.7}{5}=\frac{16.5}{5}=3.3$
中央値(メディアン) $\tilde{x}$	データを昇順(大きさの順)に並べた際に、中央に位置する値。データの数が偶数の場合は、中央の2つの値の平均値をとる。 • 測定値が奇数個ある場合……中央に位置する値 〈例〉{4, 5, 6, 7, 8} の中央値は、$\tilde{x}=6$ • 測定値が偶数個ある場合……中央の2つの値の平均値 〈例〉{5, 6, 7, 8} の中央値は、$\tilde{x}=\frac{6+7}{2}=6.5$
最頻値(モード)	データの中で、最も多く現れる値。

＊ちなみに、平方和 S をデータの個数 $n-1$ で割った値を分散(s^2)という。基本統計量として「不偏分散」やその平方根である「不偏標準偏差」が多く用いられるのは、理論上の値より実測値(データ)の方が小さくなる傾向があり、それを補正するため。当然、データの個数nが大きくなればなるほど、理論上の値と実測値の差は小さくなっていく

範囲 R	データの最大値と最小値の差(R=*Range*)。
偏差	個々のデータから平均値を引いた値。$x_n-\bar{x}$
(偏差)平方和 S	偏差(個々のデータから平均値を引いた値)を2乗し、これらを合計した値。 $S=\sum(x_i-\bar{x})^2=\sum x_i^2-2\sum x_i\cdot\bar{x}+\sum\bar{x}^2$ $=\sum x_i^2-2\bar{x}\sum x_i+\bar{x}^2\sum 1$ $=\sum x_i^2-2\frac{\sum x_i}{n}\cdot\sum x_i+n\left(\frac{\sum x_i}{n}\right)^2$ $=\sum x_i^2-\frac{(\sum x_i)^2}{n}$ 〈例〉{2, 3, 4, 5, 6}の平方和 S は、 $S=(4+9+16+25+36)-\frac{(2+3+4+5+6)^2}{5}$ $=90-\frac{20\times20}{5}=90-80=10$
不偏分散 V※	(偏差)平方和を自由度 ϕ(サンプルサイズ $n-1$)で割った値。母分散の推定値として用いられる。 $V=\frac{S}{\phi}=\frac{S}{n-1}=\frac{\sum(x_i-\bar{x})^2}{n-1}=\frac{\sum x_i^2-\frac{(\sum x_i)^2}{n}}{n-1}$ 〈例〉平方和 $S=15$、観測個数6個のときの不偏分散 V は、 $V=\frac{15}{6-1}=\frac{15}{5}=3$
(不偏)標準偏差 s	不偏分散の平方根(分散の値の次元をデータと同じ次元に落とした値)。 $s=\sqrt{V}=\sqrt{\frac{S}{n-1}}=\sqrt{\frac{\sum(x_i-\bar{x})^2}{n-1}}=\sqrt{\frac{\sum x_i^2-\frac{(\sum x_i)^2}{n}}{n-1}}$ 〈例〉不偏分散 $V=9$ のときの標準偏差 s は、　$s=\sqrt{9}=3$
変動係数 CV	標準偏差を平均値で割った値。$CV=s/\bar{x}$ 〈例〉標準偏差 $s=0.6$、平均値 $\bar{x}=3.0$ のときの変動係数 CV は、　$CV=\frac{0.6}{3.0}=0.2$
四分位数	データを大きさの順に並べたとき、4等分する位置の値。4等分すると、仕切りが3つできることになる。1番目の仕切りに位置する値のことを第1四分位数、2番目の仕切りに位置する値のことを第2四分位数(中央値)、3番目の仕切りに位置する値のことを第3四分位数という。 小　中央　大 第1四分位数　第2四分位数　第3四分位数 データの数が偶数の場合は、中央値と同様に、中央の2つの値の平均値をとる。

※(不偏)分散と平均平方は同義であるが、過去問の出題実績に則り、第1章(データの取り方とまとめ方)では「(不偏)分散」と表記し、第5章(単回帰分析)においては「平均平方」と表記する

基本統計量において、**平均値**、**中央値（メディアン）**、**最頻値（モード）**の関係にはいくつかのパターンがあります。**出題された**こともありますので、理解しておきましょう。

図表1.6　左右対称なヒストグラム

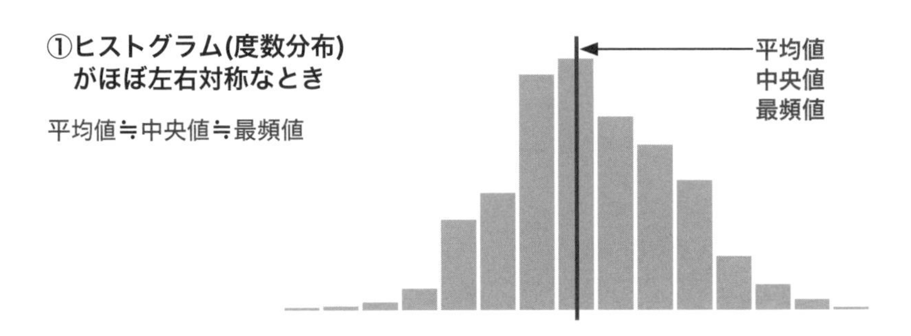

図表1.7　右に偏ったヒストグラム

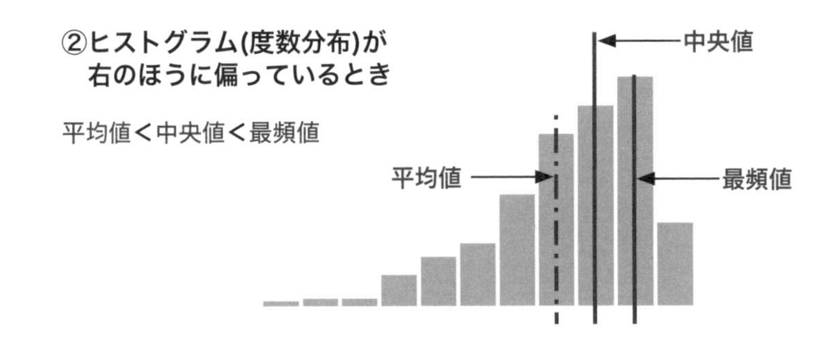

図表1.8　左に偏ったヒストグラム

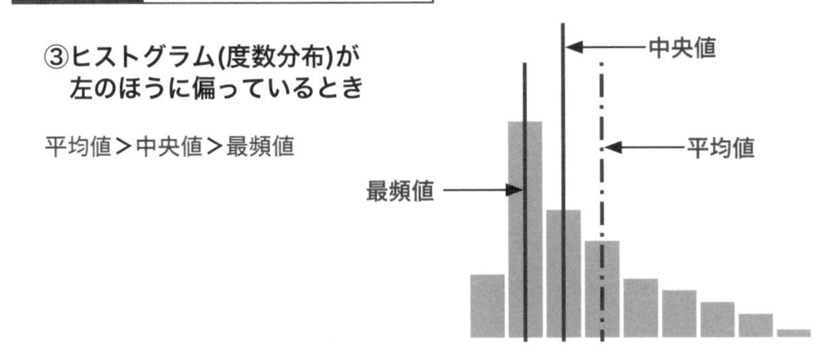

練習問題 赤シートで正解を隠して設問に答えてください(解説はP.20)。

【問1】 下記のデータにおいて、平均値、中央値、最頻値、範囲、平方和、分散、標準偏差、変動係数および第3四分位数を求めよ。

{2, 3, 4, 4, 4, 5, 6, 7, 7, 8}

正解 **平均値5 中央値4.5 最頻値4 範囲6 平方和34 分散3.78 標準偏差1.94 変動係数0.39 第3四分位数7**

【問2】 下記の3つのデータ分布グラフにおいて、平均値、中央値、最頻値の関係を正しく表した式を選べ。

①

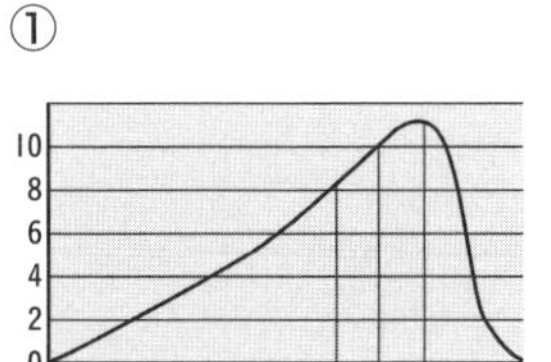

②

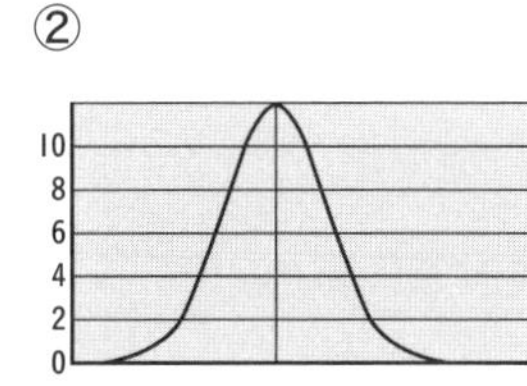

③

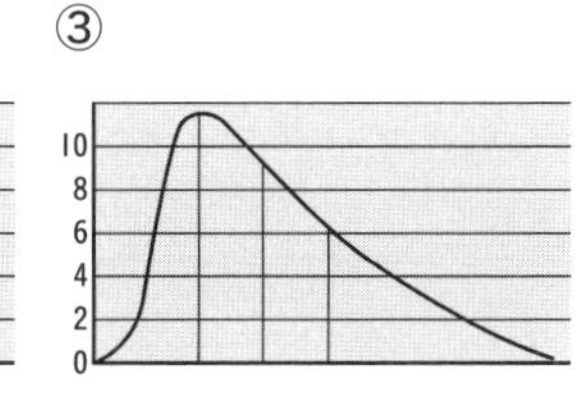

ア. 平均値＝中央値＝最頻値
イ. 最頻値＜中央値＜平均値
ウ. 平均値＜中央値＜最頻値

正解 ① **ウ** ② **ア** ③ **イ**

【問3】 下記の(1)～(3)に入る語句を答えよ。

- 母集団のサンプリング単位が何らかの順序で並んでいる際に、一定間隔でサンプリング単位を取るサンプリングを［(1)］という。
- 母集団をいくつかの部分母集団に分割して、各部分母集団から1つ以上のサンプリング単位を取るサンプリングを［(2)］という。
- 必要な数のサンプリング単位が母集団から一度に取られるサンプリング又は母集団に戻すことなく繰り返し取られるサンプリングを［(3)］という。

正解 (1) **系統サンプリング** (2) **層別サンプリング** (3) **非復元サンプリング**

解答・解説

【問1】 基本統計量

平均値：$\frac{2+3+4+4+4+5+6+7+7+8}{10}=\frac{50}{10}=\mathbf{5}$

中央値：大きさ順に並べて、中央にある値となるが、10個(偶数)のデータであることから、中央にある2つの値{4, 5}の平均値となる。よって、**4.5**

最頻値：4のみが3個あるので、**4**

範　囲：最大値－最小値＝8－2＝**6**

平方和：$S=(2-5)^2+(3-5)^2+(4-5)^2+(4-5)^2+(4-5)^2+(5-5)^2+(6-5)^2+(7-5)^2+(7-5)^2+(8-5)^2$
$=9+4+1+1+1+0+1+4+4+9=\mathbf{34}$

分　散：$V=\frac{S}{n-1}=\frac{34}{10-1}=3.77\cdots\fallingdotseq\mathbf{3.78}$

標準偏差：$s=\sqrt{3.78}\fallingdotseq 1.94$

変動係数：$CV=\frac{s}{\bar{x}}=\frac{1.94}{5}\fallingdotseq 0.39$

第3四分位数：大きさの順に並べたデータを4等分し、3番目の仕切りに位置するデータ＝**7**　となる。

{ 2 , 3 , 4 , 4 , 4 , 5 , 6 , 7 , 7 , 8 }

ちなみに、第1四分位数は4、第2四分位数は4.5となる。

【問2】 基本統計量

① **ウ**　② **ア**　③ **イ**

平均値、中央値、最頻値の定義がわかっていれば正解できる。

②は正規分布(左右対称形)となっていて、平均値、中央値、最頻値とも同じである。

最頻値は最も度数が多いもので、①では最頻値が3つの値の中で最大となって右に寄り、③では最頻値が最小となって左に寄る。

【問3】 サンプリングの種類

(1)**系統**サンプリング　：一定の抜取間隔である。

(2)**層別**サンプリング　：部分母集団を「層」とみなす。

(3)**非復元**サンプリング：一度取ったサンプルを戻さないことから、非復元ととらえる。

※本番の検定においては、小数点以下を四捨五入して求めた答えを「＝」で示してもよい（本書では場合によって「＝」と「≒」を使い分けている）

I 手法編

第2章 新QC七つ道具

合格のポイント

➡ 新QC七つ道具の概要と特性、活用場面・手順の理解

※「新QC七つ道具」だけでなく、「QC七つ道具」が出題される(選択肢に混じる)こともあるので、概要を理解しておく必要がある。

1 新ＱＣ七つ道具とは

新ＱＣ七つ道具とは、主に**言語データ**を用いて、数値にするには難しい特性や要因をわかりやすく図表に整理することで、問題解決の発想を得る手法です。

ＱＣ七つ道具は主に**数値データ**の解析に用いられますが、新ＱＣ七つ道具は主に言語データの解析に用いられます。

図表2.1 新ＱＣ七つ道具

手法名	概要
親和図法	問題・課題に関するバラバラな言語データをそれぞれの相互の親和性(関連性)の高いグループにまとめることにより、問題の全体像・特性等を把握し、体系化することで、取り組むべき課題を導き出すもの。川喜田二郎氏が考案したＫＪ法とほぼ同等で、作図プロセスを通じて、問題の構造を理解できる。 ※言語データをカードに書いたものを言語カードという 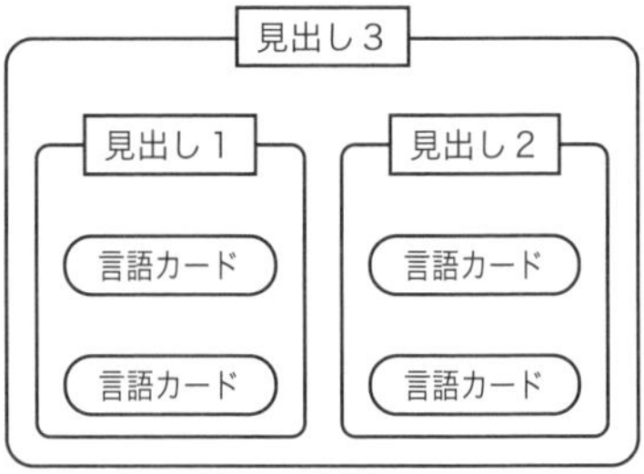 ［図：見出し3 ／ 見出し1（言語カード、言語カード）／ 見出し2（言語カード、言語カード）］ **作成方法** 1．テーマを決める(できるだけ具体的に文章化する) 2．ブレーンストーミング法などにより、言語データを集める 3．言語データを具体的に文章化する(１カードにつき１情報) 4．カード合わせをする(2、３枚ずつが目安)。ただし、単純に分類するのではなく、文章の意味の近さ(親和性)で合わせること 5．合わせたカードの意味をくみ取って１文に要約し、見出しを作る 6．カード合わせと見出し作りを繰り返す 7．これらを図にする

連関図法	問題の原因(要因)と結果、目的と手段が複雑に絡み合い、解決等の糸口が見つけにくい場合に、図によりこれらの相互・因果関係を整理し、論理的につなぐことで問題を明らかにする手法(なぜなぜ分析を繰り返し行う)。要因と要因を矢印で結び、因果関係を明らかにしていくことで主要因を追求することができる。原因の掘り下げの際、特性要因図の大骨、中骨、小骨を活用するとよい。 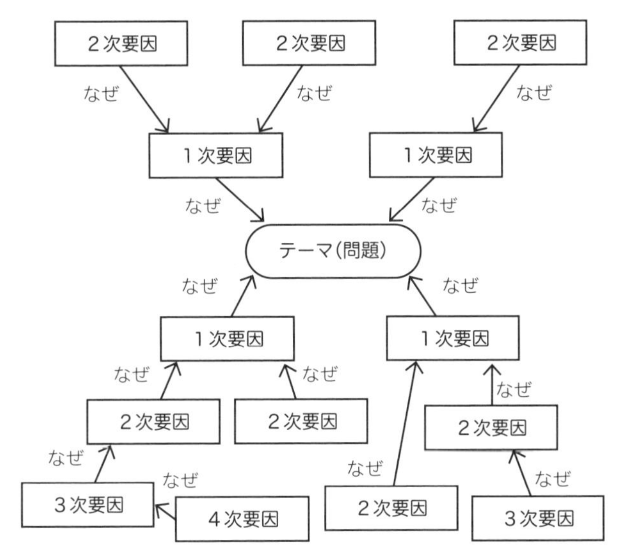 **作成方法** 1．テーマを決める(大きな紙を用意し、その中央にテーマを書き出す) 2．テーマの1次要因を考えてカード化(1カードにつき1つの要因を文章化)し、1次要因を複数作る 3．1次要因のカードをテーマの周辺に置き、テーマとカードを矢印でつなぐ 4．1次要因を「結果」ととらえ、2次要因をカード化していく。その2次要因のカードを置き、関連のある1次要因と矢印でつなぐ 5．3次、4次と要因を深く掘り下げていき、繰り返し、考え得る3次要因、4次要因を複数作る。ここでは、1つの要因カードから複数の結果カードを関連付けていく 6．カード間の因果関係や「他に漏れはないか」等を確認し、全体を見直す 7．主要な要因を検討する

手法名	概要
系統図法	目的達成のために最適な手段・方法をツリー状に配置・展開していくもの。問題解決の手段を探る「方策展開型」と改善対策の内容を明らかにする「構成要素展開型」に分けることができる。 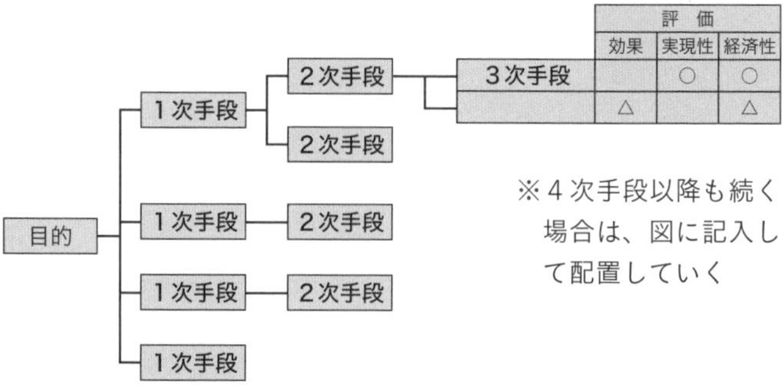 目的 ― 1次手段 ― 2次手段 ― 3次手段 評価：効果／実現性／経済性（○、△） 1次手段 ― 2次手段 1次手段 ― 2次手段 1次手段 ※4次手段以降も続く場合は、図に記入して配置していく **作成方法** 1．解決したい問題を「～を…するためには」と表現し、これを「目的」または達成したい「目標」にする（大きな紙を用意し、その左端中央に「目的」「目標」を書く） 2．目的を達成するための「1次手段」をメンバー全員で話し合い、数枚のカードに「～を…する」と書き出し、その「1次手段」カードを目的の右側に並べる 3．次に「1次手段」を目的とし、これを達成する手段を「～を…する」と表現してカードに書く 4．以下同様に、「2次手段」を目的として「3次手段」を、「3次手段」を目的として「4次手段」を…というようにメンバー全員でよく話し合いながらカードに書き出していき、紙に配置する 5．「4次手段」まで展開したら、「目的」から「1次」「2次」「3次」「4次」へと順に手段をメンバー全員で見直す。その次に、「4次手段」から「目的」まで逆に確認し、必要に応じて新たな手段を発想し、カードに書いて整理・追加する 6．完成した系統図の手段に対して、「効果」「実現性」「経済性」「重要性」などの面から評価し、優先順位などを決める
過程決定計画図法（PDPC法）	PDPCはProcess Decision Program Chartの略で、事前に考えられるさまざまな結果を予測し、目標達成までに不測の事態が起こっても代替できる案を明確にしておく方法。スタートから問題解決、ゴールまでの全体像を把握でき、問題や対策を言語化することで明確にし、過去の類似する経験を活かしやすい。

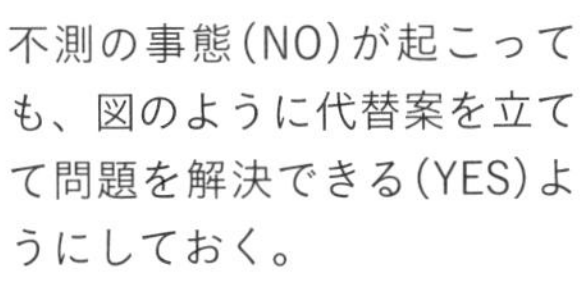
不測の事態(NO)が起こっても、図のように代替案を立てて問題を解決できる(YES)ようにしておく。

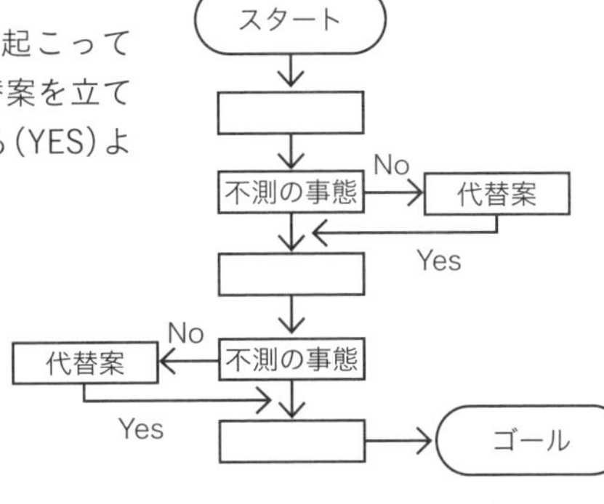

マトリックス図法

2つの要素を行と列に分け、関係度合いを明らかにする手法。関連度合いを2つの交点に明示することで問題解決を効果的に進める手法である。関連度の度合いを数値化し、集計した値の大きい要素に着眼する方法を用いることもある。

A＼B	b_1	b_2	b_3	b_4
a_1	◎		○	
a_2		△	○	○
a_3	○	○	△	
a_4		◎		◎

例：要素AとBの二元表

アローダイアグラム法

計画を進めるための作業順序を矢印と結合点で結んだ、アローダイアグラム(矢線図・ＰＥＲＴ図)と呼ばれるネットワーク図を用いて、工程を管理・検討するもの。ＰＥＲＴ(Program Evaluation and Review Technique、プログラム・エバリュエーション・アンド・レビュー・テクニック)という、プロジェクトマネジメントに関するモデルを品質管理に適用させた手法。全体が一覧できるため、各工程の進捗管理や許容できる遅延はどの程度か、または期間短縮するにはどうすることが最適かといった検討を行える。

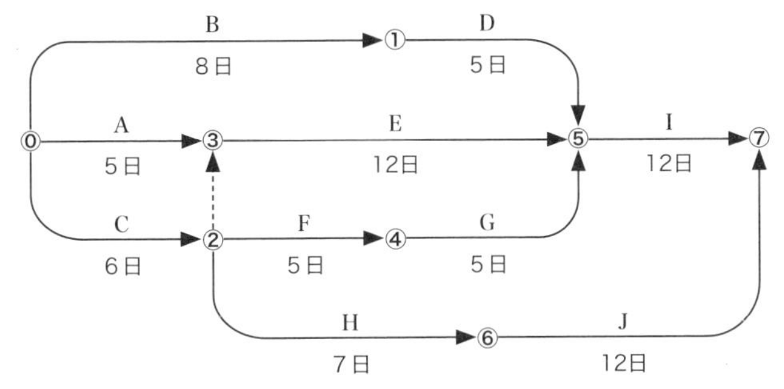

※詳細はP.32〜34の問3およびその解説を参照

アローダイアグラム法	**実線矢印(作業)**：時間を必要とする順序関係のある作業。 **点線矢印(ダミー)**：作業時間はゼロだが、作業の順序関係を示す際に用いられる。 **結合点(節点)**：作業と作業とを結合させる際に用いる。①、②、③…は順番を示す。 **最早結合点**：ある作業について計画上最も早く開始できる時点。 **最遅結合点**：ある作業について計画上最も遅くすることができる時点／少なくともこの日までに作業を開始しなければならない時点。この時点よりも作業開始が遅れてはならない。 **余裕日数**：作業開始における余裕がある日数。余裕日数＝最遅結合点日程－最早結合点日程。 **全余裕日数(ＴＦ)**：ある作業が日程的に取り得る最大の時間的余裕。 **自由余裕日数(ＦＦ)**：余裕日数をこの作業で使い切っても影響がない時間的余裕。 **クリティカルパス**：起点から終点まで最も長く所要時間がかかる作業経路。余裕日数が０の結合点を結んだ経路。
マトリックス・データ解析法	２つ以上の数値データを行と列のマトリックス形式の図に配置し、その特徴をまとめ、問題の整理や解決の糸口を見つける解析手法。新ＱＣ七つ道具の中で、唯一数値データを取り扱うもの。

2 ＱＣ七つ道具のおさらい

ＱＣ七つ道具は３級の試験で多く出題される科目ですが、２級の試験でも「選択肢に混じる」ことがあるので、おさらいをしておきます。

図表２．２ ＱＣ七つ道具

手法名	概　要
チェックシート	点検、調査、確認などを可視化し見やすくして、データの全体像を把握するために、あらかじめデータを記入する項目を分類して

	チェックをする方法。特に決まった様式はないが、目的によって、点検用と記録用がある。

●記録用チェックシートの一例

番号	区間	中心値	度数チェック	度数
2	36.95～37.45	37.20	卌卌	10
3	37.45～37.95	37.70	卌卌//	12
4	37.95～38.45	38.20	卌卌卌卌卌/	26
5	38.45～38.95	38.70	卌卌卌卌	20
6	38.95～39.45	39.20	卌卌///	13
7	39.45～39.95	39.70	卌////	9
8	39.95～40.45	40.20	卌	5
9	40.45～40.95	40.70	卌	5
計				100

●点検用チェックシートの一例

番号	確認内容	結果	注意点等
1	ブレーキペダルの踏みしろ	☑OK／□NG	
2	ブレーキの効き	☑OK／□NG	
3	パーキングブレーキの効きしろ	☑OK／□NG	
4	エンジンのかかり具合・異音	☑OK／□NG	
5	エンジンオイルの量	☑OK／□NG	
6	バッテリー液の量	☑OK／□NG	
7	冷却水の量	☑OK／□NG	
8	タイヤの空気圧（メイン・スペア）	☑OK／□NG	

特性要因図

「特性(結果)」がどのような「要因」によって構成されていて、どの要因が特性(結果)に変動を与えるのかを可視化した図。魚の骨のような形をしているので、「フィッシュボーン図」とも呼ばれている。特性(結果や目的)に対して矢印(背骨)を引き、要因(原因や手段)ごとに大骨、中骨、小骨、孫骨を記入(細分化)していく。

●管理用(原因解明型)の例

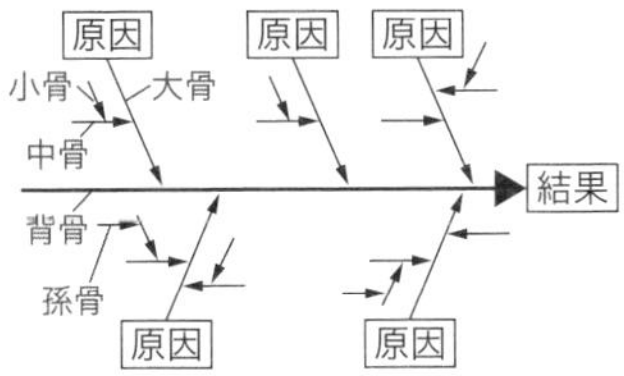

原因　原因　原因　小骨　大骨　中骨　結果　背骨　孫骨　原因　原因

●解析用(手段解明型)の例

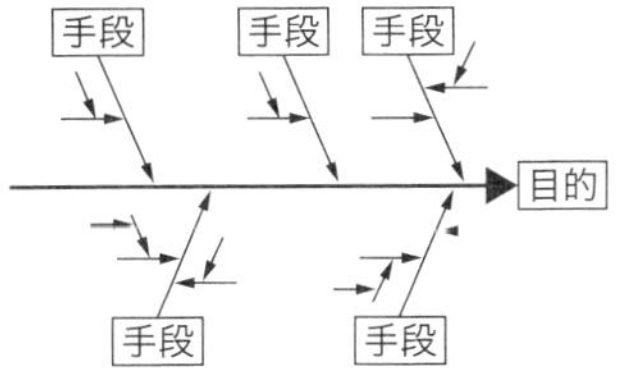

手段　手段　手段　目的　手段　手段

散布図

縦軸、横軸で対になった2つのデータ(量や大きさ)を、XY軸上に点の集合で表した図。「特性」と「要因」や、「特性」間の関係が把握できる。

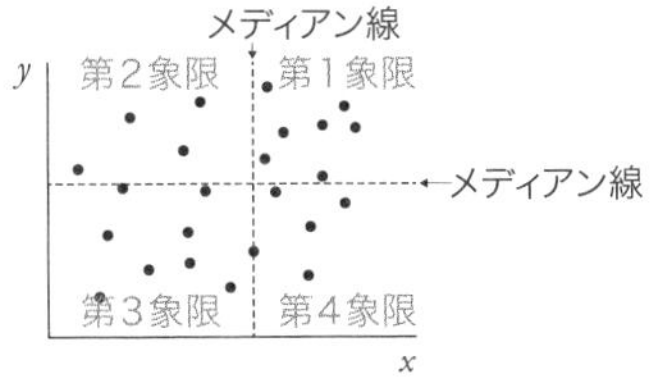

メディアン線　y　第2象限　第1象限　メディアン線　第3象限　第4象限　x

特性 x と y の軸でそれぞれプロット数が同数となるラインをメディアン線という。2本のメディアン線によって4つの象限に分けることができ、上図において、第1象限と第3象限のデータ数の和が多い場合は正の相関関係があり、第2象限と第4象限のデータ数の和が多い場合が負の相関関係があるといえる。

グラフ

さまざまなデータをグラフ化し、視覚的に表現したもの。数値の比較や変化を把握しやすくするために使用する。

- 円グラフ、折れ線グラフ、棒グラフ、その他グラフ

※散布図、管理図、パレート図、ヒストグラムも広義的にグラフの概念に含まれる

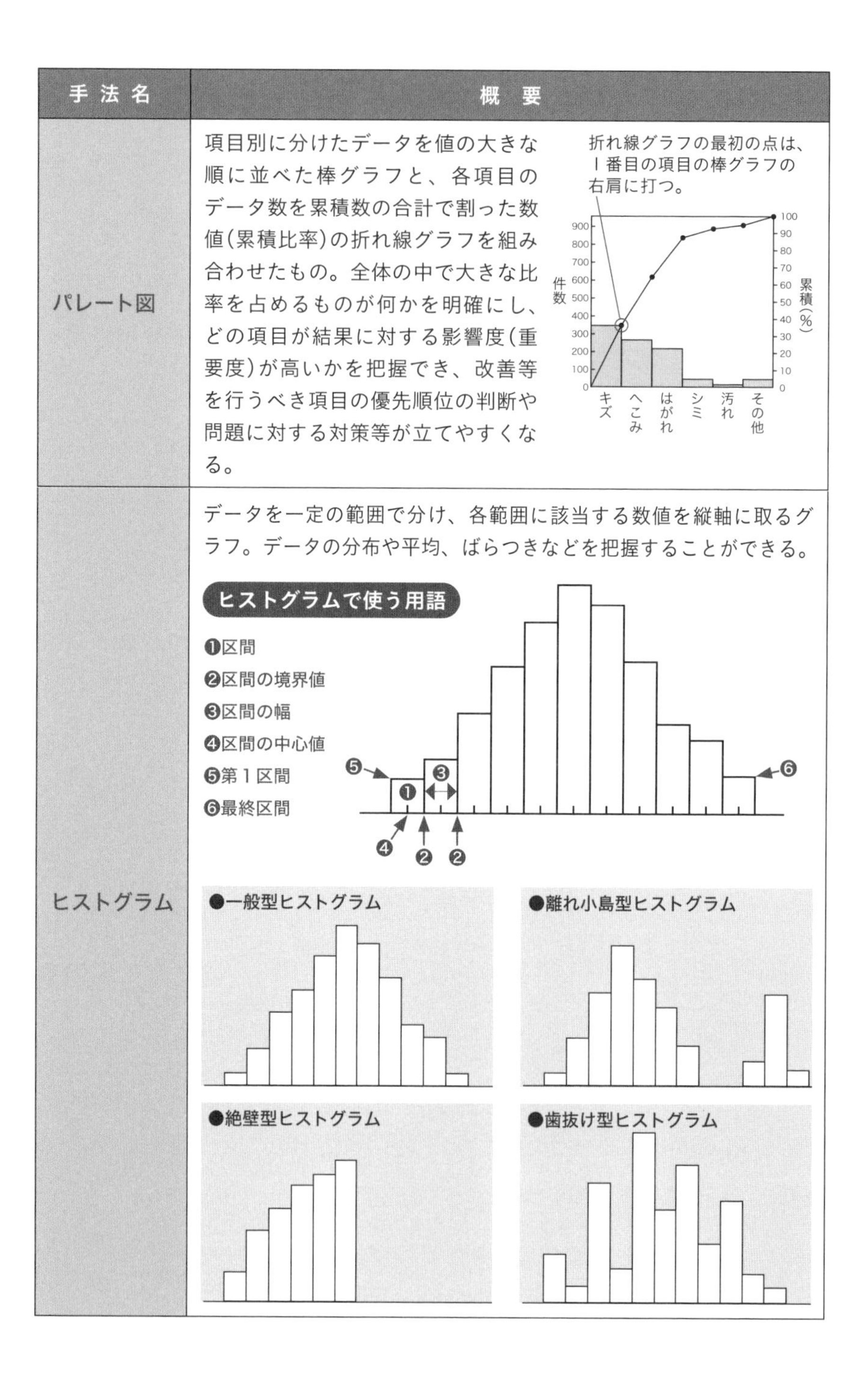

手法名	概要
パレート図	項目別に分けたデータを値の大きな順に並べた棒グラフと、各項目のデータ数を累積数の合計で割った数値(累積比率)の折れ線グラフを組み合わせたもの。全体の中で大きな比率を占めるものが何かを明確にし、どの項目が結果に対する影響度(重要度)が高いかを把握でき、改善等を行うべき項目の優先順位の判断や問題に対する対策等が立てやすくなる。
ヒストグラム	データを一定の範囲で分け、各範囲に該当する数値を縦軸に取るグラフ。データの分布や平均、ばらつきなどを把握することができる。

管理図	品質や工程等の管理状態を視覚的に確認するもの。具体的には、データのバラツキから、自然のバラツキと異常のバラツキを見極めて、工程が安定した状態にあるかどうかを把握して管理する。 **管理図で使う用語** ❹ n(サンプルサイズ＝群の大きさ) ❷上方管理限界線 ❶中心線 ❷下方管理限界線 1 2 3 4 5 6 7 8 9 10 ❸群の番号 ※詳細は本書第８章を参照
層別	ＱＣの８つ目の道具といわれており、ＱＣ七つ道具の基礎となるもの。 データの収集および整理を行ううえで、多数のデータを、例えば５ＭＥＴ(Man、Machine、Method、Material、Measurement、Environment、Time)等の視点から分類することによって、いくつかのグループに分ける。これによって、データの持つ特徴や傾向をつかみ、問題解決に活用することが可能となる。 **パレート図を用いた層別の例** 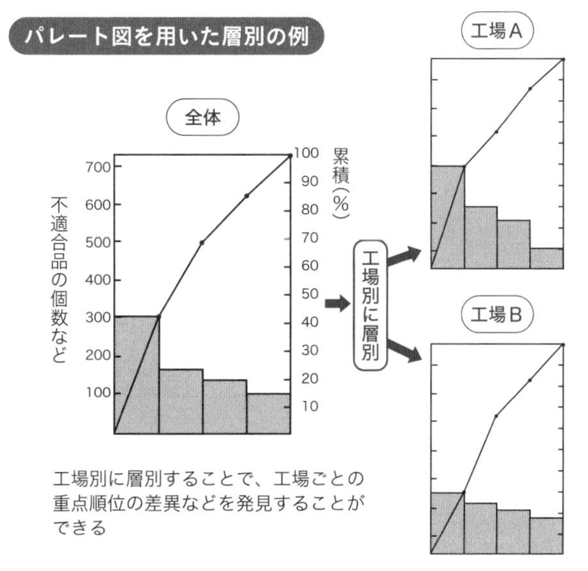 工場別に層別することで、工場ごとの重点順位の差異などを発見することができる

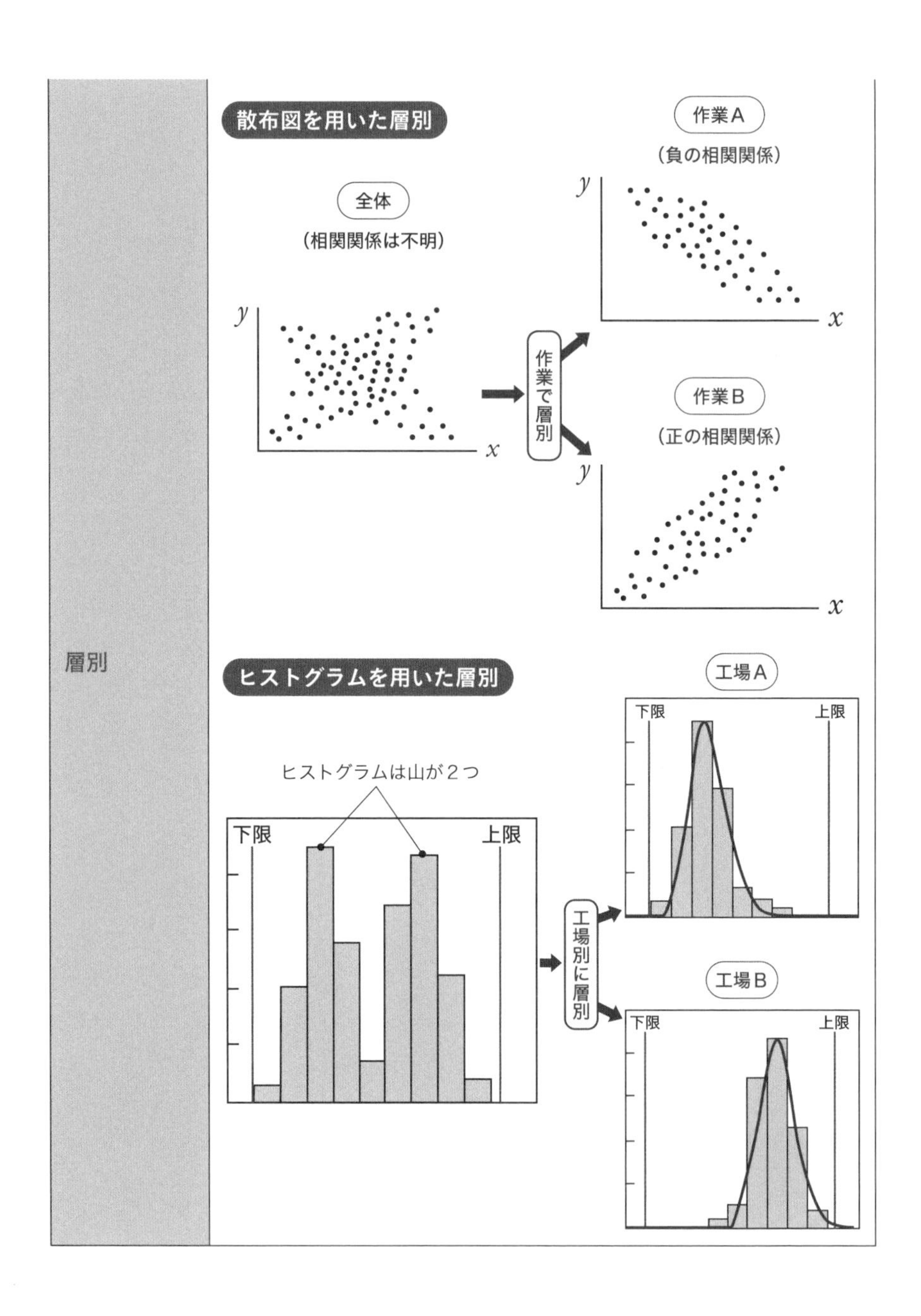
層別
散布図を用いた層別
全体
（相関関係は不明）
y
x
作業で層別
作業A
（負の相関関係）
y
x
作業B
（正の相関関係）
y
x
ヒストグラムを用いた層別
ヒストグラムは山が２つ
下限
上限
工場別に層別
工場A
下限
上限
工場B
下限
上限

練習問題 赤シートで正解を隠して設問に答えてください(解説はP.33から)。

【問1】 以下のA群にある新QC七つ道具において、それぞれ該当する説明(B群)を挙げよ。

〈A群〉

ア. 系統図法
イ. アローダイアグラム法
ウ. 親和図法

〈B群〉

ア. 言語データを、イメージの類似性の観点でまとめていく。
イ. 進行上の順序関係を明確にして、その順序に沿った工程計画を作成する。
ウ. ゴールを明確に設定し、そこに至る手段・方策を系統づけて展開する。

正解　(A群)**ア**⇔(B群)**ウ**　(A群)**イ**⇔(B群)**イ**　(A群)**ウ**⇔(B群)**ア**

【問2】 下記の(1)~(5)に当てはまる語句を選択肢から選べ。

①連関図とは、原因と[(1)]、目的と[(2)]などが複雑に絡み合った問題の関係を、論理的につなぐことによって問題解明を図るものである。
②PDPC法とは、[(3)]を実施するうえで、トラブル防止やさまざまな結果の予測を行うことで、[(4)]をできるだけ望ましい方向に導くものである。
③[(5)]法とは、行と列に属する要素により構成された二元表の交点に着目して、その二元的関係の中から問題解決への着想を得るものである。

〈選択肢〉

ア. 計画　**イ.** 目標　**ウ.** 課題　**エ.** 分析　**オ.** 手段　**カ.** 結果
キ. プロセス　**ク.** マトリックス・データ解析
ケ. マトリックス図　**コ.** パレート図

正解　(1)**カ**　(2)**オ**　(3)**ア**　(4)**キ**　(5)**ケ**

【問3】 下記の(1)～(6)に当てはまる語句を選択肢から選べ。

①以下に示す模式図は［（1）］法であり、図内の○は［（2）］を示し、実線矢印(→)の上にあるA～Jは［（3）］を示し、実線矢印(→)の下にある数値は所要時間を示す。破線矢印は［（4）］と呼ばれ、所要時間はゼロで単に［（3）］の順序の関係を表す。

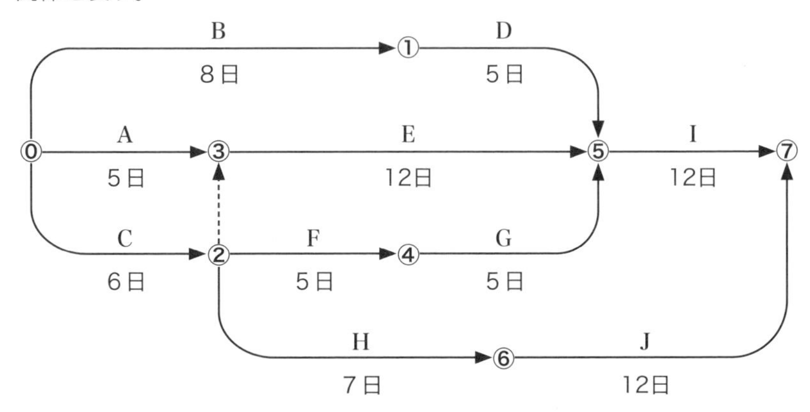

②［（2）］の始点から終点までの日数が最も長い経路は［（5）］と呼ばれ、この経路上の［（3）］の遅れは作業全体の完了時期に直接影響を［（6）］。よって、遅れが［（7）］経路といえる。

〈選択肢〉

ア．過程決定計画図　**イ**．アローダイアグラム　**ウ**．パレート図
エ．作業　**オ**．結合点　**カ**．全余裕日数（ＴＦ）
キ．自由余裕日数（ＦＦ）　**ク**．クリティカルパス
ケ．ダミー　**コ**．与える　**サ**．与えない
シ．許される　**ス**．許されない

正解　[1] **イ**　[2] **オ**　[3] **エ**　[4] **ケ**　[5] **ク**
[6] **コ**　[7] **ス**

解答・解説

【問1】 新QC七つ道具

(A群)**ア**⇔(B群)**ウ**

(A群)**イ**⇔(B群)**イ**

(A群)**ウ**⇔(B群)**ア**

B群の文において、アは、「類似性の観点で」とあることから、A群**ウ．親和図法**の説明であることが読み取れる。また、イは「順序関係を明確にして……工程計画」とあることから、A群**イ．アローダイアグラム法**の説明であることが読み取れる。ウの文において、「系統づけて」とあることから、**系統図法**の説明であることが読み取れる。

【問2】 新QC七つ道具

(1)**カ**　(2)**オ**　(3)**ア**　(4)**キ**　(5)**ケ**

①(1)と(2)において、それぞれ、原因、目的と対になる用語(**カ．結果**、**オ．手段**)を選べばよい。

②PDPC法とは、過程決定計画図法(Process Decision Program Chart)であることから、**ア．計画**実施のための**キ．プロセス**を導くものととらえられれば正解できる。

③二元表とあることから、**ケ．マトリックス図**法であることがわかる。

【問3】 アローダイアグラム法

(1)**イ**　(2)**オ**　(3)**エ**　(4)**ケ**　(5)**ク**

(6)**コ**　(7)**ス**

本文の図は**(1)イ．アローダイアグラム**法。図内の○は**(2)オ．結合点**を示し、実線矢印上のA～Jは**(3)エ．作業**を示し、実線矢印の下の数値は所要時間を示す。また、破線矢印は**(4)ケ．ダミー**と呼ばれ、単に作業の順序の関係を示し、所要時間はかからない。最早(さいそう)**結合点**日程→最遅(さいち)**結合点**日程の順に計算し、最早**結合点**日程＝最遅**結合点**日程となる矢印を結んで、**(5)ク．クリティカルパス**(最長経路)を求める。ちなみに**クリティカルパス**の日数は30日となる。

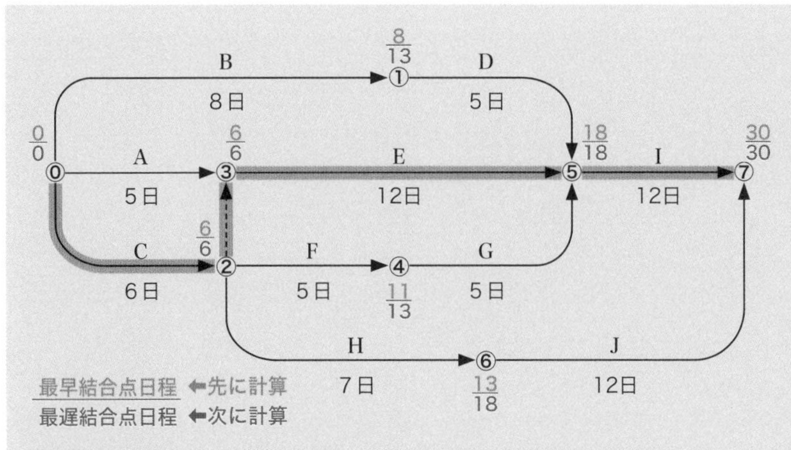

最早結合点日程の計算は、結合点の起点⓪から右方向に行う。
作業の数値(⟶の下の数値)を足していく。
複数の作業(⟶)が合流する結合点においては、最も大きな数値を採用する。
例えば⑤において、D方向(①⟶⑤)は13日(＝８＋５)、E方向(③⟶⑤)は18日(＝６＋12)、G方向(④⟶⑤)は16日(＝11＋５)となる。
➡最大となるE方向の18日を採用。

最遅結合点日程の計算は、結合点の終点⑦から左方向に行う。
作業の数値(⟶の下の数値)を先の数値から引いていく。
複数の作業(⟶)に分岐する結合点においては、最も小さな数値を採用する。
例えば②において、**(4)ケ．ダミー**方向(②⟶③)は６日(＝６－０)、F方向(②⟶④)は８日(＝13－５)、H方向(②⟶⑥)は11日(＝18－７)となる。
➡最小となるダミー方向の６日を採用。

クリティカルパスは、**最早結合点時刻**＝最遅結合点時刻となる結合点を結んだパスである(⓪⟶②⟶③⟶⑤⟶⑦＝30日)。
クリティカルパスの経路の遅れは作業全体の完了時刻に直接影響を**(6)コ．与える**ので、遅れが**(7)ス．許されない**経路といえる。

なお、全余裕日数(ＴＦ)とは、作業を最早結合点日程で始め、最遅結合点日程で完了する場合に生ずる余裕時間で、１つの経路上で共有されており、任意の作業が使い切ればその経路上の他の作業のＴＦに影響を与える。
一方、自由余裕日数(ＦＦ)とは、作業を最早結合点日程で始め、後続する作業も最早結合点日程で始めてもなお余る時間で、その作業の中で自由に使っても、後続作業に影響を与えない。

I 手法編

第3章 統計的方法の基礎

合格のポイント

- ➡ 確率分布や確率変数の概念・計算方法（標準正規分布への変数変換（標準化）、期待値、分散、共分散の基本性質）の理解
- ➡ 正規分布、二項分布、ポアソン分布の基本的な数理、特徴、使い方、近似の仕方、確率の算出方法の理解

1 確率とは

確率とは、偶然起こる現象に対する頻度(物事の起こりやすさ)を**数値で表したもの**といえます。

例えば、サイコロを振ると、それぞれの出る目(変数 $x = 1, 2, 3, 4, 5, 6$)の確率 $P(x)$ は $\frac{1}{6}$ といえます。これを式で表すと、

$P(1)=\frac{1}{6}$、$P(2)=\frac{1}{6}$、$P(3)=\frac{1}{6}$、$P(4)=\frac{1}{6}$、$P(5)=\frac{1}{6}$、

$P(6)=\frac{1}{6}$ となります。

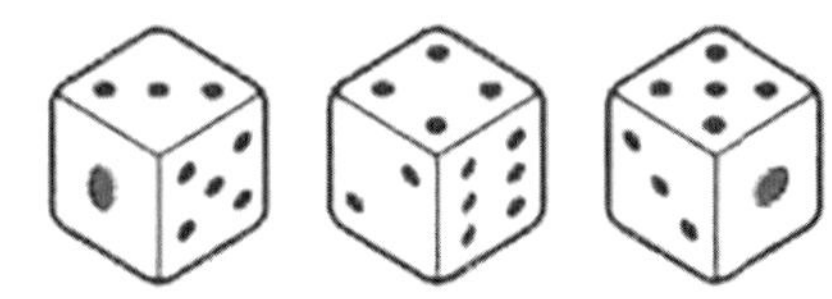
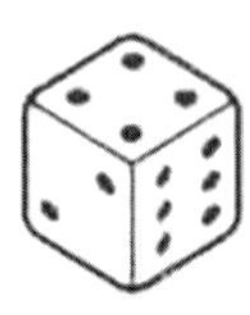

変数(x)がある定まった確率の値をとるとき、この変数を**確率変数**といい、変数と確率の関係を**確率分布**といいます。

母集団のばらつき具合を確率分布としてとらえ、母集団からサンプリングしたデータは**確率分布の範囲内で現れた値**であると考えます。

ＱＣ検定®２級の試験範囲における確率分布には、**正規分布**、**二項分布**、**ポアソン分布**があります。

計量値データには正規分布を、**計数値**データには二項分布、ポアソン分布を適用します。

図表3.1 確率分布の種類

	分布	確率分布関数	期待値E	分散V
計量値	正規分布	$f(x)=\frac{1}{\sqrt{2\pi\sigma^2}}\exp\left(-\frac{(x-\mu)^2}{2\sigma^2}\right)$	μ	σ^2
計数値	二項分布	$f(x)=P(x=k)={}_nC_k\,p^k(1-p)^{n-k}$	np	$np(1-p)$
	ポアソン分布	$f(x)=P(x=k)=\frac{e^{-\lambda}\lambda^k}{k!}$	λ	λ

※μ：母平均、σ：母標準偏差、n：試行回数、p：発生確率、λ：発生回数
（詳しくは各分布の解説を参照）

2 正規分布

正規分布とは、統計学などでよく用いられる、連続的な変数に関する確率分布の一つです。**この確率密度関数$f(x)$**は、次式のように表されます。

$$f(x)=\frac{1}{\sqrt{2\pi\sigma^2}}\exp\left(-\frac{(x-\mu)^2}{2\sigma^2}\right)$$

※π：円周率、e：自然対数の底(2.718…)、μ：母平均、σ^2：母分散
$\exp\left(-\frac{(x-\mu)^2}{2\sigma^2}\right)$は、eの$-\frac{(x-\mu)^2}{2\sigma^2}$乗という意味(覚える必要はない)

正規分布では、データが平均値の付近に集積するような分布を表し、

- **平均値と最頻値、中央値が一致する**
- **平均値を中心にして左右対称である**

といった特徴があります。有名な数学者ガウスによって導き出されたことから**ガウス分布**とも呼ばれます。

計量値として得られるデータの母集団分布の多くは正規分布とみなしてよいことが多いため、**「母集団分布は正規分布である」**とみなして、さまざまな統計解析が行われています。

正規分布は、横軸に確率変数、縦軸に確率度数をとる、母平均＝μ、母分散＝σ^2によって定まる分布で、$\boldsymbol{N(\mu,\ \sigma^2)}$と表します。正規分布で、変数$x$が$N(\mu,\ \sigma^2)$に従うとき、その**期待値**と**分散**はそれぞれ、

- 期待値$E(x)=\mu$
- 分　散$V(x)=\sigma^2$

となります。

また、正規分布においては、

- 平均 ± 1×標準偏差σの範囲に全体の約68.3%が含まれ、
- 平均 ± 2×標準偏差σの範囲に全体の約95.4%が含まれ、
- 平均 ± 3×標準偏差σの範囲に全体の約99.7%が含まれる

ということがわかっています(下図参照)。

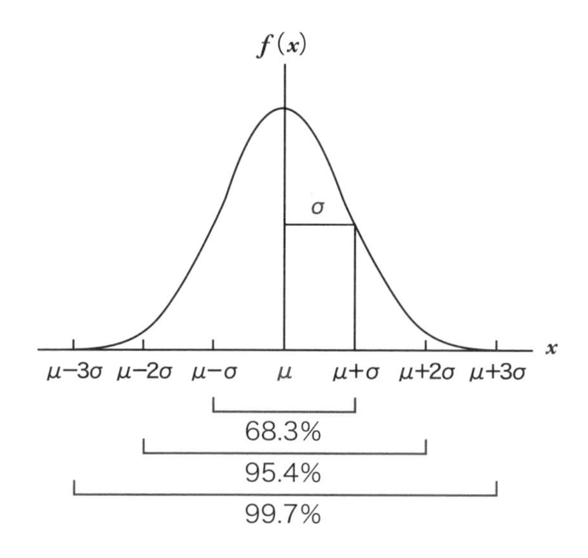

※期待値は、1回の試行で得られると期待される数値の平均値。
　例：サイコロの目の平均値、宝くじの賞金の平均額

なお、

$$Z=\frac{x-\mu}{\sigma}=\frac{\text{平均との差}}{\text{標準偏差}}$$

とすると、**確率変数Zは、期待値$E(Z)$(平均値)＝0、分散$V(Z)$＝1^2の正規分布に従う**ことになります。このような正規分布$N(0,\ 1^2)$を**標準正規分布**といい、この変換を**規準化**または**標準化**といいます。

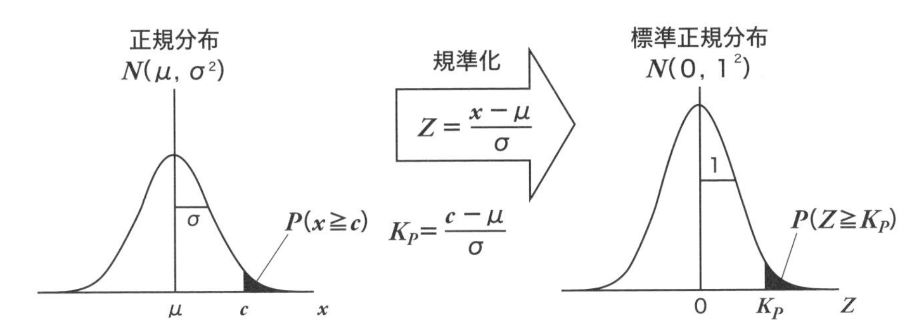

正規分布表の見方

あるデータが正規分布に従うと仮定できる場合、このデータを標準化することで「**標準正規分布表**」を用いて確率を求めることができます。

例を挙げると、以下の標準正規分布図において、表の値は(全体面積を1とした)着色部分の面積を表します。これは、「**標準正規分布に従うZがとる値がx以上となる確率$P(Z\geqq K_P)$**」を意味します。

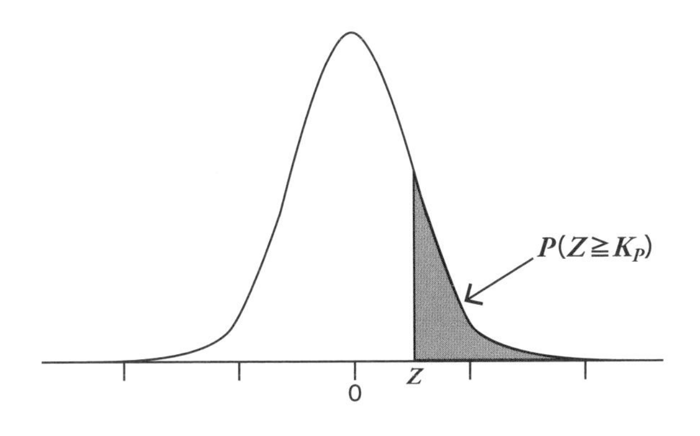

例えば、あるグループの平均身長は170cmで、標準偏差20cmの正規分布に従っているとします。このときに、身長185cm以上の人がどれぐらいの確率でいるかをみてみましょう。

まず、身長185cmを標準化すると、

$$Z=\frac{185-170}{20}=\frac{15}{20}=0.75$$ になります。

続いて、Zが0.75以上となる確率を求めます。この確率を求めるには、**正規分布表**(巻末付表参照)を参照する必要があります。

正規分布表では、縦軸に小数点第1位までの数値(ここでは0.7)が、横軸に小数点第2位の数値(ここでは0.05)が記載されており、その交点にある数値を読み取ります。この場合、0.22663≒22.66%、身長185cm以上の人が22.66%の確率でいる、ということになります。

3 二項分布

二項分布とは、**結果が成功か失敗のいずれかである試行(ベルヌーイ試行)**を独立にn回行ったときの成功回数を確率変数とする離散確率分布です。ただし、各試行における成功確率pは一定とします。二項分布はnとpが決まれば一意的に決まります。

ベルヌーイ試行では一般に、2つの結果のうち一方を「成功」とし、確率変数がとる値を「1」、もう一方の結果を「失敗」とし、確率変数がとる値を「0」とします。そして成功の確率をp($0 \leqq p \leqq 1$)とすると、それぞれの確率は次のように表されます。

- $P(x=1)=p$
- $P(x=0)=1-p$

このベルヌーイ試行をn回行って、成功する回数xが従う確率分布を**二項分布**といい、xが二項分布に従うとき、**「$x \sim B(n, p)$」**と記します。nやpは確率分布を特徴づける値であり、**パラメータ(母数)**といいます。

$$P(x=k)={}_nC_k\,p^k(1-p)^{n-k}$$

- $P(x=k)$：目的の事象が k 回発生する二項分布の確率
- ${}_nC_k$：n 個の中から k 個を選ぶ組み合わせの数
- p^k：目的の事象が k 回発生する確率
- $(1-p)^{n-k}$：目的の事象以外が $n-k$ 回発生する確率

$(0<p<1)$、$(k=0, 1, \cdots\cdots, n)$

n は正の整数であり、${}_nC_k$ は、n 個のものから k 個選ぶ組み合わせの数をいいます。

$${}_nC_k=\frac{n!}{k!(n-k)!}$$

1から n までの連続する n 個の整数の積を n の階乗といい、$n!$ と書き表します。階乗とは、1からある数までの連続する整数の積のことです。

- $n!=n\times(n-1)\times(n-2)\times\cdots\times3\times2\times1$
- $0!=1$

〈例〉4個のものから2個を選ぶ組み合わせは、${}_4C_2=\dfrac{4\times3\times2\times1}{2\times1\times2\times1}=6$

二項分布は、$B(n, p)$ で表され、その期待値 $E(x)$ と標準偏差 $\sigma(x)$ はそれぞれ、

- $E(x)=np$
- $\sigma(x)=\sqrt{np(1-p)}$　　と表されます。

B は、Binomial Distribution(二項分布)の頭文字を取ったものです。

なお、$np\geqq5$ かつ $n(1-p)\geqq5$ の場合、$\mu=np$、$\sigma=\sqrt{np(1-p)}$ の正規分布に従います(下図参照)。

図表3.2　二項分布のグラフの一例

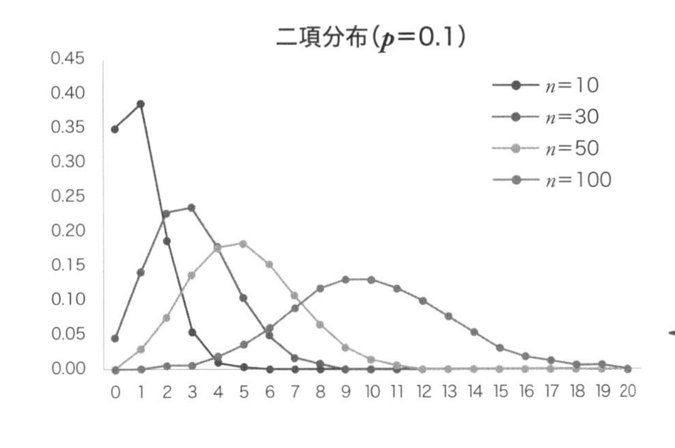

〈例〉サイコロを６回振って１の目が x 回出るときの確率は二項分布に従う。そこで $x=4$ の場合、$P(4)$ の確率は次のように求めることができる。

１の目が出る確率は、$\frac{1}{6}$。１の目が出ない確率は、$\frac{6}{6}-\frac{1}{6}=\frac{5}{6}$。

$$P(4)={}_6C_4\times\left(\frac{1}{6}\right)^4\times\left(\frac{5}{6}\right)^2$$

$$=\frac{6\times5\times4\times3\times2\times1}{4\times3\times2\times1\times2\times1}\times\frac{1^4}{6^4}\times\frac{5^2}{6^2}$$

$$=\frac{6\times5}{2\times1}\times\frac{1}{1296}\times\frac{25}{36}\fallingdotseq0.008=0.8\%$$

4 ポアソン分布

ポアソン分布とは、**ある時間間隔で発生する事象**の回数を表す離散確率分布です。

非負整数値(０, １, ２, …)をとる離散的な確率変数を x とし、単位時間当たりの事象の平均発生回数を λ(ラムダ)とし、事象が発生する回数を k とすると、

$$P(x=k)=\frac{\lambda^k e^{-\lambda}}{k!}$$　※ e ：自然対数の底(2.718…)

と表され、確率変数 x は母数 λ の**ポアソン分布**に従うといいます。

ポアソン分布は、二項分布 $B(n,\ p)$ において、np を一定の値 λ とし、この λ を一定に保った状態で、n を十分に大きくして、p を十分に小さくした場合(調査数 n が相当に多い中、不良品率 p は極めて小さい場合)の確率分布であり、確率の極めて小さい事象が、多数回の試行の結果生じるものととらえることができ、**まれな現象の確率分布**ともいわれます。

なお、**$\lambda\geqq5$ であれば、ポアソン分布を実用上、正規分布として扱ってよい**とされています。図表３.３を見ると、$\lambda=6, 8, 12$ のグラフが正規分布(左右対称の形)になっていることがわかります。

図表3.3　ポアソン分布のグラフの一例

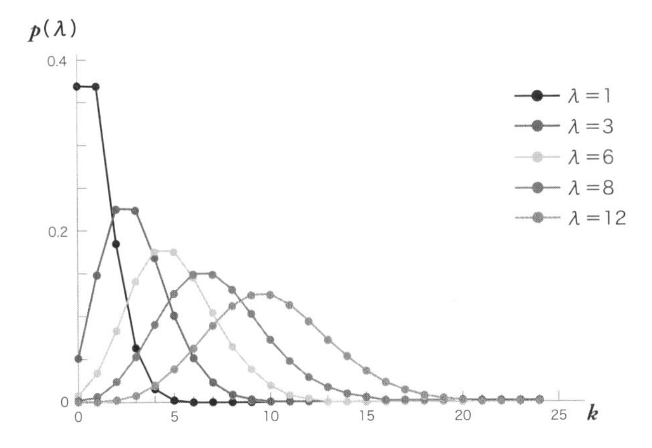

〈例〉ある板1枚当たりのへこみの数が一定の単位中に現れる欠点数の確率がポアソン分布に従うとき、へこみの平均箇所数が4か所である場合に、へこみが1か所もない確率と、へこみが1か所ある確率を求める（ただし、$e^{-4}=0.0183$とする）。

- へこみが1か所もない確率は、$\lambda=4$、$k=0$の場合。

$$P(0)=\frac{4^0 e^{-4}}{0!}=e^{-4}=0.0183$$

- へこみが1か所ある確率は、$\lambda=4$、$k=1$の場合。

$$P(1)=\frac{4^1 e^{-4}}{1!}=4\times e^{-4}=0.0732$$

5　期待値、分散、共分散の基本性質（公式）

期待値(Expected value)とは、確率変数が取る値を、確率によって重み付けした**平均値**のことです。一方、分散(Variance)とは、確率変数のばらつき具合を表し、確率変数と期待値の差を2乗したものに、確率で重みをつけた重み付き**算術平均**となります。

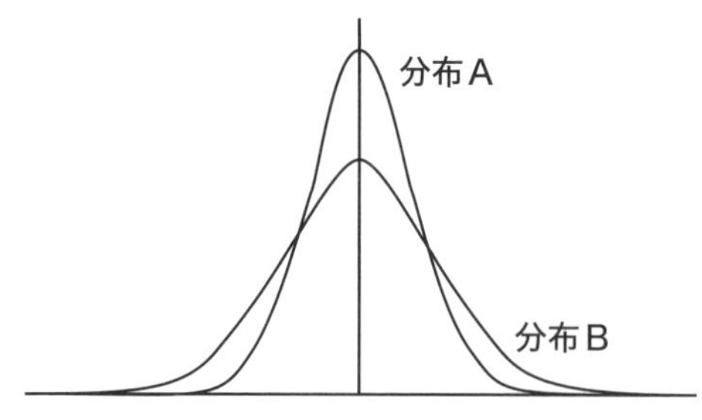

上図において、分布Aと分布Bを比較すると、分布Aと分布Bの期待値(＝平均値)は同じですが、分布Aの分散(＝ばらつき)は分布Bの分散に比べて小さいといえます。

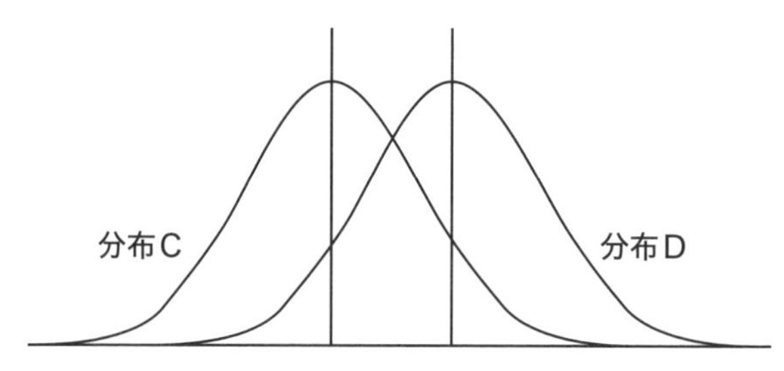

上図において、分布Cと分布Dを比較すると、分布Cと分布Dの分散(＝ばらつき)は同じですが、分布Cの期待値(＝平均値)は分布Dの期待値に比べて小さいといえます。

なお、**共分散**(Covariance)とは、２つの確率変数の関連性を測る尺度として用いられ、大きさが同じ２つのデータの間での、平均からの偏差の積の平均値を表します。

- $Cov(X, Y) = E\{(X - E(X))(Y - E(Y))\}$
  $= E(XY) - E(X)E(Y)$

	離散型確率変数	連続型確率変数
期待値 E	$E(X) = \sum_i X_i f(X_i)$	$E(X) = \int_{-\infty}^{\infty} Xf(X)dx$
分　散 V	$V(X) = E\{(X - E(X))^2\}$	

※共分散の期待値Eと分散Vの計算式は上記の通り

期待値E、分散V、共分散Covには、それぞれ以下の基本性質(公式)があります(X, Yは確率変数、a、bは定数を表す)。

〈期待値E〉

- $E(a)=a$
- $E(aX)=aE(X)$
- $E(X+a)=E(X)+a$
- $E(X+Y)=E(X)+E(Y)$
- $E(X-Y)=E(X)-E(Y)$
- $E(aX+Y+b)=aE(X)+E(Y)+b$

※XとYが無相関(互いに独立)の場合、

- $E(XY)=E(X)E(Y)$

期待値と分散の基本性質

❶確率変数xに定数aを加えると、期待値Eはaだけ増すが、分散Vは変わらない。
❷確率変数xに定数aをかけると、期待値Eは元のa倍になるが、分散Vはa^2倍になる。
❸2つの確率変数xとyの和(差)の期待値Eは各確率変数の期待値の和(差)に等しい。
❹2つの独立した確率変数xとyの和の分散Vは、各確率変数の分散の和に等しい。

〈分散V〉

- $V(a)=0$
- $V(aX)=a^2V(X)$
- $V(X+a)=V(X)$
- $V(X+aY)=V(X)+a^2V(Y)$
- $V(aX+Y+b)=a^2V(X)+V(Y)$
- $V(X+Y)=V(X)+V(Y)+2Cov(X, Y)$
- $V(X-Y)=V(X)+V(Y)-2Cov(X, Y)$

(上2式:XとYが互いに独立ではない場合)

〈共分散Cov〉

- $Cov(X, Y)=E\{(X-E(X))(Y-E(Y))\}=E(XY)-E(X)E(Y)$

※XとYが無相関(互いに独立)の場合、XとYを合わせたものの分散は、Xの分散とYの分散を足した値になる

- $V(X+Y)=V(X)+V(Y)$
- $V(X-Y)=V(X)+V(Y)$

➡分散の加法性と呼ぶ。

〈例〉部品アの長さは母平均6㎝、母標準偏差0.4㎝であり、部品イの長さは母平均9㎝、母標準偏差0.6㎝である。部品アと部品イを横につなげて製品をつくるとき、その製品の長さの母平均と母標準偏差を求める。

- 母平均$=E(ア)+E(イ)=6+9=15$㎝
- 母標準偏差$=\sqrt{母分散}=\sqrt{\sigma(ア)^2+\sigma(イ)^2}=\sqrt{0.4^2+0.6^2}=\sqrt{0.52}\fallingdotseq$**0.72**㎝

部品ア
部品イ
➡ 製品 | 部品ア | 部品イ |

6 統計量の分布

正規分布をする母集団$N(\mu, \ \sigma^2)$について、仮説検定を行う際に用いる主な統計量の分布には、**標準正規分布**、**t分布**、**χ^2分布**、**F分布**があり、下の図表のとおり、使い分けます。

図表3.4 仮説検定に用いる主な統計量の分布

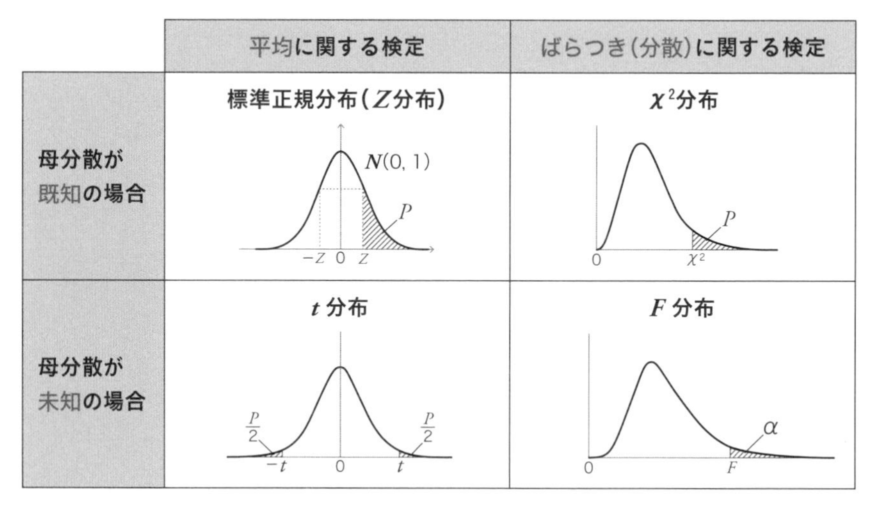

※図中のP、αは棄却域(有意水準)を示す

1) 標準正規分布(Z分布)

母平均μ、母分散σ^2の母集団から大きさnのサンプル(標本)をランダムに抽出したとき、n個のサンプルの平均値$\overline{x}$の平均値(期待値)$E(x)$と分散$V(x)$は、

- $E(x) = \mu$
- $V(x) = \dfrac{\sigma^2}{n}$

となります。

また、$Z = (\overline{x} - \mu) / \sqrt{(\sigma^2 / n)}$と規準化すると、**$Z$は$N(0, 1^2)$の標準正規分布に従います**。この$Z$を**検定統計量**といいます。

※実際の試験でも、分数の表記は例えばσ^2/nと$\dfrac{\sigma^2}{n}$が混在しているので要注意。

このnが十分に大きいと、以下の①大数の法則および②中心極限定理が成立します。例えば、標準正規分布$N(0,\ 1^2)$において、0.3以上1.3以下となる確率を求めると、0.28529となります(下の図表参照)。

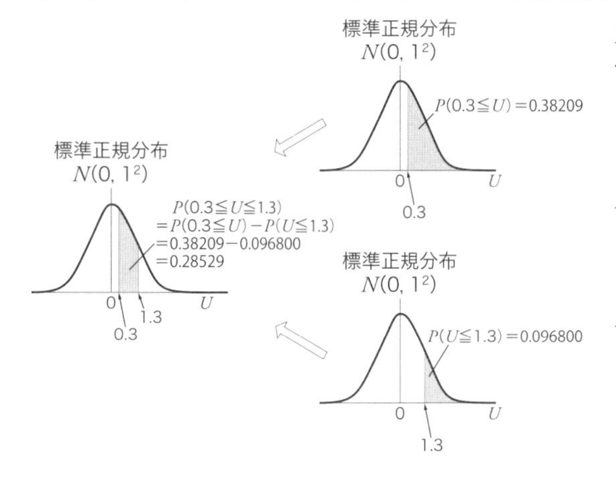

(Ⅰ) K_PからPを求める表

K_P	0.00	0.01	0.02
0.0	.50000	.49601	.49202
0.1	.46017	.45620	.45224
0.2	.42074	.41683	.41294
0.3	.38209	.37828	.37448
0.4	.34458	.34090	.33724
0.5	.30854	.30503	.30153
0.6	.27425	.27093	.26763
0.7	.24296	.23885	.23576
0.8	.21186	.20997	.20611
0.9	.18406	.18141	.17879
1.0	.15866	.15625	.15386
1.1	.13567	.13350	.13136
1.2	.11507	.11314	.11123
1.3	.096800	.095098	.093418
1.4	.080757	.079270	.077804
1.5	.066807	.065522	.064255

①大数の法則

標本平均$\overline{x}$は、**母平均μ**に近い値をとります。

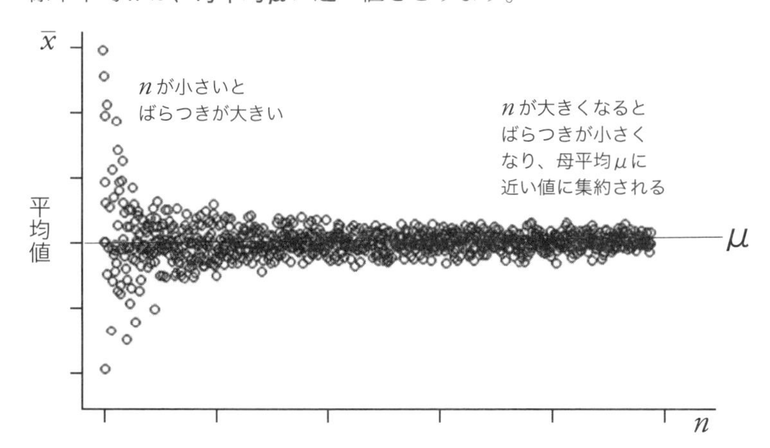

②中心極限定理

母集団の分布がどんな分布であっても、標本の大きさを大きくしたときは**近似的に正規分布に従う**というものです。母集団の従う確率分布に関係なく、標本平均は期待値μ、分散σ^2/nの正規分布$N(\mu,\ \sigma^2/n)$に従うとみなせます。

2）t 分布

t 分布は標準正規分布とよく似た形の分布で、パラメータである**自由度ϕ**によって分布の形が変わるという特徴を持っており、自由度ϕが大きくなるにつれて、標準正規分布に近づきます(下図参照)。

母分散が未知の値であり、n＝20 個程度のデータしか集められない場合に、母平均の値を推定したいときに利用される確率分布です。標準正規分布における検定統計量の式$Z=(\bar{x}-\mu)/\sqrt{(\sigma^2/n)}$において、$\sigma^2$の代わりに点推定量$\hat{\sigma}^2=V$を代入します($\hat{\sigma}^2$は$\sigma^2$の推定量)。

$N(\mu,\ \hat{\sigma}^2/n)$から$n$個のサンプルをとり、次式で与えられる**検定統計量tは、自由度$\phi=n-1$のt分布となります。**

検定統計量 $t_0=\dfrac{\bar{x}-\mu}{\sqrt{V/n}}$、自由度$\phi$の t 分布の**両側確率**αの点を$t(\phi,\ P)$で表します。巻末の付表２(t 表)を用いて、例えば$\phi=5$，$P=0.05$の場合、$t(5, 0.05)=2.571$を読み取ることができます。

図表3.5　自由度ϕのt分布

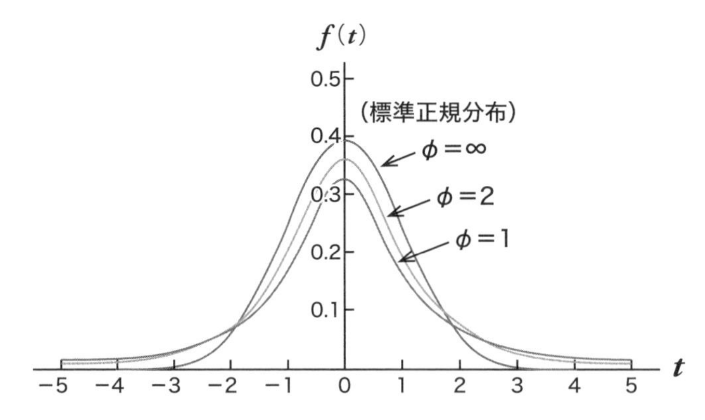

〈例〉母平均$\mu=3.0$の正規母集団から大きさ$n=7$個のサンプルをとり、次の値を得た(母分散は未知とする)。サンプルの平均値は$\bar{x}=3.3$、不偏分散は$V=0.3$である。このときの検定統計量t_0は、

$$t_0=\frac{3.3-3.0}{\sqrt{\dfrac{0.3}{7}}}\fallingdotseq 1.45\quad となる。$$

3）χ^2分布（カイの2乗分布）

χ^2（カイ）分布は、**ばらつき（母分散σ^2）に関する検定と推定**に用います。

χ^2は、平方和Sを母分散σ^2で割ったものであり、$N(\mu,\ \sigma^2)$からn個のサンプルをとり、その平方和Sをσ^2で割ったものは自由度$\phi = n-1$のχ^2分布となります。

$$\chi^2 = \frac{S}{\sigma^2}$$

χ^2分布は**自由度ϕ**によって定まります。自由度ϕのχ^2の**上側確率**αの点を$\chi^2(\phi,\ P)$で表します。巻末の付表3（χ^2表）を用いて、例えば、$\phi=5$，$P=0.05$の場合、$\chi^2(5, 0.05)=11.0705$を読み取ることができます。

図表3．6　χ^2分布の確率密度関数

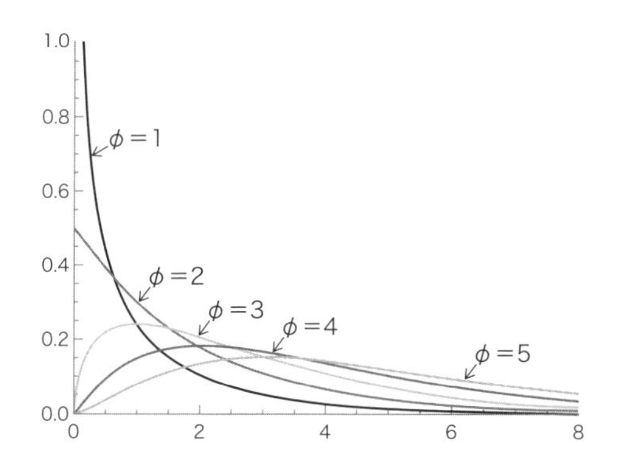

※上側確率・下側確率
ある確率分布において、確率変数が「ある値」以上になる確率を上側確率といい、「ある値」以下になる確率を下側確率という

図表3．7　自由度ϕのχ^2分布

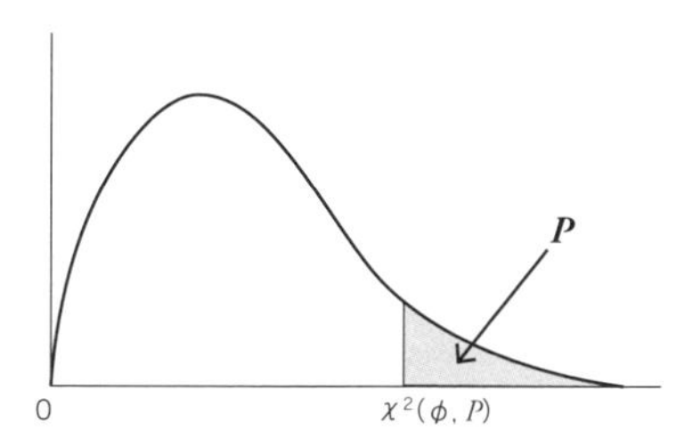

〈例〉母標準偏差σ＝0.5の正規母集団から大きさn＝6個のサンプルをとり、次の値を得た。サンプルの平均値$\bar{x}$＝3.5、平方和S＝2.5である。このときの統計値χ_0^2は、

$$\chi_0^2=\frac{2.5}{0.5^2}=10.0$$ となる。

4) F分布

分散が等しい2つの正規分布$N(\mu_1, \sigma^2)$、$N(\mu_2, \sigma^2)$からそれぞれランダムに取られたn_1、n_2のサンプルから得られた不偏分散をそれぞれV_1、V_2とすると、$F=V_1/V_2$は、自由度$\phi_1=n_1-1$、$\phi_2=n_2-1$のF分布に従います。

自由度ϕ_1、ϕ_2のF分布の**上側確率**αの点を、$F(\phi_1, \phi_2; \alpha)$で表すと、$F$分布の**下側確率**$\alpha-1$の点は、$(\phi_1, \phi_2; \alpha)$と表され、次式から求められます。

$$F(\phi_1, \phi_2; 1-\alpha)=\frac{1}{F(\phi_2, \phi_1; \alpha)}$$

F分布は、**分散分析や、正規分布に従う2つの母集団について「標準偏差が等しい」という仮説の検定など**に用います。

〈例〉ある正規母集団から大きさn＝8個のサンプルをとったところ、不偏分散V_1＝0.50であった。さらに10個のサンプルをとったところ、V_2＝0.40であった。このときのF検定統計値F_0は、

$$F_0=\frac{V_1}{V_2}=\frac{0.50}{0.40}=1.25$$ となる。

なお、F_0を求めるときは、F_0は1より大きくなるように、V_1とV_2のうち大きい方を分子とする必要がある。

練習問題

【問1】 以下のA群にある3つの確率分布において、それぞれ該当する説明(B群)を挙げよ。

〈A群〉

ア 正規分布

イ 二項分布

ウ ポアソン分布

〈B群〉

ア 計数値データにおいて、ベルヌーイ試行を複数回行って、成功する回数が従う確率分布を表す。

イ 平均値と分散によって定まる分布で、調査対象数を増やしていくと、左右対称の釣鐘型の分布となる。

ウ 計数値データにおいて、まれに起こる現象の出現度数分布である。

正解 (A群)**ア**⇔(B群)**イ** (A群)**イ**⇔(B群)**ア** (A群)**ウ**⇔(B群)**ウ**

【問2】 下記の(a)、(b)に入る語句を答えよ。

$N(50, 2^2)$の正規分布に従っている、薬品の入ったボトルの容量(単位：mL)を生産している工場において、100,000本のボトルを生産した。

容量が48mL未満となるボトルの数は［(a)］となる。

また、48mL以上かつ53mL未満の範囲にあるボトルを適合品とする場合、不適合品となるボトルの数は［(b)］となる。

正解 (a) **15,866 本** (b) **22,547 本**

【問3】 下記の(a)、(b)に入る語句を答えよ。

母不適合品率5%の工程で、10個のサンプルを採取したとき、$P=0.05$, $n=10$のときの二項分布(次ページのグラフ)に従うとすると、不適合品が含まれない確率は［(a)］%で、不適合品が3個以下となる確率は［(b)］%である。

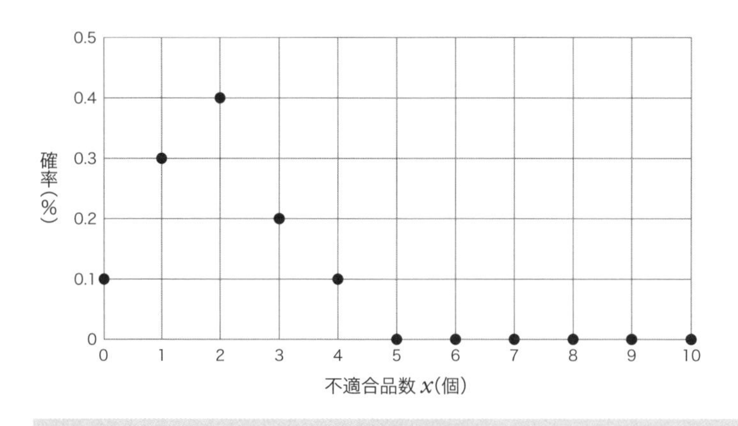

正解　(a) **0.1(%)**　(b) **1.0(%)**

解答・解説

【問1】 確率分布

(A群)**ア**⇔(B群)**イ**

(A群)**イ**⇔(B群)**ア**

(A群)**ウ**⇔(B群)**ウ**

B群の文において、アは「計数値、ベルヌーイ試行」という用語から二項分布の説明であることがわかる。イは「左右対称の釣鐘型の分布」ということから正規分布の説明であることがわかる。ウは「計数値、まれに起こる現象」という用語からポアソン分布であることがわかる。

【問2】 正規分布

(a) **15,866本**

容量が48mL未満となる確率を求め、これに生産数量をかけることで、ボトルの数を求めることができる。以下のとおり、正規分布$N(50, 2^2)$を規準化して、標準正規分布にすると、$K_P = -1$となる。標準正規分布は左右対称なので、$K_P = -1$以下の確率と$K_P = 1$以上の確率は同じであることから、巻末付表1の(Ⅰ)K_PからPを求める表より、$K_P = 1$に対応する確率P=0.15866を得る。

容量が48mL未満のボトルの数＝48mL未満となる確率×生産数量
＝0.15866×100,000＝15,866(本)となる。

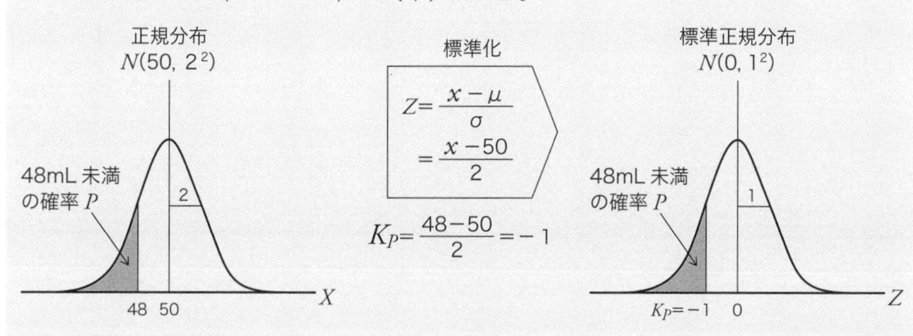

［b］**22,547本**

48mL以上かつ53mL未満の範囲にあるボトルを適合品とすることから、48mL未満および53mL以上の範囲にあるボトルが不適合品となる。よって、48mL未満および53mL以上の範囲となる確率を求め、これに生産数量をかけることで、不適合品の数を求めることができる。以下のとおり、正規分布$N(50,\ 2^2)$を規準化して、標準正規分布にすると、$K_{P1}=-1$、$K_{P2}=1.5$となる。標準正規分布は左右対称なので、$K_{P1}=-1$以下の確率と、$K_{P1}=1$以上の確率は同じであることから、巻末付表１の(Ⅰ) K_PからPを求める表より、$K_{P1}=1$に対応する確率$P=0.15866$を得る。同様に、$K_{P2}=1.5$以上の確率も、巻末付表１の(Ⅰ) K_PからPを求める表より、$K_{P2}=1.5$に対応する確率$P=0.066807$を得る。

容量が48mL未満および53mL以上のボトルの数＝48mL未満および53mL以上となる確率×生産数量＝(0.15866＋0.066807)×100,000＝0.225467×100,000≒22,547(個)となる。

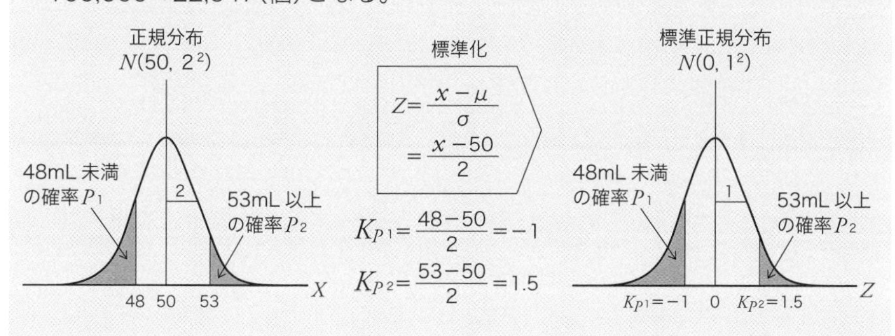

【問３】(二項分布)

［a］0.1(%)

不適合品xが含まれない確率＝0（個）の確率は、グラフより、0.1%となる。

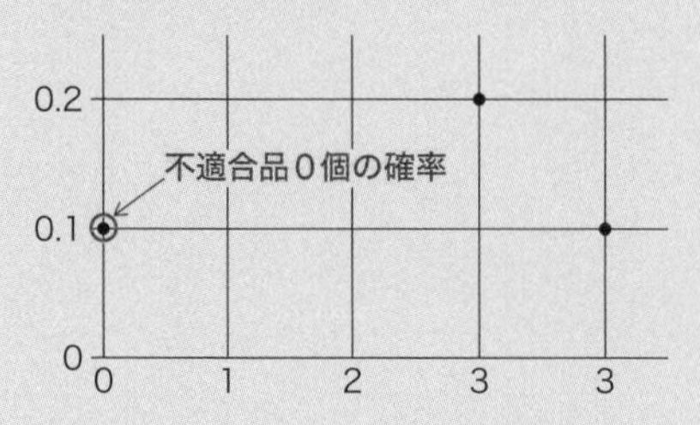

［b］1.0(%)

不適合品が３個以下の確率は、グラフの縦軸（確率（%））より、x＝0，1，2，3の確率を読み取って、これらの総和となる。0.1＋0.3＋0.4＋0.2＝1.0%となる。

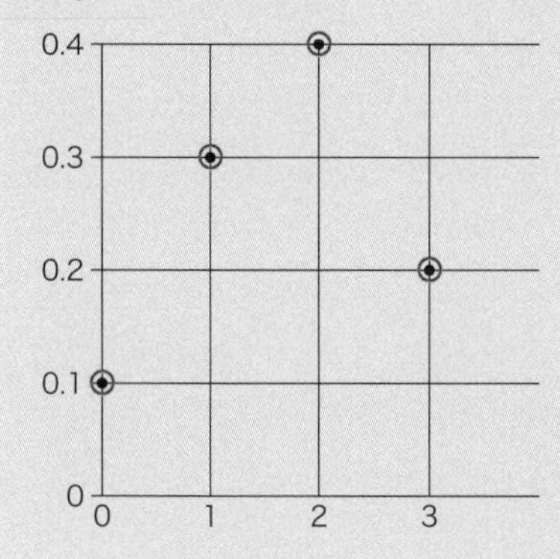

第4章
検定と推定

合格のポイント

➡ 計量値データ、計数値データの検定・推定方法の理解

1 検定と推定の概要

検定(test)と推定(estimation)は、母集団(母数)を推測する手法です。

検定は、**母集団の分布に関する仮説を統計的に検証する**もので、平たくいうと、「対象とする母数が、科学的に意味があるか否か(基準値と等しいか等しくないか)」を○×式で推測する手法です。

一方、**推定**は対象とする**母集団の分布の母平均や母分散といった母数を推定する**もので、平たくいうと、「母数がどれほどの値なのか」を推測する手法です(図表4．1参照)。

検定は**定性試験**に相当し、推定は**定量試験**に相当するといえます。

図表4．1 検定と推定の概念

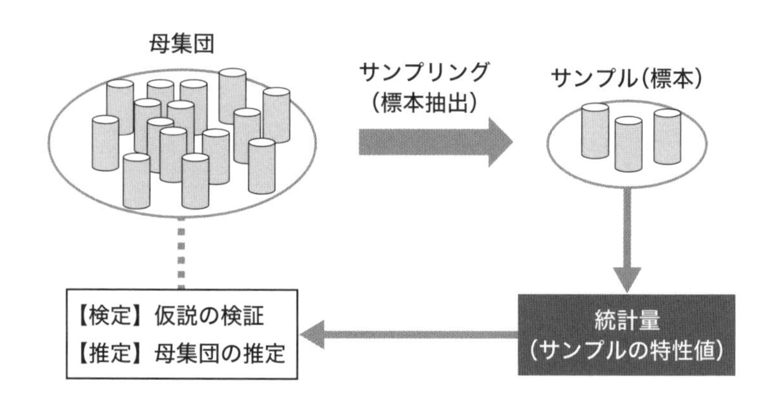

検定および推定の手順は、基本的には以下のとおりです。

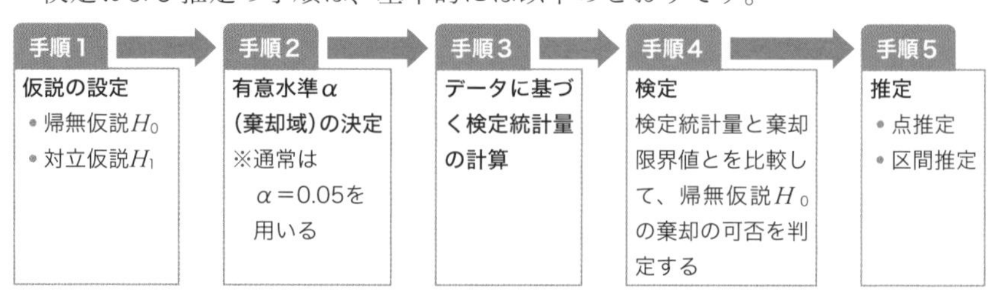

図表4.2 検定と推定の種類(概要) ＊詳しくは次ページの表を参照

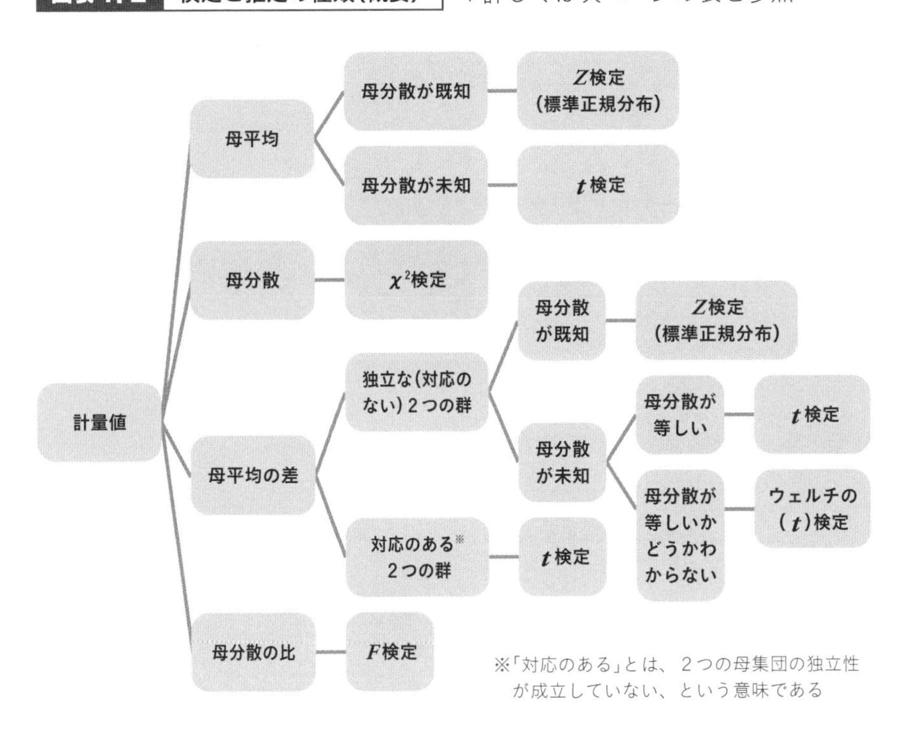

※「対応のある」とは、2つの母集団の独立性が成立していない、という意味である

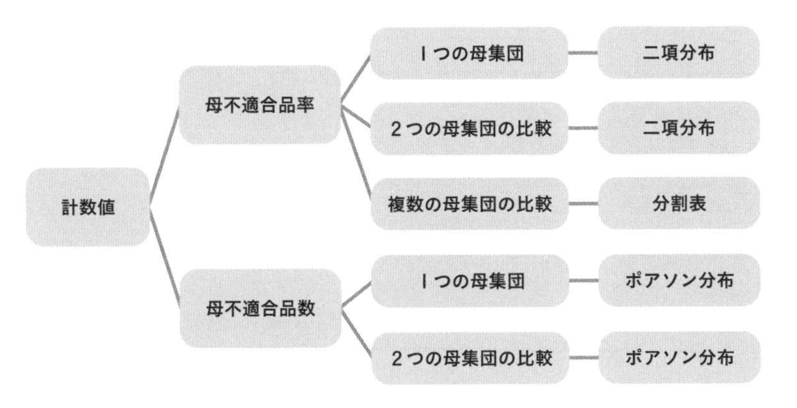

図表4.3 検定と推定の種類

扱うデータ	検定と推定の種類	統計量計算に用いる指標	検定統計量の計算式	検定に用いる分布
	1つの母平均(母分散が未知の場合)	データの平均値$\bar{x}$ 分散V	$t_0=\frac{\bar{x}-\mu_0}{\sqrt{\frac{V}{n}}}$	t分布
	1つの母平均(母分散が既知の場合)	データの平均値$\bar{x}$ 母分散σ^2	$Z_0=\frac{\bar{x}-\mu_0}{\sqrt{\frac{\sigma^2}{n}}}$	標準正規分布
	1つの母分散	母分散σ^2 平方和S	$\chi^2{}_0=\frac{S}{\sigma_0{}^2}$	χ^2分布
計量値	2つの母平均の差(母分散が既知の場合)	データの平均値$\bar{x}$ 母分散σ^2	$Z_0=\frac{\bar{x}_1-\bar{x}_2-(\mu_1-\mu_2)}{\sqrt{\frac{\sigma_1{}^2}{n_1}+\frac{\sigma_2{}^2}{n_2}}}$	標準正規分布
	2つの母平均の差(母分散が未知で、母分散が等しいと考えられる場合)	データの平均値$\bar{x}$ 分散V	$t_0=\frac{\bar{x}_1-\bar{x}_2}{\sqrt{V\left(\frac{1}{n_1}+\frac{1}{n_2}\right)}}$	t分布
	2つの母平均の差(母分散が未知で、母分散が等しいかどうかわからない場合)	データの平均値$\bar{x}$ 分散V	$t_0=\frac{\bar{x}_1-\bar{x}_2}{\sqrt{\frac{V_1}{n_1}+\frac{V_2}{n_2}}}$	t分布(ウェルチの(t)検定)

	2つの母分散の比	分散V	$F_0=\dfrac{V_1}{V_2}$（$V_1 \geqq V_2$の場合） $F_0=\dfrac{V_2}{V_1}$（$V_1 < V_2$の場合）	F分布
	データに対応がある場合	母平均の差の平均値$\bar{d}$ 分散V_d	$t_0=\dfrac{\bar{d}}{\sqrt{\dfrac{V_d}{n}}}$	t分布 母平均の差の平均値と分散による計算
計数値	母不適合品率	不適合品率 $P=\dfrac{x}{n}$	$u_0=\dfrac{x-nP_0}{\sqrt{nP_0(1-P_0)}}$	二項分布
	2つの母不適合品率の違い	不適合品率 $P=\dfrac{x}{n}$	$u_0=\dfrac{P_1-P_2}{\sqrt{\bar{P}(1-\bar{P})\left(\dfrac{1}{n_1}+\dfrac{1}{n_2}\right)}}$	
	母不適合数（母欠点数）	不適合数c（欠点数）	$u_0=\dfrac{\bar{c}-m_0}{\sqrt{\dfrac{m_0}{n}}}$	ポアソン分布（$m \geqq 5$で正規分布に近似できる）
	2つの母不適合数（母欠点数）の違い	不適合数c（欠点数）	$u_0=\dfrac{c_1-c_2}{\sqrt{\bar{c}\left(\dfrac{1}{n_1}+\dfrac{1}{n_2}\right)}}$	
	複数の母集団での不適合品率の比較等	不適合品率	期待度数$t_{ij}=T_{i.}\times T_{.j}/T_{..}$ $T_{i.}$：分割表の列の合計値、 $T_{.j}$：分割表の行の合計値、 $T_{..}$：分割表の合計値	分割表

2 仮説の考え方(帰無仮説、対立仮説)

帰無仮説H_0は棄却したい仮説であり、**帰無仮説H_0が採択されると目的(例：工程の改善)が達成されない**ことから、「苦労が無に帰す」という意味で、「帰無」仮説と命名されたともいわれています。

対立仮説H_1には両側仮説と片側仮説があり、それぞれの検定を両側検定、片側検定といいます。

片側検定では、対立仮説の対象が比較する対象と比べて**増えたか減ったか**を調べます。一方、**両側検定**では、対立仮説の対象が比較する対象と比べて**変化したかどうか**を調べます(増えたか減ったかは問わない)。

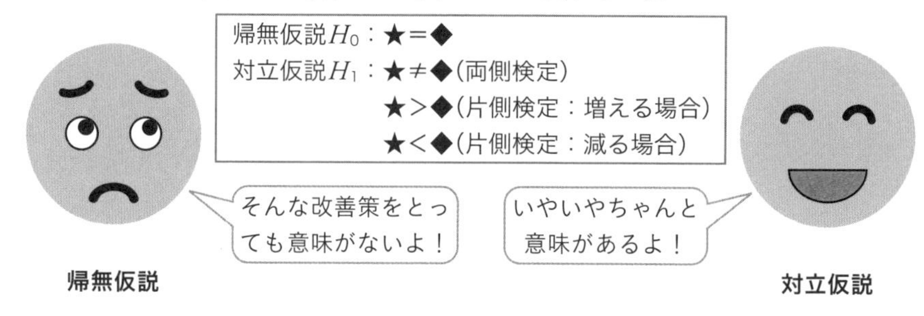

例えば、ある工程ラインにおいて、改善策(例：部品を改良)を行ったときに、その改善策の効果(例：不適合品の平均／**ばらつきの変化**)があるかどうかを検定する場合、

- **帰無仮説H_0：改善効果**なし
  改善策の平均値μ＝従前の平均値μ_0
  改善策のばらつきσ^2＝従前のばらつきσ_0^2
- **対立仮説H_1：改善効果**あり
  改善策の平均値μ≠従前の平均値μ_0
  改善策のばらつきσ^2≠従前のばらつきσ_0^2

といった形で仮説を設定します。

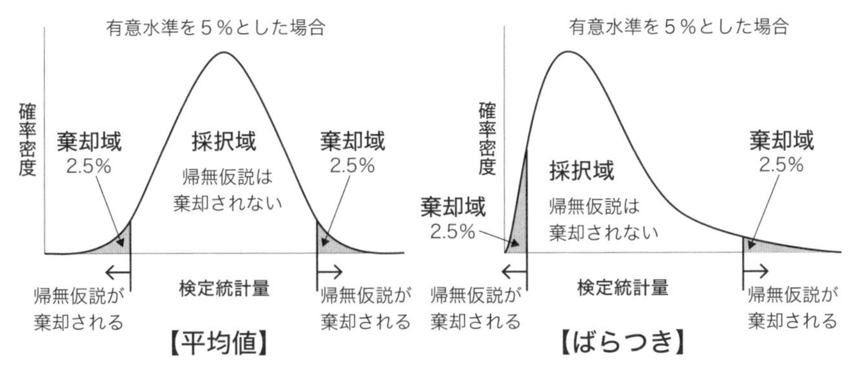

※棄却域(計)＝有意水準とする必要がある

計算して求められた検定統計量の値が**棄却域**に入ったときに帰無仮説H_0を棄却し、対立仮説H_1が成立するという判断をします(上の図参照)。

なお、**検定統計量**とは、**データを確率密度関数に変換して、比較しやすくした値**のことです。

棄却域とは帰無仮説H_0を棄却すると判断する統計量の範囲のことです。

両側検定において、**棄却域を左右で半分ずつとする**ことに留意しましょう。

例えば、有意水準５％の場合、左右の棄却域はそれぞれ2.5%となります。

また、ある工程ラインにおいて、改善策(例：部品を改良)を行ったときに、その改善策の効果(例：不適合品の平均／**ばらつきの減少**)があるかどうかを検定する場合、

- **帰無仮説H_0：改善効果なし**
  改善策の平均値μ＝従前の平均値μ_0
  改善策のばらつきσ^2＝従前のばらつきσ_0^2
- **対立仮説H_1：改善効果あり**
  改善策の平均値μ＜従前の平均値μ_0
  改善策のばらつきσ^2＜従前のばらつきσ_0^2

といった形で仮説を設定します。

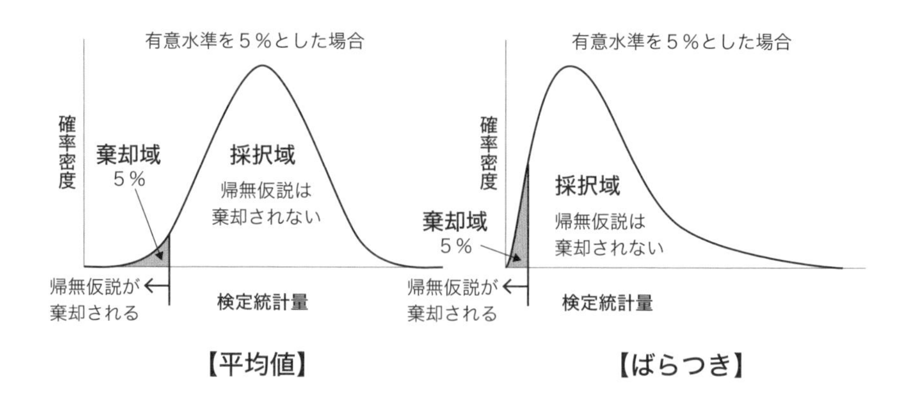

片側検定（左片側検定）において、**棄却域は左片側のみ**となることに留意しましょう。例えば、有意水準５％の場合、棄却域は５％となります（上の図参照）。

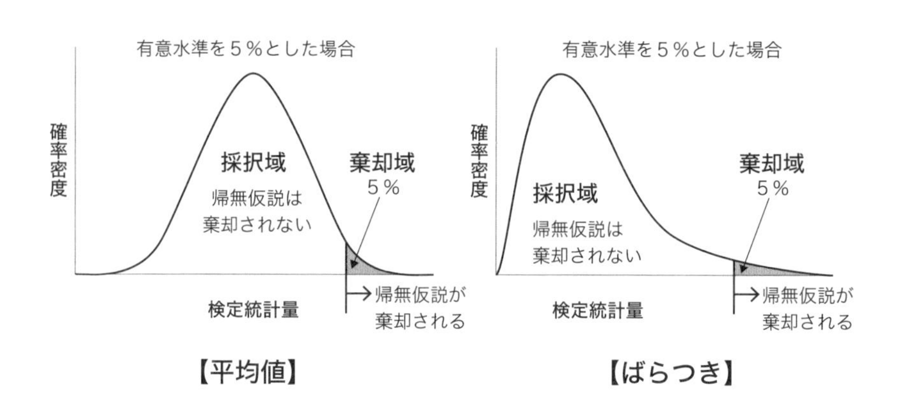

なお、片側検定（右片側検定）において、**棄却域は右片側のみ**となります。例えば、有意水準５％の場合、棄却域は５％となります（上の図参照）。

上記の説明のまとめとして、図表４．４（平均値）および図表４．５（ばらつき）を示します。

図表4.4 平均値の両側検定・片側検定における棄却域

両側検定	片側検定	
	上側検定	下側検定

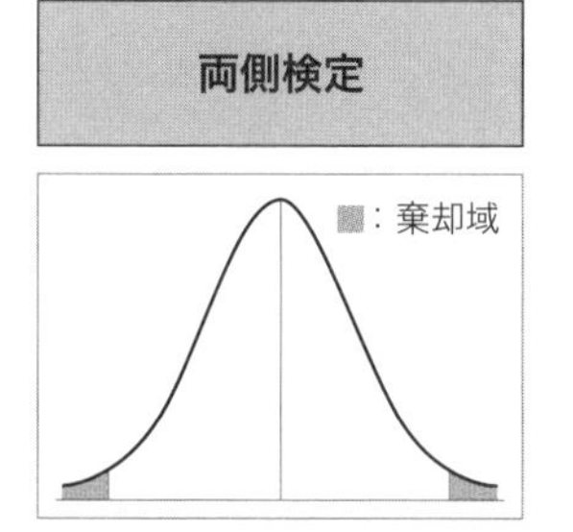

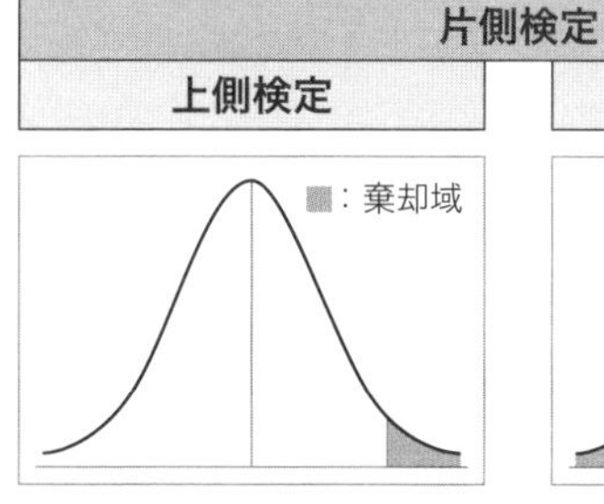

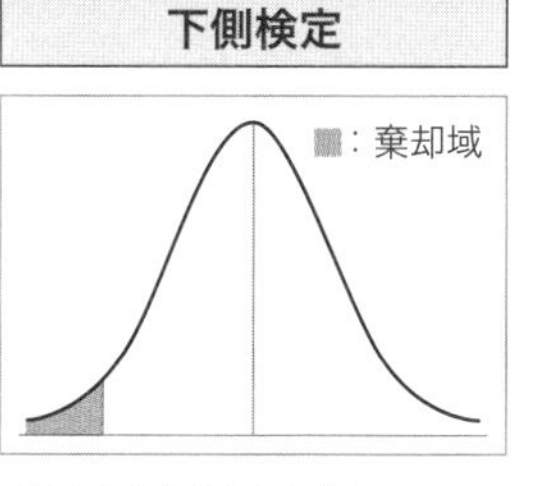

平均値（Z分布、t分布）　※上側とは「右片側」を指し、下側とは「左片側」を指す

	両側検定	上側検定	下側検定
帰無仮説H_0	$\mu = \mu_0$	$\mu = \mu_0$	$\mu = \mu_0$
対立仮説H_1	$\mu \neq \mu_0$	$\mu > \mu_0$	$\mu < \mu_0$

図表4.5 ばらつきの両側検定・片側検定における棄却域

両側検定	片側検定	
	上側検定	下側検定

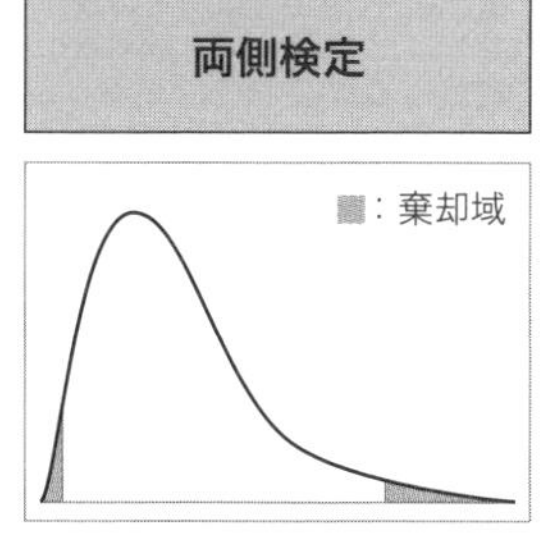

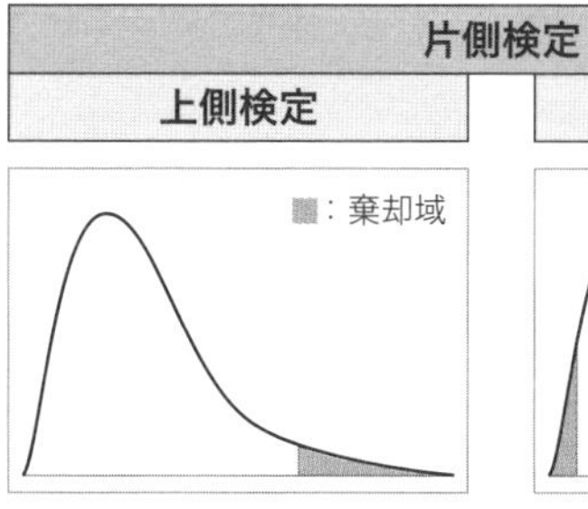

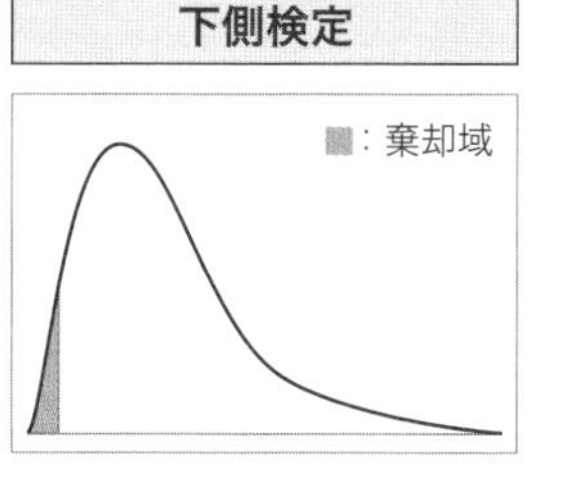

ばらつき（χ^2分布、F分布）

	両側検定	上側検定	下側検定
帰無仮説H_0	$\sigma^2 = \sigma_0^2$	$\sigma^2 = \sigma_0^2$	$\sigma^2 = \sigma_0^2$
対立仮説H_1	$\sigma^2 \neq \sigma_0^2$	$\sigma^2 > \sigma_0^2$	$\sigma^2 < \sigma_0^2$

なお、統計的な判断を行う際、サンプリングしたデータの情報を知ることはできますが、**母集団そのものの情報**を知ることはできないため、**ある程度の誤りを避けることはできません。**

帰無仮説H_0が真であるにも関わらず、対立仮説H_1が正しいと判断してしまうことを**第１種の誤り**(あわてものの誤り)といいます。この確率を**有意水準(α)**といいます。

有意水準αの設定値には５％といった小さい値が一般的に用いられます。**５％、つまり、100回に５回は誤りが確率的に発生する**ということです。

逆に、対立仮説H_1が真であるにも関わらず、帰無仮説H_0が正しいと判断してしまう誤りは**第２種の誤り**(ぼんやりものの誤り)といいます。この場合の確率は記号βで表します。

	帰無仮説H_0が正しいと判断	対立仮説H_1が正しいと判断
帰無仮説H_0が真	$1-\alpha$	α 第１種の誤り (あわてものの誤り)
対立仮説H_1が真	β 第２種の誤り (ぼんやりものの誤り)	$1-\beta$ (検出力と呼ばれる)

3 有意水準について

有意水準とは、仮説検定をするときに、帰無仮説を棄却するかどうかを判断するための基準です。例えば、有意水準を５％とすると、仮説を棄却する(正しくない)判断は５％の確率で誤りとなることを意味します。

仮説検定において、計算した確率が、有意水準である基準の確率より小さければ、帰無仮説の正しさは疑わしくなるので、帰無仮説を棄却して、対立仮説を正しいものと判断します。

一方、帰無仮説が実は正しい場合であっても、帰無仮説と合わないようなデータが偶然に集まることもあり、この場合は誤った判断をしてしまうことになります。この意味で有意水準のことを、**危険率**ともいいます。

有意水準(α)の確率が高いほど、誤ってしまう危険性が高まります。有意水準αの設定値には**1％または5％といった小さい値**が一般的に用いられます。

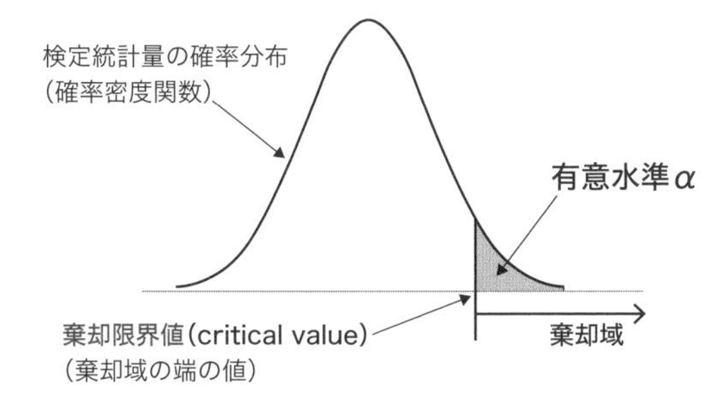

4 推定について(点推定、区間推定)

母集団の推定方法には、点推定と区間推定があります。

点推定とは、**1点に絞り込んで推定する**方法です。一方、**区間推定**は、**残差が出ることを前提に、推定値がどのくらい信頼できるかを区間の幅を用いて推定する**方法です。真の母数をその区間に含む確率が、設定した**信頼率**($1-\alpha$)となる区間(信頼区間)を推定します。

5 検定と推定の手順

(1)計量値データに基づく検定と推定

1) 1つの母平均に関する検定と推定

1つの母平均に関する検定と推定では、(正規分布に従う母平均μの情報を多く持っている)**平均値$\bar{x}$**を用い、**母集団の分散$V=\sigma^2$が未知か既知か**で使い分けを行います。

①σ^2が未知の場合

手順1 仮説の設定

- 帰無仮説H_0：$\mu=\mu_0$
- 対立仮説H_1：$\mu \neq \mu_0$（両側検定）、
  $\mu > \mu_0$（右片側検定）、$\mu < \mu_0$（左片側検定）のいずれか※
  ※与条件などによる

手順2 有意水準αの設定

通常は$\alpha=0.05$とする。

手順3 統計量の計算

データの平均値$\overline{x}$および分散Vにより、t_0を求める。

$$t_0=\frac{\overline{x}-\mu_0}{\sqrt{\frac{V}{n}}}$$

手順4 検定

手順3で求めた検定統計量と確率分布表から求めた棄却限界値とを比較して判定する。

- H_1：$\mu \neq \mu_0$の場合、$|t_0|$※$\geqq t(\phi,\ \alpha)$であれば有意となり、H_0：$\mu=\mu_0$は棄却される。すなわちH_1が成立する。
- H_1：$\mu > \mu_0$の場合、$t_0 \geqq t(\phi,\ 2\alpha)$であれば有意となり、$H_0$：$\mu=\mu_0$は棄却される。すなわち$H_1$が成立する。
- H_1：$\mu < \mu_0$の場合、$t_0 \leqq -t(\phi,\ 2\alpha)$であれば有意となり、$H_0$：$\mu=\mu_0$は棄却される。すなわち$H_1$が成立する。

※$|t_0|$はt_0の絶対値

手順5 推定（点推定、区間推定）

- 点推定　：$\hat{\mu}=\overline{x}$
- 区間推定：$\overline{x}-t(\phi,\ \alpha)\sqrt{\frac{V}{n}} \leqq \mu \leqq \overline{x}+t(\phi,\ \alpha)\sqrt{\frac{V}{n}}$

〈例〉平均値が大きくなったか否かの検定(母集団の分散が未知の場合)

母平均：μ_0＝9.0の母集団からデータ数：n＝10のサンプルをとった結果、標本平均値：$\bar{x}$＝10.0、不偏分散：V＝0.4であった。このとき、平均値が大きくなったかどうかの検定の手順は以下のとおりである。

手順1 仮説の設定

- 帰無仮説H_0：$\mu = \mu_0$
- 対立仮説H_1：$\mu > \mu_0$(右片側検定)

手順2 有意水準αの設定

α＝0.05とする

手順3 統計量の計算

$$t_0 = \frac{\bar{x} - \mu_0}{\sqrt{V/n}} = \frac{10.0 - 9.0}{\sqrt{\frac{0.4}{10}}} = \frac{1.0}{\sqrt{0.04}} = \mathbf{5.0}$$

手順4 検定

$\mu > \mu_0$ → 右片側検定

t表より、α＝0.05、$\phi = n - 1 = 10 - 1 = 9$の棄却限界値$t$を求めると、$t(\phi, 2\alpha) = t(9, 0.10) =$ **1.833**となる。※t表は両側検定の表となっているため、片側検定の場合はαの値を2倍にする。

t_0＝**5.0**＞t＝**1.833**となることから、**有意となる**。帰無仮説は棄却され、対立仮説が成立する。

(参考) t表(一部抜粋)

ϕ \ P	0.50	0.40	0.30	0.20	0.10	0.05
1	1.000	1.376	1.963	3.078	6.314	12.706
2	0.816	1.061	1.386	1.886	2.920	4.303
3	0.765	0.978	1.250	1.638	2.353	3.182
4	0.741	0.941	1.190	1.533	2.132	2.776
5	0.727	0.920	1.156	1.476	2.015	2.571
6	0.718	0.906	1.134	1.440	1.943	2.447
7	0.711	0.896	1.119	1.415	1.895	2.365
8	0.706	0.889	1.108	1.397	1.860	2.306
9	0.703	0.883	1.100	1.383	1.833	2.262
10	0.700	0.879	1.093	1.372	1.812	2.228

手順5 **推定**

- 点推定：$\hat{\mu}=\bar{x}=$**10.0**
- 区間推定：$\bar{x}-t(\phi,\ \alpha)\sqrt{\dfrac{V}{n}}\leqq\mu\leqq\bar{x}+t(\phi,\ \alpha)\sqrt{\dfrac{V}{n}}$

（上限）$\mu_U=\bar{x}+t(9, 0.05)\sqrt{\dfrac{V}{n}}=10.0+2.262\sqrt{\dfrac{0.4}{10}}$

$=10.0+0.4524=$**10.4524**

（下限）$\mu_L=\bar{x}-t(9, 0.05)\sqrt{\dfrac{V}{n}}=10.0-2.262\sqrt{\dfrac{0.4}{10}}$

$=10.0-0.4524=$**9.5476**

よって、**9.5476≦μ≦10.4524**

②σ^2が既知の場合（手順2までは①と同じ）

手順1 **仮説の設定**

- 帰無仮説H_0：$\mu=\mu_0$
- 対立仮説H_1：$\mu\neq\mu_0$（両側検定）、
  $\mu>\mu_0$（右片側検定）、$\mu<\mu_0$（左片側検定）のいずれか※
  ※与条件などによる

手順2 **有意水準αの設定**

通常は$\alpha=0.05$とする。

手順3 **統計量の計算**

データの平均値$\bar{x}$および母分散σ^2により、Z_0を求める。

$$Z_0=\frac{\bar{x}-\mu_0}{\sqrt{\dfrac{\sigma^2}{n}}}$$

手順4 **検定**

手順3で求めた検定統計量と確率分布表から求めた棄却限界値とを比較して判定する。

- H_1：$\mu \neq \mu_0$の場合、$|Z_0| \geqq Z(\alpha/2)$であれば有意となり、H_0：$\mu = \mu_0$は棄却される。すなわちH_1が成立する。
- H_1：$\mu > \mu_0$の場合、$Z_0 \geqq Z(\alpha)$であれば有意となり、H_0：$\mu = \mu_0$は棄却される。すなわちH_1が成立する。
- H_1：$\mu < \mu_0$の場合、$Z_0 < -Z(\alpha)$であれば有意となり、H_0：$\mu = \mu_0$は棄却される。すなわちH_1が成立する。

手順5 推定（点推定、区間推定）

- 点推定　：$\hat{\mu} = \bar{x}$
- 区間推定：$\bar{x} - Z(\alpha/2)\sqrt{\frac{\sigma^2}{n}} \leqq \mu \leqq \bar{x} + Z(\alpha/2)\sqrt{\frac{\sigma^2}{n}}$

〈例１〉平均値が変わったか否かの検定（母集団の分散が既知の場合）

母平均：μ_0=9.0、母分散：σ^2=1.0の母集団からデータ数：n=10のサンプルをとった結果、標本平均値：$\bar{x}$=10.0であった。ばらつきは変化していないものとする。このとき、平均値が変化したかどうかの検定の手順は以下のとおりである。

手順1 仮説の設定

- 帰無仮説H_0：$\mu = \mu_0$
- 対立仮説H_1：$\mu \neq \mu_0$（両側検定）

手順2 有意水準αの設定

α=0.05とする。

手順3 統計量の計算

$$Z_0 = \frac{\bar{x} - \mu_0}{\sqrt{\frac{\sigma^2}{n}}} = \frac{10.0 - 9.0}{\sqrt{\frac{1.0}{10}}} \fallingdotseq 3.16$$

手順4 **検定**

$\mu \neq \mu_0$→両側検定　　正規分布表(P.71参照)より、$P=0.025 \rightarrow K_P=$ 1.960となる。$\alpha=P$、$Z(\alpha/2)=K_P$

$Z_0 > K_P$となることから、**有意となる**(平均値が変化した)。

帰無仮説は棄却され、対立仮説が成立する。

手順5 **推定**

- 点推定：$\hat{\mu}=\bar{x}=$**10.0**
- 区間推定：$\bar{x}-Z(\alpha/2)\sqrt{\frac{\sigma^2}{n}} \leqq \mu \leqq \bar{x}+Z(\alpha/2)\sqrt{\frac{\sigma^2}{n}}$

(上限)　$\mu_U=\bar{x}+Z(\alpha/2)\sqrt{\frac{\sigma^2}{n}}=10.0+1.960\sqrt{\frac{1.0}{10}} \fallingdotseq 10.0+0.62=\mathbf{10.62}$

(下限)　$\mu_L=\bar{x}-Z(\alpha/2)\sqrt{\frac{\sigma^2}{n}}=10.0-1.960\sqrt{\frac{1.0}{10}} \fallingdotseq 10.0-0.62=\mathbf{9.38}$

よって、**9.38**$\leqq \mu \leqq$**10.62**

〈例2〉平均値が大きくなったか否かの検定(母集団の分散が既知の場合)

母平均：$\mu_0=9.0$、母分散：$\sigma^2=1.0$の母集団からデータ数：$n=10$のサンプルをとった結果、標本平均値：$\bar{x}=10.0$であった。ばらつきは変化していないものとする。このとき、平均値が大きくなったかどうかの検定の手順は以下のとおりである。

手順1 **仮説の設定**

- 帰無仮説H_0：$\mu=\mu_0$
- 対立仮説H_1：$\mu>\mu_0$(右片側検定)

手順2 **有意水準αの設定**

$\alpha=0.05$とする。

手順3 **統計量の計算**

$$Z_0=\frac{\bar{x}-\mu_0}{\sqrt{\frac{\sigma^2}{n}}}=\frac{10.0-9.0}{\sqrt{\frac{1.0}{10}}} \fallingdotseq \mathbf{3.16}$$

手順4 **検定**

$\mu > \mu_0$→片側検定　　正規分布表より、$P = 0.05 \rightarrow K_P = 1.645$となる。

$\alpha = P$、$Z(\alpha) = K_P$

（参考）正規分布表（一部抜粋）

（Ⅱ）PからK$_P$を求める表

P	0.001	0.005	0.010	0.025	0.050	0.100	0.200	0.300	0.400
K_P	3.090	2.576	2.326	1.960	1.645	1.282	0.842	0.524	0.253

$Z_0 > K_P$となることから、**有意となる**（平均値が大きくなった）。

帰無仮説は棄却され、対立仮説が成立する。

手順5 **推定**

- 点推定：$\hat{\mu} = \bar{x} = 10.0$
- 区間推定：$\bar{x} - Z(\alpha/2)\sqrt{\dfrac{\sigma^2}{n}} \leqq \mu \leqq \bar{x} + Z(\alpha/2)\sqrt{\dfrac{\sigma^2}{n}}$

（上限）　$\mu_U = \bar{x} + Z(\alpha/2)\sqrt{\dfrac{\sigma^2}{n}} = 10.0 + 1.645\sqrt{\dfrac{1.0}{10}} \fallingdotseq 10.0 + 0.52 = \mathbf{10.52}$

（下限）　$\mu_L = \bar{x} - Z(\alpha/2)\sqrt{\dfrac{\sigma^2}{n}} = 10.0 - 1.645\sqrt{\dfrac{1.0}{10}} \fallingdotseq 10.0 - 0.52 = \mathbf{9.48}$

よって、$\mathbf{9.48 \leqq \mu \leqq 10.52}$

計量値データに基づく検定と推定

2）1つの母分散に関する検定と推定

1つの母分散に関する検定と推定は（正規分布に従う際）、$\chi^2 = S / \sigma^2$（カイ）が、自由度ϕ（$= n - 1$）のχ^2分布に従うことを活用して、母分散に関する情報を多く持っている平方和Sおよび分散Vを用いて行います。

手順1 **仮説の設定**

- 帰無仮説H_0：$\sigma^2 = \sigma_0^2$
- 対立仮説H_1：$\sigma^2 \neq \sigma_0^2$（両側検定）、
  $\sigma^2 > \sigma_0^2$（右片側検定）、$\sigma^2 < \sigma_0^2$（左片側検定）のいずれか※
  ※与条件などによる

手順2 **有意水準αの設定**

通常は$\alpha=0.05$とする。

手順3 **統計量の計算**

平方和Sを用いて、χ_0^2を求める。

$$\chi_0^2=\frac{S}{\sigma_0^2}$$

手順4 **検定**

手順3で求めた検定統計量と確率分布表から求めた棄却限界値とを比較して判定する。

- H_1：$\sigma^2 \neq \sigma_0^2$の場合、$\chi_0^2 \geqq \chi^2(n-1,\ \alpha/2)$または$\chi_0^2 \leqq \chi^2(n-1,\ 1-\alpha/2)$であれば有意となり（両側検定）、$H_0$：$\sigma^2=\sigma_0^2$は棄却される。すなわち$H_1$が成立する。
- H_1：$\sigma^2 > \sigma_0^2$の場合、$\chi_0^2 \geqq \chi^2(n-1,\ \alpha)$であれば有意となり（右片側検定）、$H_0$：$\sigma^2=\sigma_0^2$は棄却される。すなわち$H_1$が成立する。
- H_1：$\sigma^2 < \sigma_0^2$の場合、$\chi_0^2 \leqq \chi^2(n-1,\ 1-\alpha)$であれば有意となり（左片側検定）、$H_0$：$\sigma^2=\sigma_0^2$は棄却される。すなわち$H_1$が成立する。

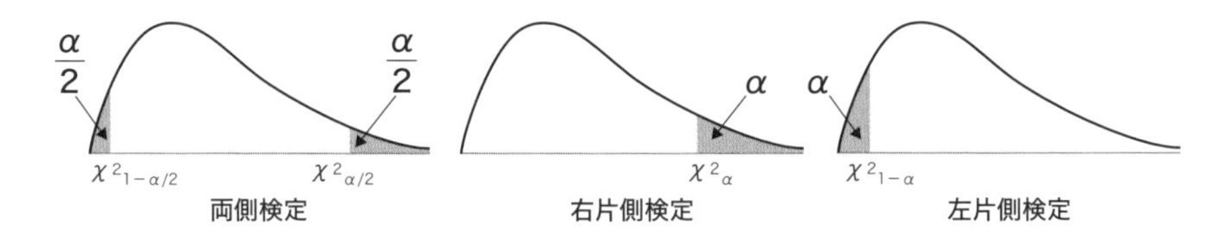

手順5 **推定（点推定、区間推定）**

- 点推定　：$\hat{\sigma}^2=V=\dfrac{S}{n-1}$　　（$\hat{\sigma}^2$はσ^2の推定値）
- 区間推定：$\chi^2=S/\sigma^2$は、自由度$\phi(=n-1)$のχ^2分布に従うので、

  $pr\{\chi^2(n-1,\ 1-\alpha/2)<S/\sigma^2<\chi^2(n-1,\ \alpha/2)\}$

  $pr\{S/\chi^2(n-1,\ \alpha/2)<\sigma^2<S/\chi^2(n-1,\ 1-\alpha/2)\}$

  となることから、

  （上限）　$\sigma^2_U=S/\chi^2(n-1,\ 1-\alpha/2)$

  （下限）　$\sigma^2_L=S/\chi^2(n-1,\ \alpha/2)$

〈例〉母分散が大きくなったか否かの検定

ある工程の管理特性は、平均値μ＝10.00、分散σ^2＝1.00である。最近、現場から、この特性値のばらつきが大きくなったとの問題提起があったため、サンプリングを行い31個のデータを得たところ、平均値$\bar{x}$＝10.3、(不偏)分散V＝1.3、平方和S＝39であった。このとき、工程のばらつきが大きくなったか否かの検定の手順は以下のとおりである。

手順1 仮説の設定

- 帰無仮説H_0：$\sigma^2=\sigma_0^2$
- 対立仮説H_1：$\sigma^2>\sigma_0^2$(右片側検定)

手順2 有意水準αの設定

α＝0.05とする。

手順3 統計量の計算

χ_0^2＝39／1.00＝**39**

手順4 検定

$\sigma^2>\sigma_0^2$→(ばらつきが大きくなったか否かを検定するので)右片側検定

χ^2表において($\alpha=P$)として、$\chi^2(\phi,\ P)=\chi^2(30, 0.05)$＝**43.7730**となる。

※データ数n＝31個なので、自由度$\phi=n-1$＝30となる

(参考)χ^2表(一部抜粋)

ϕ \ P	0.995	0.990	0.985	0.975	0.970	0.950	0.050
1	0.00003927	0.0001571	0.0003535	0.0009821	0.001414	0.003932	3.84146
2	0.010025	0.020101	0.030227	0.050636	0.060918	0.102587	5.99146
3	0.071722	0.114832	0.151574	0.215795	0.245795	0.351846	7.81473
14	4.07467	4.66043	5.05724	5.62873	5.85563	6.57063	23.6848
15	4.60092	5.22935	5.65342	6.26214	6.50322	7.26094	24.9958
16	5.14221	5.81221	6.26280	6.90766	7.16251	7.96165	26.2962
17	5.69722	6.40776	6.88415	7.56419	7.83241	8.67176	27.5871
18	6.26480	7.01491	7.51646	8.23075	8.51199	9.39046	28.8693
19	6.84397	7.63273	8.15884	8.90652	9.20044	10.1170	30.1435
20	7.43384	8.26040	8.81050	9.59078	9.89708	10.8508	31.4104
21	8.03365	8.89720	9.47076	10.2829	10.6013	11.5913	32.6706
22	8.64272	9.54249	10.1390	10.9823	11.3125	12.3380	33.9244
23	9.26042	10.1957	10.8147	11.6886	12.0303	13.0905	35.1725
24	9.88623	10.8564	11.4974	12.4012	12.7543	13.8484	36.4150
25	10.5197	11.5240	12.1867	13.1197	13.4840	14.6114	37.6525
26	11.1602	12.1981	12.8821	13.8439	14.2190	15.3792	38.8851
27	11.8076	12.8785	13.5833	14.5734	14.9592	16.1514	40.1133
28	12.4613	13.5647	14.2900	15.3079	15.7042	16.9279	41.3371
29	13.1211	14.2565	15.0019	16.0471	16.4538	17.7084	42.5570
30	13.7867	14.9535	15.7188	16.7908	17.2076	18.4927	43.7730

$\chi_0^2 < \chi^2(30, 0.05) = 43.7730$となることから、**有意ではない**（ばらつきは大きくなっていない）。帰無仮説は棄却されず、対立仮説は成立しない。

手順5 **推定**

- 点推定　：$\hat{\sigma}^2 = V = 1.3$　（$\hat{\sigma}^2$はσ^2の推定値）
- 区間推定：$S/\chi^2(n-1,\ \alpha/2) < \sigma^2 < S/\chi^2(n-1,\ 1-\alpha/2)$

（上限）　$\sigma^2_U = S/\chi^2(\phi,\ 1-\alpha/2) = 39/\chi^2(30, 0.975) = 39/16.7908$
$\fallingdotseq 2.32$

（下限）　$\sigma^2_L = S/\chi^2(\phi,\ \alpha/2) = 39/\chi^2(30, 0.025) = 39/46.9792$
$\fallingdotseq 0.83$

よって、$0.83 < \sigma^2 < 2.32$

計量値データに基づく検定と推定

3）2つの母平均の差に関する検定と推定

2つの集団の母平均の違いを調べたいときに、2つの母平均の差に関する検定と推定を行います。2つの集団は正規分布に従っていて、その平均値は互いに独立していることが前提となります。

※独立していない場合は、データに対応がある場合の検定・推定を行います。

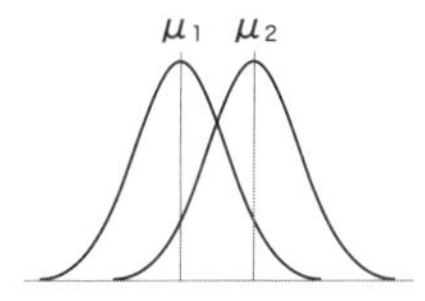

2つの集団それぞれからランダムにサンプルを取り、それぞれの分散V_1、V_2と、平均値$\overline{x}_1$、$\overline{x}_2$を比較します。

$\overline{x}_1$、$\overline{x}_2$は互いに独立しており、$\overline{x}_1 - \overline{x}_2$の分布は正規分布$N(\mu_1 - \mu_2,\ \sigma_1^2 / n_1 + \sigma_2^2 / n_2)$に従いますので、これを標準化すると、

$$Z_0 = \frac{\overline{x_1} - \overline{x_2} - (\mu_1 - \mu_2)}{\sqrt{\dfrac{\sigma_1^2}{n_1} + \dfrac{\sigma_2^2}{n_2}}}$$ となります。

σ_1^2、σ_2^2が未知の場合は、t検定を行います。母分散が等しいと考えられる場合と、等しいかどうかわからない場合があるので、2つの場合に分けて検定と推定を行います。

①母分散が等しいと考えられる場合

手順1 仮説の設定

- 帰無仮説H_0：$\mu_1=\mu_2$
- 対立仮説H_1：$\mu_1\neq\mu_2$（両側検定）、
  $\mu_1>\mu_2$（右片側検定）、$\mu_1<\mu_2$（左片側検定）のいずれか※
  ※与条件などによる

手順2 有意水準αの設定

通常は$\alpha=0.05$とする。

手順3 統計量等の計算

平均値$\bar{x}_1$、$\bar{x}_2$および平方和S_1、S_2を計算し、共通の分散（併合分散）を計算する。

$$V=s^2=\frac{S_1+S_2}{(n_1-1)+(n_2-1)}$$

次に、検定統計量を計算する。

$$t_0=\frac{\bar{x}_1-\bar{x}_2}{\sqrt{V\left(\frac{1}{n_1}+\frac{1}{n_2}\right)}}$$

手順4 検定

H_1：$\mu_1\neq\mu_2$の場合、$|t_0|>t(\phi_1+\phi_2,\ \alpha)$であれば有意となり、$H_0$：$\mu_1=\mu_2$は棄却される。すなわち$H_1$が成立する。
H_1：$\mu_1<\mu_2$の場合、$t_0\leqq -t(\phi_1+\phi_2,\ 2\alpha)$であれば有意となり、$H_0$：$\mu_1=\mu_2$は棄却される。すなわち$H_1$が成立する。 ※$\phi=n-1$
H_1：$\mu_1>\mu_2$の場合、$t_0\geqq t(\phi_1+\phi_2,\ 2\alpha)$であれば有意となり、$H_0$：$\mu_1=\mu_2$は棄却される。すなわち$H_1$が成立する。

手順5 推定（点推定、区間推定）

- 点推定　：$\widehat{\mu_1-\mu_2}=\bar{x}_1-\bar{x}_2$　（$\widehat{\mu_1-\mu_2}$は$\mu_1-\mu_2$の推定値）
- 区間推定：$(\bar{x}_1-\bar{x}_2)-t(\phi_1+\phi_2,\ \alpha)\sqrt{V\left(\frac{1}{n_1}+\frac{1}{n_2}\right)}$
  $\leqq\mu_1-\mu_2$
  $\leqq(\bar{x}_1-\bar{x}_2)+t(\phi_1+\phi_2,\ \alpha)\sqrt{V\left(\frac{1}{n_1}+\frac{1}{n_2}\right)}$
  $\phi=(n_1-1)+(n_2-1)=\phi_1+\phi_2$

〈例〉2つの機械A、Bで製造された部品の重量に差があるかどうかを調べることになり、以下のデータを得た。

A：100, 101, 95, 102, 98, 103

B：105, 108, 109, 100, 106

なお、母分散は等しいと考えられるものとする。

手順1 仮説の設定

- 帰無仮説H_0：$\mu_A = \mu_B$　　※機械A、Bの比較なのでμ_A、μ_Bとする
- 対立仮説H_1：$\mu_A \neq \mu_B$（両側検定）

手順2 有意水準αの設定

$\alpha = 0.05$とする。

手順3 統計量等の計算

平均値$\bar{x}_A$、$\bar{x}_B$および平方和S_A、S_Bを計算し、共通の分散（併合分散）を計算する。

$$\bar{x}_A = \frac{100+101+95+102+98+103}{6} \fallingdotseq 99.83$$

$$\bar{x}_B = \frac{105+108+109+100+106}{5} = 105.6$$

$$S_A = \Sigma x_{Ai}^2 - (\Sigma x_{Ai})^2 / n_A$$
$$= 100^2+101^2+95^2+102^2+98^2+103^2$$
$$- \frac{(100+101+95+102+98+103)^2}{6} \fallingdotseq 42.83$$

$$S_B = \Sigma x_{Bi}^2 - (\Sigma x_{Bi})^2 / n_B$$
$$= 105^2+108^2+109^2+100^2+106^2$$
$$- \frac{(105+108+109+100+106)^2}{5} = 49.2$$

$$V = s^2 = \frac{S_A + S_B}{(n_A - 1) + (n_B - 1)} = \frac{42.83+49.2}{(6-1)+(5-1)} = \frac{92.03}{9} \fallingdotseq 10.23$$

次に、検定統計量を計算する。

$$t_0 = \frac{\bar{x}_A - \bar{x}_B}{\sqrt{V\left(\frac{1}{n_A}+\frac{1}{n_B}\right)}} = \frac{99.83-105.6}{\sqrt{10.23\left(\frac{1}{6}+\frac{1}{5}\right)}} \fallingdotseq \frac{-5.77}{1.94} \fallingdotseq \mathbf{-2.97}$$

手順4 検定

$t(\phi_A+\phi_B,\ \alpha) = t((6-1)+(5-1), 0.05)$
$= t(9, 0.05) = \mathbf{2.262}$　　　※$\phi = n-1$

（参考）t 表（一部抜粋）

自由度ϕと両側確率Pからtを求める表

ϕ \ P	0.50	0.40	0.30	0.20	0.10	0.05
1	1.000	1.376	1.963	3.078	6.314	12.706
2	0.816	1.061	1.386	1.886	2.920	4.303
3	0.765	0.978	1.250	1.638	2.353	3.182
4	0.741	0.941	1.190	1.533	2.132	2.776
5	0.727	0.920	1.156	1.476	2.015	2.571
6	0.718	0.906	1.134	1.440	1.943	2.447
7	0.711	0.896	1.119	1.415	1.895	2.365
8	0.706	0.889	1.108	1.397	1.860	2.306
9	0.703	0.883	1.100	1.383	1.833	2.262
10	0.700	0.879	1.093	1.372	1.812	2.228

$|t_0| = 2.97 > t(9, 0.05) = \mathbf{2.262}$　であることから、**有意となり**、H_0：$\mu_A = \mu_B$は棄却される。すなわちH_1が成立する。

手順5 推定（点推定、区間推定）

- 点推定　：$\widehat{\mu_A - \mu_B} = \bar{x}_A - \bar{x}_B = 99.83 - 105.6 = \mathbf{-5.77}$
- 区間推定：$(\bar{x}_A - \bar{x}_B) - t(\phi_A+\phi_B,\ \alpha)\sqrt{V(1/n_A + 1/n_B)} \leqq \mu_A - \mu_B$
  $\leqq (\bar{x}_A - \bar{x}_B) + t(\phi_A+\phi_B,\ \alpha)\sqrt{V(1/n_A + 1/n_B)}$

（上限）　$(\mu_A - \mu_B)_U$
$= (x_A - x_B) + t(\phi_A+\phi_B,\ \alpha)\sqrt{V(1/n_A + 1/n_B)}$
$= -5.77 + 2.262 \times 1.94 \fallingdotseq \mathbf{-1.38}$

（下限）　$(\mu_A - \mu_B)_L$
$= (\bar{x}_A - \bar{x}_B) - t(\phi_A+\phi_B,\ \alpha)\sqrt{V(1/n_A + 1/n_B)}$
$= -5.77 - 2.262 \times 1.94 \fallingdotseq \mathbf{-10.16}$

よって、$\mathbf{-10.16} \leqq \mu_A - \mu_B \leqq \mathbf{-1.38}$

②母分散が等しいかどうかわからない場合

手順1 仮説の設定

- 帰無仮説H_0：$\mu_1=\mu_2$
- 対立仮説H_1：$\mu_1\neq\mu_2$（両側検定）、
  $\mu_1>\mu_2$（右片側検定）、$\mu_1<\mu_2$（左片側検定）のいずれか
  ※与条件などによる

手順2 有意水準αの設定

$\alpha=0.05$とする。

手順3 統計量等の計算

平均値$\bar{x}_1$、$\bar{x}_2$および分散V_1、V_2を計算する。

また、分散V_1、V_2および自由度ϕ_1、ϕ_2を用いて、自由度ϕ^*を求める。

この自由度ϕ^*は等価自由度と呼ばれ、以下の式で求められる。

$\phi^*=(V_1/n_1+V_2/n_2)^2/\{(V_1/n_1)^2/\phi_1+(V_2/n_2)^2/\phi_2\}$

この計算式をサタスウェイトの方法という。計算が複雑なため、以下の関係式を使って検算を行うとよい。

（ϕ_1とϕ_2のいずれか小さい方）$<\phi^*<\phi_1+\phi_2$

※なお、必ずしも整数にならないので、補間を行う

〈補間〉 例えば、$\phi^*=5.6$となった場合、
$t(\phi^*, 0.05)=t(5.6, 0.05)$の値を、
5.6は5と6の間の数であることから、
$t(5, 0.05)=2.571$と$t(6, 0.05)=2.447$の2つの値を用いて、
以下の補間により求める。
$t(5.6, 0.05)=(1-0.6)\times t(5, 0.05)+0.6\times t(6, 0.05)$
$=0.4\times2.571+0.6\times2.447=2.4966$
※なお、補間とは、数値と数値の間にあるはずの数値を想定すること、割り出すことという意味である

次に、検定統計量を計算する。

$$t_0=\frac{\bar{x}_1-\bar{x}_2}{\sqrt{\frac{V_1}{n_1}+\frac{V_2}{n_2}}}$$

（ウェルチの（t）検定とサタスウェイトの方法）

> ウェルチの（t）検定は、２つの標本の母平均の差の検定を行う計算の仕方。２つの標本のサンプルサイズ（n）、平均値（$\bar{x}$）、不偏分散（V）を基にして上の式から t_0 値を計算し、「２つの標本の母集団の平均値が等しい」という帰無仮説を検定する。
>
> サタスウェイトの方法は、独立した標本の線形結合の有効自由度を近似計算するために使用されるものである。

手順４ 検定

H_1：$\mu_1 \neq \mu_2$の場合、$|t_0| > t(\phi^*, \alpha)$であれば有意となり、帰無仮説$H_0$：$\mu_1 = \mu_2$は棄却される。すなわち対立仮説$H_1$が成立する。

H_1：$\mu_1 < \mu_2$の場合、$t_0 \leqq -t(\phi^*, 2\alpha)$であれば有意となり、$H_0$：$\mu_1 = \mu_2$は棄却される。すなわち$H_1$が成立する。

H_1：$\mu_1 > \mu_2$の場合、$t_0 \geqq t(\phi^*, 2\alpha)$であれば有意となり、$H_0$：$\mu_1 = \mu_2$は棄却される。すなわち$H_1$が成立する。

手順５ 推定（点推定、区間推定）

- 点推定　：$\widehat{\mu_1 - \mu_2} = \bar{x}_1 - \bar{x}_2$
- 区間推定：$(\bar{x}_1 - \bar{x}_2) - t(\phi^*, \alpha)\sqrt{V_1/n_1 + V_2/n_2}$
  $\leqq \mu_1 - \mu_2$
  $\leqq (\bar{x}_1 - \bar{x}_2) + t(\phi^*, \alpha)\sqrt{V_1/n_1 + V_2/n_2}$

〈例〉２つの機械A、Bで製造された部品の重量に差があるかどうかを調べることになり、以下のデータを得た。

A：100, 101, 95, 102, 98, 103

B：105, 108, 109, 100, 106

なお、母分散は等しいかどうかわからないものとする。

手順１ 仮説の設定

- 帰無仮説H_0：$\mu_A = \mu_B$
- 対立仮説H_1：$\mu_A \neq \mu_B$（両側検定）

手順２ 有意水準αの設定

$\alpha = 0.05$とする。

手順３ 統計量等の計算

平均値$\bar{x}_A$、$\bar{x}_B$および分散V_A、V_Bを計算する。

$$\bar{x}_A = \frac{100+101+95+102+98+103}{6} \fallingdotseq 99.83$$

$$\bar{x}_B = \frac{105+108+109+100+106}{5} = 105.6$$

$$S_A = \Sigma x_{Ai}^2 - (\Sigma x_{Ai})^2 / n_A$$
$$= 100^2 + 101^2 + 95^2 + 102^2 + 98^2 + 103^2 - \frac{(100+101+95+102+98+103)^2}{6} \fallingdotseq 42.83$$

$$S_B = \Sigma x_{Bi}^2 - (\Sigma x_{Bi})^2 / n_B$$
$$= 105^2 + 108^2 + 109^2 + 100^2 + 106^2 - \frac{(105+108+109+100+106)^2}{5} = 49.2$$

$$V_A = \frac{S_A}{n_A - 1} = \frac{42.83}{6-1} = \frac{42.83}{5} \fallingdotseq 8.57$$

$$V_B = \frac{S_B}{n_B - 1} = \frac{49.2}{5-1} = \frac{49.2}{4} = 12.3$$

$$t_0 = \frac{\bar{x}_A - \bar{x}_B}{\sqrt{\frac{V_A}{n_A} + \frac{V_B}{n_B}}} = \frac{99.83 - 105.6}{\sqrt{\frac{8.57}{6} + \frac{12.3}{5}}} \fallingdotseq -2.93$$

分散V_A、V_Bおよび自由度ϕ_A、ϕ_Bを用いて、**サタスウェイトの方法**により、自由度ϕ^*を求める。

$$\phi^* = \left(\frac{V_A}{n_A} + \frac{V_B}{n_B}\right)^2 / \left\{\left(\frac{V_A}{n_A}\right)^2 / \phi_A + \left(\frac{V_B}{n_B}\right)^2 / \phi_B\right\}$$
$$= \left(\frac{8.57}{6} + \frac{12.3}{5}\right)^2 / \left\{\left(\frac{8.57}{6}\right)^2 / 5 + \left(\frac{12.3}{5}\right)^2 / 4\right\} \fallingdotseq 7.87$$

$\phi_A = n_A - 1$、$\phi_B = n_B - 1$

手順4 検定

$|t_0| = 2.93$

$t(\phi^*,\ \alpha) = t(7.87, 0.05) \leqq t(7, 0.05) = 2.365$

補間すると、$t(7.87, 0.05) = (1-0.87) \times t(7, 0.05) + 0.87 \times t(8, 0.05) = 0.13 \times 2.365 + 0.87 \times 2.306 = 2.31367 \fallingdotseq 2.314$

※本番の検定においては、ϕの小数点以下を四捨五入して求めた答えを「=」で示してもよい

(参考) t 表(一部抜粋)

自由度ϕと両側確率Pからtを求める表

ϕ \ P	0.50	0.40	0.30	0.20	0.10	0.05
1	1.000	1.376	1.963	3.078	6.314	12.706
2	0.816	1.061	1.386	1.886	2.920	4.303
3	0.765	0.978	1.250	1.638	2.353	3.182
4	0.741	0.941	1.190	1.533	2.132	2.776
5	0.727	0.920	1.156	1.476	2.015	2.571
6	0.718	0.906	1.134	1.440	1.943	2.447
7	0.711	0.896	1.119	1.415	1.895	2.365
8	0.706	0.889	1.108	1.397	1.860	2.306

$|t_0|=2.93>t(7, 0.05)=$**2.365**であるので**有意となり**、$H_0: \mu_A=\mu_B$は棄却される。すなわちH_1が成立する。

手順5 **推定(点推定、区間推定)**

- 点推定　：$\widehat{\mu_A-\mu_B}=\overline{x}_A-\overline{x}_B=99.83-105.6=$**$-5.77$**
- 区間推定：$(\overline{x}_A-\overline{x}_B)-t(\phi^*, \alpha)\sqrt{V_A/n_A+V_B/n_B}\leqq\mu_A-\mu_B$

$$\leqq(\overline{x}_A-\overline{x}_B)+t(\phi^*, \alpha)\sqrt{V_A/n_A+V_B/n_B}$$

(上限)　$(\mu_A-\mu_B)_U$

$$=(\overline{x}_A-\overline{x}_B)+t(\phi^*, \alpha)\sqrt{V_A/n_A+V_B/n_B}$$

$$=-5.77+2.314\sqrt{\frac{8.57}{6}+\frac{12.3}{5}}=\mathbf{-1.21}$$

※補間した数値2.314を使う

(下限)　$(\mu_A-\mu_B)_L$

$$=(\overline{x}_A-\overline{x}_B)-t(\phi^*, \alpha)\sqrt{V_A/n_A+V_B/n_B}$$

$$=-5.77-2.314\sqrt{\frac{8.57}{6}+\frac{12.3}{5}}=\mathbf{-10.33}$$

よって、**$-10.33\leqq\mu_A-\mu_B\leqq-1.21$**

計量値データに基づく検定と推定

4）2つの母分散の比に関する検定と推定

2つの母分散を比較する場合、母集団のばらつきがほぼ同じであれば問題ありませんが、母集団のばらつきが異なっている場合はこれも踏まえて、2つの母集団の母分散を比較しなければなりません。

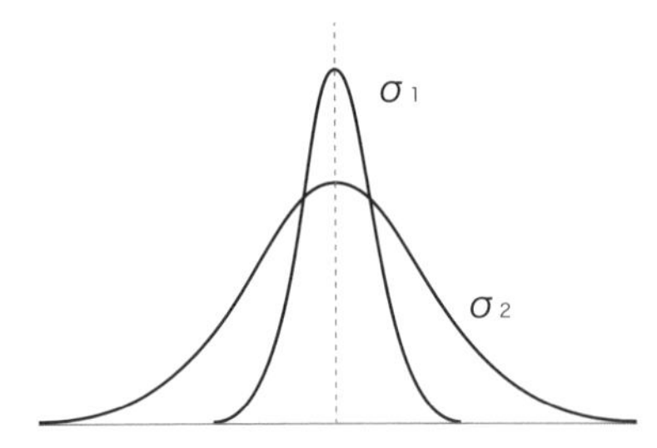

それぞれの母集団のサンプルの分散V_1、V_2のF値、$F=\frac{V_1/\sigma_1^2}{V_2/\sigma_2^2}$が、$F$分布(自由度$\phi_1(=n_1-1)$、$\phi_2(=n_2-1)$)に従うことを利用して検定と推定を行います。

手順1 仮説の設定

- 帰無仮説H_0：$\sigma_1^2=\sigma_2^2$
- 対立仮説H_1：$\sigma_1^2\neq\sigma_2^2$（両側検定）、
  $\sigma_1^2>\sigma_2^2$（右片側検定）、$\sigma_1^2<\sigma_2^2$（左片側検定）のいずれか※
  ※与条件などによる

手順2 有意水準αの設定

通常は$\alpha=0.05$とする。

手順3 統計量等の計算

分散V_1、V_2を計算する。V_1、V_2のうち大きい方を分子に持ってくる。

$V_1\geqq V_2$の場合、$F_0=\frac{V_1}{V_2}$（$\phi_1=n_1-1$, $\phi_2=n_2-1$）

$V_1<V_2$の場合、$F_0=\frac{V_2}{V_1}$（$\phi_1=n_2-1$, $\phi_2=n_1-1$）

手順4 検定

手順3で求めた検定統計量F_0と確率分布表から求めた棄却限界値とを比較して判定する。

- H_1：$\sigma_1^2\neq\sigma_2^2$の場合、$F_0\geqq F(\phi_1, \phi_2; \alpha/2)$であれば有意となり、$H_0$：$\sigma_1^2=\sigma_2^2$は棄却される。すなわち$H_1$が成立する。
- H_1：$\sigma_1^2>\sigma_2^2$の場合、$F_0\geqq F(\phi_1, \phi_2; \alpha)$であれば有意となり、$H_0$：$\sigma_1^2=\sigma_2^2$は棄却される。すなわち$H_1$が成立する。
- H_1：$\sigma_1^2<\sigma_2^2$の場合、$F_0\geqq F(\phi_1, \phi_2; \alpha)$であれば有意となり、$H_0$：$\sigma_1^2=\sigma_2^2$は棄却される。すなわち$H_1$が成立する。

手順5 推定（点推定、区間推定）

- 点推定　：$\hat{\sigma}_1^2/\hat{\sigma}_2^2 = V_1/V_2$
- 区間推定：$F=\dfrac{V_1/\sigma_1^2}{V_2/\sigma_2^2}$は自由度$n_1-1$、$n_2-1$の$F$分布に従うことから、

$$\frac{V_1}{V_2}\times\frac{1}{F(\phi_1,\ \phi_2;\ \alpha/2)}\leqq\frac{\sigma_1^2}{\sigma_2^2}\leqq\frac{V_1}{V_2}\times\frac{1}{F(\phi_1,\ \phi_2;\ 1-\alpha/2)}$$

$$\left(\frac{1}{F(\phi_1,\ \phi_2;\ 1-\alpha/2)}=F(\phi_2,\ \phi_1;\ \alpha/2)\text{の関係があることを利用して}\right)$$

$$\frac{V_1}{V_2}\times\frac{1}{F(\phi_1,\ \phi_2;\ \alpha/2)}\leqq\frac{\sigma_1^2}{\sigma_2^2}\leqq\frac{V_1}{V_2}\times F(\phi_2,\ \phi_1;\ \alpha/2)$$

〈例〉２つの機械*A*、*B*で製造された部品の重量の分散に差があるかどうかを調べることになり、以下のデータを得た。

A：100, 101, 95, 102, 98, 103

B：105, 108, 109, 100, 106

手順1 仮説の設定

- 帰無仮説H_0：$\sigma_A^2=\sigma_B^2$
- 対立仮説H_1：$\sigma_A^2\neq\sigma_B^2$（両側検定）

手順2 有意水準αの設定

$\alpha=0.05$とする。

手順3 統計量等の計算

平方和S_A、S_Bおよび分散V_A、V_Bを計算する。

$$S_A=\Sigma x_{Ai}^2-(\Sigma x_{Ai})^2/n_A$$
$$=100^2+101^2+95^2+102^2+98^2+103^2$$
$$-\frac{(100+101+95+102+98+103)^2}{6}\fallingdotseq 42.83$$

$$S_B=\Sigma x_{Bi}^2-(\Sigma x_{Bi})^2/n_B$$
$$=105^2+108^2+109^2+100^2+106^2$$
$$-\frac{(105+108+109+100+106)^2}{5}=49.2$$

※分散比F_0は、回帰による不偏分散V_Rを残差による不偏分散Veで割った値。$F_0=V_R/Ve$

$$V_A = \frac{S_A}{n_A - 1} = \frac{42.83}{6-1} = \frac{42.83}{5} \fallingdotseq \mathbf{8.57}$$

$$V_B = \frac{S_B}{n_B - 1} = \frac{49.2}{5-1} = \frac{49.2}{4} = \mathbf{12.3}$$

$V_A < V_B$なので、 $F_0 = V_B / V_A = 12.3/8.57 \fallingdotseq \mathbf{1.44}$

手順4 **検定**

手順３で求めた検定統計量と確率分布表から求めた棄却限界値とを比較して判定する。

$F(\phi_A, \phi_B ; \alpha/2) = F(4, 5 ; 0.025) = \mathbf{7.39}$

$(\phi_A = n_A - 1$、$\phi_B = n_B - 1)$

（参考）F表②（一部抜粋）

$F(\phi_1, \phi_2 ; \alpha)$　　$\alpha = 0.025$
ϕ_1＝分子の自由度　　ϕ_2＝分母の自由度

ϕ_2 ＼ ϕ_1	1	2	3	4	5
1	647.8	799.5	864.2	899.6	921.8
2	38.51	39.00	39.17	39.25	39.30
3	17.44	16.04	15.44	15.10	14.88
4	12.22	10.65	9.98	9.60	9.36
5	10.01	8.43	7.76	7.39	7.15

$F_0 = 1.44 < F(4, 5 ; 0.025) = \mathbf{7.39}$となるため、**有意とならず**、
$H_0 : \sigma_A^2 = \sigma_B^2$は棄却されない。

手順5 **推定（点推定、区間推定）**

（検定の結果が**有意ではない**が、参考までに行ってみる。）

● 点推定　：$\hat{\sigma}_A^2 / \hat{\sigma}_B^2 = V_A / V_B = \frac{8.57}{12.3} \fallingdotseq \mathbf{0.70}$

● 区間推定：$F = \frac{V_A / \sigma_A^2}{V_B / \sigma_B^2}$は自由度$n_A - 1$、$n_B - 1$の$F$分布に従うことから、

$$\frac{V_A}{V_B} \times \frac{1}{F(\phi_A, \phi_B ; \alpha/2)} \leqq \frac{\sigma_A^2}{\sigma_B^2} \leqq \frac{V_A}{V_B} \times F(\phi_B, \phi_A ; \alpha/2)$$

$$0.70 \times \frac{1}{9.36} \leqq \frac{\sigma_A^2}{\sigma_B^2} \leqq 0.70 \times 7.39$$

$$\mathbf{0.07} \leqq \frac{\sigma_A^2}{\sigma_B^2} \leqq \mathbf{5.17}$$

5）データに対応がある場合の検定と推定

データに対応がある場合とは、２つの母集団の独立性が成立していない場合です。母平均の差$\mu_d(=\mu_1-\mu_2)$を調べるためのデータが同一対象物に対して組になっていて、互いに関係しているということです。

手順1 仮説の設定

- 帰無仮説H_0：$\mu_d=0$
- 対立仮説H_1：$\mu_d\neq 0$（両側検定）
  $\mu_d>0$（右片側検定）、$\mu_d<0$（左片側検定）のいずれか※
  ※与条件などによる

手順2 有意水準αの設定

通常は$\alpha=0.05$とする。

手順3 統計量等の計算

データの差の平均値$\bar{d}$、分散V_dを計算する。
統計量t_0を計算する。

$$t_0=\bar{d}/\sqrt{V_d/n}$$

手順4 検定

手順３で求めた検定統計量t_0と確率分布表から求めた棄却限界値$t(\phi,\alpha)$とを比較して判定する。 ※$\phi=n-1$

- H_1：$\mu_d\neq 0$（両側検定）の場合、$|t_0|\geqq t(\phi,\ \alpha)$であれば有意となり、$H_0$：$\mu_d=0$は棄却される。すなわち$H_1$が成立する。
- H_1：$\mu_d>0$（右片側検定）の場合、$t_0\geqq t(\phi,\ 2\alpha)$であれば有意となり、$H_0$：$\mu_d=0$は棄却される。すなわち$H_1$が成立する。
- H_1：$\mu_d<0$（左片側検定）の場合、$t_0\leqq -t(\phi,\ 2\alpha)$であれば有意となり、$H_0$：$\mu_d=0$は棄却される。すなわち$H_1$が成立する。

手順5 推定（点推定、区間推定）

- 点推定　：$\widehat{\mu_1-\mu_2}=\bar{d}$
- 区間推定：$\bar{d}-t(\phi,\ \alpha)\sqrt{\dfrac{V_d}{n}}\leqq\mu_1-\mu_2\leqq\bar{d}+t(\phi,\ \alpha)\sqrt{\dfrac{V_d}{n}}$

〈例〉A工場における部品Bの受入検査において、外注先の検査による合否判定をしていたが、A工場の検査室にて外注先の検査の合否判定の正確性を確認することになった。外注先が検査のための測定を行ったあるロットの部品Bのサンプルを５つ取り、検査室でも測定を行ったところ、測定値(㎝)は下表のとおりであった。

サンプル番号	1	2	3	4	5
外注先	3.5	3.4	3.8	3.9	3.5
検査室	3.2	3.3	3.5	3.7	3.0
データの差	0.3	0.1	0.3	0.2	0.5

外注先と検査室とで測定値の母平均に差があるかどうかを検討する。

手順1 仮説の設定

- 帰無仮説H_0：$\mu_d = 0$
- 対立仮説H_1：$\mu_d \neq 0$（差があるかどうかを検定するので）両側検定

手順2 有意水準αの設定

$\alpha = 0.05$とする。

手順3 統計量等の計算

データの差の平均値$\bar{d}$を求める。

$$\bar{d} = \frac{0.3+0.1+0.3+0.2+0.5}{5} = \frac{1.4}{5} = \mathbf{0.28}$$

$$S = \Sigma d_i^2 - (\Sigma d_i)^2 / n$$
$$= 0.3^2+0.1^2+0.3^2+0.2^2+0.5^2 - \frac{(0.3+0.1+0.3+0.2+0.5)^2}{5}$$
$$\fallingdotseq 0.48 - 0.39 = \mathbf{0.09}$$

分散$V_d = S / (n-1) = 0.09 / 4 = \mathbf{0.0225}$

統計量 $t_0 = \bar{d} / \sqrt{V_d / n} = 0.28 / \sqrt{0.0225 / 5} \fallingdotseq \mathbf{4.17}$

手順4 検定

手順３で求めた検定統計量と確率分布表から求めた棄却限界値とを比較して判定する。　※$\phi = n-1$

- H_1：$\mu_d \neq 0$（両側検定）の場合、$|t_0| \geqq t(\phi, \alpha)$であれば有意となり、$H_0$：$\mu_d = 0$は棄却される。すなわち$H_1$が成立する。

$t(\phi, \alpha) = t(4, 0.05) = \mathbf{2.776}$

（参考）t 表（一部抜粋）

自由度 ϕ と両側確率 P から t を求める表

ϕ \ P	0.50	0.40	0.30	0.20	0.10	0.05
1	1.000	1.376	1.963	3.078	6.314	12.706
2	0.816	1.061	1.386	1.886	2.920	4.303
3	0.765	0.978	1.250	1.638	2.353	3.182
4	0.741	0.941	1.190	1.533	2.132	2.776
5	0.727	0.920	1.156	1.476	2.015	2.571
6	0.718	0.906	1.134	1.440	1.943	2.447
7	0.711	0.896	1.119	1.415	1.895	2.365
8	0.706	0.889	1.108	1.397	1.860	2.306
9	0.703	0.883	1.100	1.383	1.833	2.262
10	0.700	0.879	1.003	1.372	1.812	2.228

$|t_0| = 4.17 > t(4, 0.05) = \mathbf{2.776}$

となるので、**有意となり**、$H_0 : \mu_d = 0$ は棄却される。

手順5 推定（点推定、区間推定）

- 点推定　：$\widehat{\mu_1 - \mu_2} = \bar{d} = \mathbf{0.28}$
- 区間推定：$\bar{d} - t(\phi,\ \alpha)\sqrt{\dfrac{V_d}{n}} \leqq \mu_1 - \mu_2 \leqq \bar{d} + t(\phi,\ \alpha)\sqrt{\dfrac{V_d}{n}}$

（上限）　$\bar{d} + t(\phi,\ \alpha)\sqrt{\dfrac{V_d}{n}} = 0.28 + 2.776\sqrt{\dfrac{0.0225}{5}} \fallingdotseq \mathbf{0.47}$

（下限）　$\bar{d} - t(\phi,\ \alpha)\sqrt{\dfrac{V_d}{n}} = 0.28 - 2.776\sqrt{\dfrac{0.0225}{5}} \fallingdotseq \mathbf{0.09}$

よって、$\mathbf{0.09} < \mu_1 - \mu_2 < \mathbf{0.47}$

（2）計数値データに基づく検定と推定

計数値は離散的な分布であり、連続的な分布として表せませんが、連続的な分布に近似して検定と推定を行います。

1）母不適合品率に関する検定と推定

母集団から、試料 n を採取して検査した際に、不適合品が x 個あったときに、x / n が母不適合品率 P_0 と等しいかを検定します。

手順1 仮説の設定

- 帰無仮説H_0：$P = P_0$
- 対立仮説H_1：$P \neq P_0$（両側検定）、
  $P > P_0$（右片側検定）、$P < P_0$（左片側検定）のいずれか※
  ※与条件などによる

手順2 有意水準αの設定

通常は$\alpha = 0.05$とする。

手順3 統計量等の計算

サンプル中の不適合品数xより、$p = x / n$を計算する。
統計量u_0を計算する。
$u_0 = (x - nP_0) / \sqrt{nP_0(1 - P_0)}$

手順4 検定

手順3で求めた検定統計量と確率分布表から求めた棄却限界値とを比較して判定する。

- H_1：$P \neq P_0$（両側検定）の場合、$|u_0| \geqq u(\alpha/2)$であれば有意となり、H_0：$P = P_0$は棄却される。すなわちH_1が成立する。
- H_1：$P > P_0$（右片側検定）の場合、$u_0 \geqq u(\alpha)$であれば有意となり、H_0：$P = P_0$は棄却される。すなわちH_1が成立する。
- H_1：$P < P_0$（左片側検定）の場合、$u_0 \leqq -u(\alpha)$であれば有意となり、H_0：$P = P_0$は棄却される。すなわちH_1が成立する。

手順5 推定（点推定、区間推定）

- 点推定　：$\hat{P} = p = x / n$
- 区間推定：$p - u(\alpha/2)\sqrt{\frac{p(1-p)}{n}} \leqq P \leqq p + u(\alpha/2)\sqrt{\frac{p(1-p)}{n}}$

〈例〉ある工場でビニル製品の加工不適合品率は$P = 0.1$であった。今回、不適合品率の改善のため、ラインの一部を変更して加工を行い、サンプル$n = 100$をとって検査したところ、不適合品数$x = 15$個であった。不適合品率は変化したといえるかを確認する。

手順1 仮説の設定

- 帰無仮説H_0：$P=P_0$
- 対立仮説H_1：$P \neq P_0$

（変化したかどうかなので（増えたか、減ったかではないので））両側検定

手順2 有意水準αの設定

$\alpha=0.05$とする。

手順3 統計量等の計算

$$u_0=(x-nP_0)/\sqrt{nP_0(1-P_0)}$$
$$=(15-100\times0.1)/\sqrt{100\times0.1(1-0.1)}$$
$$=5/\sqrt{9}\fallingdotseq\mathbf{1.67}$$

手順4 検定

$P \neq P_0$→両側検定　$|u_0|<u(\alpha/2)=u(0.05/2)=u(0.025)=\mathbf{1.960}$
となることから**有意ではなく**、帰無仮説は棄却されず、対立仮説は棄却される。

（参考）正規分布表（一部抜粋）

※両側検定なので、$\alpha/2=0.025$となる。

(II) P からK_Pを求める表

P	0.001	0.005	0.010	0.025	0.050	0.100	0.200	0.300	0.400
K_P	3.090	2.576	2.326	1.960	1.645	1.282	0.842	0.524	0.253

手順5 推定（点推定、区間推定）

- 点推定　：$\hat{P}=p=x/n=15/100=\mathbf{0.15}$
- 区間推定：$p-u(\alpha/2)\sqrt{\dfrac{p(1-p)}{n}} \leqq P \leqq p+u(\alpha/2)\sqrt{\dfrac{p(1-p)}{n}}$

（上限）$P_U=p+1.960\sqrt{\dfrac{p(1-p)}{n}}=0.15+1.960\sqrt{\dfrac{0.15(1-0.15)}{100}}$

$$=0.15+1.960\sqrt{\frac{0.1275}{100}}\fallingdotseq\mathbf{0.22}$$

（下限）$P_L=p-1.960\sqrt{\dfrac{p(1-p)}{n}}=0.15-1.960\sqrt{\dfrac{0.15(1-0.15)}{100}}$

$$=0.15-1.960\sqrt{\frac{0.1275}{100}}\fallingdotseq\mathbf{0.08}$$

よって、$\mathbf{0.08} \leqq P \leqq \mathbf{0.22}$

2）2つの母不適合品率の違いに関する検定と推定

2つの母不適合品率(P_1、P_2)から、それぞれn_1、n_2個のサンプルを抜取検査した際に、不適合品がそれぞれx_1、x_2個あったときに、この2つの母不適合品率(P_1、P_2)が等しいかどうかを検定します。

手順1 仮説の設定

- 帰無仮説H_0：$P_1 = P_2$
- 対立仮説H_1：$P_1 \neq P_2$（両側検定）、
  $P_1 > P_2$（右片側検定）、$P_1 < P_2$（左片側検定）のいずれか※
  ※与条件などによる

手順2 有意水準αの設定

通常は$\alpha = 0.05$とする。

手順3 統計量等の計算

サンプル中の不適合品数x_1、x_2より、不適合品率P_1、P_2を計算する。

$\overline{P} = (x_1 + x_2)/(n_1 + n_2)$

統計量u_0を計算する。

$$u_0 = (P_1 - P_2)/\sqrt{\overline{P}(1 - \overline{P})\left(\frac{1}{n_1} + \frac{1}{n_2}\right)}$$

手順4 検定

手順3で求めた検定統計量と確率分布表から求めた棄却限界値とを比較して判定する。

- H_1：$P_1 \neq P_2$(両側検定)の場合、$|u_0| \geqq u(\alpha/2) = 1.960$であれば有意となり、$H_0$：$P_1 = P_2$は棄却される。すなわち$H_1$が成立する。
- H_1：$P_1 > P_2$(右片側検定)の場合、$u_0 \geqq u(\alpha) = 1.645$ であれば有意となり、H_0：$P_1 = P_2$は棄却される。すなわちH_1が成立する。
- H_1：$P_1 < P_2$(左片側検定)の場合、$u_0 \leqq -u(\alpha) = -1.645$であれば有意となり、$H_0$：$P_1 = P_2$は棄却される。すなわち$H_1$が成立する。

（参考）正規分布表（一部抜粋）

（II）P から Kp を求める表

P	0.001	0.005	0.010	0.025	0.050	0.100	0.200	0.300	0.400
K_P	3.090	2.576	2.326	1.960	1.645	1.282	0.842	0.524	0.253

手順5 推定（点推定、区間推定）

● 点推定　：$\widehat{P_1-P_2}=P_1-P_2=\dfrac{x_1}{n_1}-\dfrac{x_2}{n_2}$

● 区間推定：

$$(P_1-P_2)-1.960\sqrt{\frac{P_1(1-P_1)}{n_1}+\frac{P_2(1-P_2)}{n_2}}$$

$$\leqq P_1-P_2$$

$$\leqq(P_1-P_2)+1.960\sqrt{\frac{P_1(1-P_1)}{n_1}+\frac{P_2(1-P_2)}{n_2}}$$

〈例〉2つのラインで生産されている自動車部品がある。各ラインから500個ずつサンプルを抜取検査したところ、Aラインでは x_1=12個、Bラインでは x_2=10個の不適合品が見つかった。ラインによって母不適合品率に違いがあるかを確認する。

手順1 仮説の設定

● 帰無仮説 H_0：$P_1=P_2$

● 対立仮説 H_1：$P_1\neq P_2$（両側検定）

手順2 有意水準 α の設定

$\alpha=0.05$ とする。

手順3 統計量等の計算

不適合品数 $x_1=12$、$x_2=10$ より、

不適合品率 $P_1=12/500=$ **0.024**、$P_2=10/500=$ **0.020**

$\overline{P}=(x_1+x_2)/(n_1+n_2)$

$=(12+10)/(500+500)=22/1000=$ **0.022**

統計量　$u_0=(P_1-P_2)/\sqrt{\overline{P}(1-\overline{P})\left(\frac{1}{n_1}+\frac{1}{n_2}\right)}$

$$=(0.024-0.020)/\sqrt{0.022(1-0.022)\left(\frac{1}{500}+\frac{1}{500}\right)}$$

$$=0.004/\sqrt{0.022\times0.978\times\frac{2}{500}}$$

$$\fallingdotseq 0.004/\sqrt{0.0000861}\fallingdotseq \mathbf{0.43}$$

手順4 検定

$P\neq P_0$(両側検定)の場合、$|u_0|<u(\alpha/2)=u(0.05/2)=u(0.025)=\mathbf{1.960}$となることから**有意ではなく**、帰無仮説は棄却されず、対立仮説は棄却される。

(参考)正規分布表(一部抜粋)

※両側検定なので、$\alpha/2=0.025$となる。

(Ⅱ)*P*からK_Pを求める表

P	0.001	0.005	0.010	0.025	0.050	0.100	0.200	0.300	0.400
K_P	3.090	2.576	2.326	1.960	1.645	1.282	0.842	0.524	0.253

手順5 推定(点推定、区間推定)

- 点推定　：$\widehat{P_1-P_2}=P_1-P_2=0.024-0.020=\mathbf{0.004}$
- 区間推定：$(P_1-P_2)-1.960\sqrt{\frac{P_1(1-P_1)}{n_1}+\frac{P_2(1-P_2)}{n_2}}\leqq P_1-P_2$

$$\leqq(P_1-P_2)+1.960\sqrt{\frac{P_1(1-P_1)}{n_1}+\frac{P_2(1-P_2)}{n_2}}$$

(上限)　$(P_1-P_2)_U=(P_1-P_2)+1.960\sqrt{\frac{P_1(1-P_1)}{n_1}+\frac{P_2(1-P_2)}{n_2}}$

$$=(0.024-0.020)+1.960\sqrt{\frac{0.024(1-0.024)}{500}+\frac{0.020(1-0.020)}{500}}$$

$$\fallingdotseq 0.004+1.960\sqrt{0.000086}\fallingdotseq 0.004+0.01818=\mathbf{0.02218}$$

(下限)　$(P_1-P_2)_L=(P_1-P_2)-1.960\sqrt{\frac{P_1(1-P_1)}{n_1}+\frac{P_2(1-P_2)}{n_2}}$

$$=(0.024-0.020)-1.960\sqrt{\frac{0.024(1-0.024)}{500}+\frac{0.020(1-0.020)}{500}}$$

$\fallingdotseq 0.004-1.960\sqrt{0.000086} \fallingdotseq 0.004-0.01818=\mathbf{-0.01418}$

よって、$\mathbf{-0.01418} \leqq P_1 - P_2 \leqq \mathbf{0.02218}$

計数値データに基づく検定と推定

3）母不適合品数に関する検定と推定

製品の欠損箇所や事故等のサンプル（n個）の不適合数（欠点数）xは母不適合数（母欠点数）をmとするポアソン分布に従います。ポアソン分布は、$m \geqq 5$だと正規分布$N(m,\ m)$に近似できることを利用して、検定と推定を行います。

手順1 仮説の設定

- 帰無仮説H_0：$m=m_0$
- 対立仮説H_1：$m \neq m_0$（両側検定）、
  $m > m_0$（右片側検定）、$m < m_0$（左片側検定）のいずれか※
  ※与条件などによる

手順2 有意水準αの設定

通常は$\alpha=0.05$とする。

手順3 統計量等の計算

サンプル中の不適合品数の平均値$\overline{c}$を計算する。$\overline{c}=x/n$

統計量u_0を計算する。

$u_0=(\overline{c}-m_0)/\sqrt{m_0/n}$

手順4 検定

手順3で求めた検定統計量と確率分布表から求めた棄却限界値とを比較して判定する。

- H_1：$m \neq m_0$（両側検定）の場合、$|u_0| \geqq u(\alpha/2)=1.960$であれば有意となり、$H_0$：$m=m_0$は棄却される。すなわち$H_1$が成立する。
- H_1：$m > m_0$（右片側検定）の場合、$u_0 \geqq u(\alpha)=1.645$であれば有意となり、$H_0$：$m=m_0$は棄却される。すなわち$H_1$が成立する。
- H_1：$m < m_0$（左片側検定）の場合、$u_0 \leqq -u(\alpha)=-1.645$であれば有意となり、$H_0$：$m=m_0$は棄却される。すなわち$H_1$が成立する。

手順5 **推定(点推定、区間推定)**

- 点推定　：$\hat{m} = \bar{c} = x／n$
- 区間推定：$\bar{c} - u(\alpha/2)\sqrt{\frac{\bar{c}}{n}} \leqq m \leqq \bar{c} + u(\alpha/2)\sqrt{\frac{\bar{c}}{n}}$

$$\bar{c} - 1.960\sqrt{\frac{\bar{c}}{n}} \leqq m \leqq \bar{c} + 1.960\sqrt{\frac{\bar{c}}{n}}$$

〈例〉ある工程で加工されるガラス板には、従来1㎡当たり平均5個のキズが発生していた。これを改善し、その効果を確認するために、サンプルを抜き取り、10㎡のガラス板を検査したところ、合計12個のキズが発生していた。母不適合数が減少したかどうかを確認する。

手順1 **仮説の設定**

- 帰無仮説H_0：$m = m_0$
- 対立仮説H_1：$m < m_0$（減少したかどうかなので）左片側検定

手順2 **有意水準αの設定**

α＝0.05とする。

手順3 **統計量等の計算**

サンプル中の不適合品数の平均値$\bar{c}$を計算する。

$\bar{c} = x／n$＝12／10＝**1.2**

統計量u_0を計算する。

$$u_0 = (\bar{c} - m_0)/\sqrt{m_0/n} = (1.2 - 5)/\sqrt{\frac{5}{10}} \fallingdotseq -\frac{3.8}{0.71} \fallingdotseq \mathbf{-5.35}$$

手順4 **検定**

$m < m_0$(左片側検定)で、$u_0 \leqq -u(\alpha) = -u(0.05) = -1.645$となるので、有意となり、帰無仮説$H_0$：$m = m_0$は棄却される。すなわち対立仮説$H_1$が成立する。

（参考）正規分布表（一部抜粋）

※左片側なので、符号がマイナス（−）となる。

(Ⅱ)PからK_Pを求める表

P	0.001	0.005	0.010	0.025	0.050	0.100	0.200	0.300	0.400
K_P	3.090	2.576	2.326	1.960	1.645	1.282	0.842	0.524	0.253

手順5 推定（点推定、区間推定）

- 点推定　：$\hat{m}=\bar{c}=x/n=\mathbf{1.2}$
- 区間推定：$\bar{c}-u(\alpha/2)\sqrt{\dfrac{\bar{c}}{n}} \leqq m \leqq \bar{c}+u(\alpha/2)\sqrt{\dfrac{\bar{c}}{n}}$

（上限）　$(m)_U=\bar{c}+1.960\sqrt{\dfrac{\bar{c}}{n}}=1.2+1.960\sqrt{\dfrac{1.2}{10}}$

$\fallingdotseq 1.2+0.68=\mathbf{1.88}$

（下限）　$(m)_L=\bar{c}-1.960\sqrt{\dfrac{\bar{c}}{n}}=1.2-1.960\sqrt{\dfrac{1.2}{10}}$

$\fallingdotseq 1.2-0.68=\mathbf{0.52}$

よって、$\mathbf{0.52 \leqq m \leqq 1.88}$

計数値データに基づく検定と推定

4）2つの母不適合数の違いに関する検定と推定

2つの母集団から、それぞれn_1個、n_2個のサンプルを抜取検査した際に、不適合数（欠点数）の合計がそれぞれx_1個、x_2個あったときに、この2つの母不適合数（母欠点数）m_1個、m_2個が等しいかどうかを検定します。

手順1 仮説の設定

- 帰無仮説H_0：$m_1=m_2$
- 対立仮説H_1：$m_1 \neq m_2$（両側検定）、

$m_1>m_2$（右片側検定）、$m_1<m_2$（左片側検定）のいずれか※

※与条件などによる

手順2 有意水準αの設定

通常は$\alpha=0.05$とする。

手順3 統計量等の計算

不適合数(欠点数) x_1、x_2から、c_1、c_2を計算する。

$\overline{c}=(x_1+x_2)/(n_1+n_2)$

$c_1=x_1/n_1$　　$c_2=x_2/n_2$

c_1、c_2はサンプルの単位当たり不適合数(欠点数)を示す。

$\overline{c}$はサンプルの単位当たりの全体の不適合数(欠点数)を示す。

統計量u_0を計算する。

$$u_0=(c_1-c_2)/\sqrt{\overline{c}\left(\frac{1}{n_1}+\frac{1}{n_2}\right)}$$

手順4 検定

手順3で求めた検定統計量と確率分布表から求めた棄却限界値とを比較して判定する。

- $H_1: m_1 \neq m_2$(両側検定)の場合、$|u_0| \geqq u(\alpha/2)=1.960$であれば有意となり、$H_0: m_1=m_2$は棄却される。すなわち$H_1$が成立する。
- $H_1: m_1 > m_2$(右片側検定)の場合、$u_0 \geqq u(\alpha)=1.645$ であれば有意となり、$H_0: m_1=m_2$は棄却される。すなわちH_1が成立する。
- $H_1: m_1 < m_2$(左片側検定)の場合、$u_0 \leqq -u(\alpha)=-1.645$であれば有意となり、$H_0: m_1=m_2$は棄却される。すなわち$H_1$が成立する。

手順5 推定

- 点推定　：$\widehat{m_1-m_2}=c_1-c_2=\frac{x_1}{n_1}-\frac{x_2}{n_2}$
- 区間推定：$(c_1-c_2)-u(\alpha/2)\times\sqrt{\left(\frac{c_1}{n_1}+\frac{c_2}{n_2}\right)} \leqq m_1-m_2$

$$\leqq (c_1-c_2)+u(\alpha/2)\times\sqrt{\left(\frac{c_1}{n_1}+\frac{c_2}{n_2}\right)}$$

$$(c_1-c_2)-1.960\times\sqrt{\left(\frac{c_1}{n_1}+\frac{c_2}{n_2}\right)}$$

$$\leqq m_1-m_2 \leqq (c_1-c_2)+1.960\times\sqrt{\left(\frac{c_1}{n_1}+\frac{c_2}{n_2}\right)}$$

〈例〉ある企業には2つの工場(A工場、B工場)がある。A工場では過去1年間で10件、B工場では過去9か月で20件の災害が発生した。工場によって災害発生件数の違いがあるかどうかを検定する。

手順1 仮説の設定

- 帰無仮説H_0：$m_A = m_B$
- 対立仮説H_1：$m_A \neq m_B$（両側検定）

手順2 有意水準αの設定

$\alpha = 0.05$とする。

手順3 統計量等の計算

災害発生件数x_A、x_Bから、c_A、c_B、$\bar{c}$を計算する。

$c_A = 10/12 \fallingdotseq \mathbf{0.83}$　　$c_B = 20/9 \fallingdotseq \mathbf{2.22}$

$\bar{c} = (x_A + x_B)/(n_A + n_B)$

$= (10+20)/(12+9) \fallingdotseq \mathbf{1.43}$

※n_A、n_Bは月数とする

統計量u_0を計算する。

$$u_0 = (c_A - c_B)/\sqrt{\bar{c}\left(\frac{1}{n_A}+\frac{1}{n_B}\right)}$$

$$= (0.83-2.22)/\sqrt{1.43\left(\frac{1}{12}+\frac{1}{9}\right)} \fallingdotseq -\frac{1.39}{0.53} \fallingdotseq \mathbf{-2.62}$$

手順4 検定

$m_A \neq m_B$（両側検定）で、$|u_0| > 1.960$（正規分布表参照）となるので**有意となり**、帰無仮説H_0：$m_A = m_B$は棄却され、対立仮説H_1は成立する。

手順5 推定

- 点推定　：$\widehat{m_A - m_B} = c_A - c_B = 0.83 - 2.22 = \mathbf{-1.39}$
- 区間推定：$(c_A - c_B) - u(\alpha/2) \times \sqrt{\left(\frac{c_A}{n_A}+\frac{c_B}{n_B}\right)} \leqq m_A - m_B$

$$\leqq (c_A - c_B) + u(\alpha/2) \times \sqrt{\left(\frac{c_A}{n_A}+\frac{c_B}{n_B}\right)}$$

（上限）$(m_A - m_B)_U = (c_A - c_B) + 1.960 \times \sqrt{\left(\frac{c_A}{n_A}+\frac{c_B}{n_B}\right)}$

$$= (0.83-2.22) + 1.960 \times \sqrt{\frac{0.83}{12}+\frac{2.22}{9}}$$

$$\fallingdotseq -1.39 + 1.960 \times 0.56 = \mathbf{-0.2924}$$

$$(\text{下限})(m_A - m_B)_L = (c_A - c_B) - 1.960 \times \sqrt{\left(\frac{c_A}{n_A} + \frac{c_B}{n_B}\right)}$$

$$= (0.83 - 2.22) - 1.960 \times \sqrt{\frac{0.83}{12} + \frac{2.22}{9}}$$

$$\fallingdotseq -1.39 - 1.960 \times 0.56 = \mathbf{-3.91}$$

よって、$\mathbf{-3.91} \leqq m_A - m_B \leqq \mathbf{-0.2924}$

計数値データに基づく検定と推定

5）分割表による検定と推定

製品を適合品と不適合品に分類して、いくつかの母集団での不適合品率を比較したいときには、下のような分割表（2つ以上の変数の関係をまとめた表）を用いて検定と推定を行います。

$l \times m$分割表（例）

列＼行	B_1	……	B_m	計
A_1	x_{11}	……	x_{1m}	$T_{1.}$
：		……		
A_l	x_{l1}	……	x_{lm}	$T_{l.}$
計	$T_{.1}$	……	$T_{.m}$	$T_{..}$

手順1 仮説の設定

- 帰無仮説H_0：母集団によって差はない（行と列は独立している）。
- 対立仮説H_1：母集団によって差はある（行と列は独立していない）。

手順2 有意水準αの設定

通常は$\alpha = 0.05$とする。

手順3 統計量等の計算

期待度数t_{ij}を計算する。　$t_{ij} = T_{i.} \times T_{.j} / T_{..}$

統計量χ_0^2を計算する。

$$\chi_0^2 = \sum_{i=1}^{l} \sum_{j=1}^{m} \frac{(x_{ij} - t_{ij})^2}{t_{ij}}$$

手順4 検定

$\chi_0^2 \geqq \chi^2(\phi, \alpha)$であれば有意となり、$H_0$は棄却される。すなわち$H_1$が成立する。自由度$\phi$＝(行数－1)×(列数－1)

〈例〉2台の機器A、Bで部品を製作したところ、適合品と不適合品が下表のとおり発生した。機器A、Bによって適合品と不適合品の出方に違いがあるかどうかを検討する。

	適合品	不適合品	合計
A	160	40	200
B	120	20	140
合計	280	60	340

手順1 仮説の設定

- 帰無仮説H_0：母集団によって差はない(行と列は独立している)。
- 対立仮説H_1：母集団によって差はある(行と列は独立していない)。

手順2 有意水準αの設定

α＝0.05とする。

手順3 統計量等の計算

期待度数t_{ij}を計算する。　$t_{ij} = T_{i.} \times T_{.j} / T_{..}$

※期待度数とは、行要素の合計や列要素の合計の比率から逆算して期待される度数をいう

2×2分割表

	適合品	不適合品	合計
A	200×280／340 ≒165	200×60／340 ≒35	200
B	140×280／340 ≒115	140×60／340 ≒25	140
合計	280	60	340

統計量χ_0^2を計算する。

$$\chi_0^2=\sum_{i=1}^{l}\sum_{j=1}^{m}\frac{(x_{ij}-t_{ij})^2}{t_{ij}}$$

$$=\frac{(160-165)^2}{165}+\frac{(120-115)^2}{115}+\frac{(40-35)^2}{35}+\frac{(20-25)^2}{25}$$

$$=\frac{25}{165}+\frac{25}{115}+\frac{25}{35}+\frac{25}{25}\fallingdotseq 0.15+0.22+0.71+1=\mathbf{2.08}$$

手順4 **検定**

$\chi^2(\phi,\ \alpha)$を求めるにあたり、自由度ϕ＝(行数－1)×(列数－1)＝1となるので、$\chi^2(\phi,\ \alpha)=\chi^2(1, 0.05)\fallingdotseq$ **3.84**

(参考)χ^2表(一部抜粋)

自由度ϕ上側確率Pからχ^2を求める表

ϕ \ P	0.995	0.990	0.985	0.975	0.970	0.950	0.050
1	0.00003927	0.0001571	0.0003535	0.0009821	0.001414	0.003932	3.84146
2	0.010025	0.020101	0.030227	0.050636	0.060918	0.102587	5.99146
3	0.071722	0.114832	0.151574	0.215795	0.245795	0.351846	7.81473

χ_0^2＝**2.08**＜$\chi^2(\phi,\ \alpha)\fallingdotseq$**3.84**となるので、**有意とならず**、H_0は棄却されない。すなわちH_1は成立せず、「機器A、B間には適合品と不適合品の出方に違いがない」となる。

練習問題

赤シートで正解を隠して設問に答えてください(解説はP.103から)。

【問1】 下記の□内に入るもっとも適切な語句を下の選択肢からひとつ選べ。

帰無仮説H_0が正しいのに、棄却してしまう誤りを (1) または (2) という。一方、対立仮説H_1が正しいのに、棄却してしまう誤りを (3) または (4) という。

〈選択肢〉

ア. 第1種の誤り　**イ**. 第2種の誤り　**ウ**. ぼんやりものの誤り

エ. あわてものの誤り

正解　（1）ア　（2）エ　（3）イ　（4）ウ
※（1）と（2）、（3）と（4）はそれぞれ順不同

【問2】 A工場における部品の検査値の母平均μは1.4であった。最近納入している部品の検査値が低下しているようだとのB社（発注者）からの意見を踏まえ、データを採集したところ、{1.3, 1.4, 1.2, 1.4, 1.6, 1.3, 1.2, 1.3, 1.4, 1.5}であった。このとき、母平均が低下しているかどうかを検定・推定することになった。
ただし、標準偏差σは未知とする。[　　]内に入るもっとも適切なものを下の選択肢からひとつ選べ。 ※（1）（2）（7）には符号が入る

手順1

- 帰無仮説H_0：μ [（1）] μ_0
- 対立仮説H_1：μ [（2）] μ_0（左片側検定）

手順2 有意水準αの設定

$\alpha=0.05$とする。

手順3 統計量の計算

データの平均値$\bar{x}$および分散Vを計算すると、$\bar{x}=$ [（3）]、$V=$ [（4）] となる。次に、t_0を求める。t_0の計算式は$t_0=$ [（5）] となるので、計算して、$t_0=$ [（6）] となる。

手順4 検定

H_1：t_0 [（7）] $-t(\phi, 2\alpha)$となるので [（8）]。

〈選択肢〉

ア. $=$　　イ. $\neq$　　ウ. $<$　　エ. $>$　　オ. 1.21
カ. 1.36　　キ. 0.016　　ク. 0.144　　ケ. −0.50　　コ. −1.00
サ. −1.50　　シ. $\dfrac{\bar{x}-\mu}{\sqrt{\sigma^2/n}}$　　ス. $\dfrac{\bar{x}-\mu_0}{\sqrt{V/n}}$
セ. 有意となり、H_0は棄却される
ソ. 有意とならず、H_0は棄却されない

正解　（1）ア　（2）ウ　（3）カ　（4）キ　（5）ス
　　　（6）コ　（7）エ　（8）ソ

【問3】　C研究所の装置Dの改善を行った。改善前において、300個中、52個の不適合品が確認された。改善後において、460個中、75個の不適合品が確認された。このことを踏まえ、改善の効果の有無を確認することになった。[　　]内に入るもっとも適切なものを下の選択肢からひとつ選べ。　※(1)(2)(8)には符号が入る

手順1 仮説の設定

改善前の不適合品率をP_1、改善後の不適合品率をP_2とすると、

- 帰無仮説H_0：P_1[（1）]P_2
- 対立仮説H_1：P_1[（2）]P_2

手順2 有意水準αの設定

$\alpha=0.05$とする。

手順3 統計量等の計算

サンプル中(n_1、n_2)の不適合品数x_1、x_2より、不適合品率P_1、P_2を計算すると、

$P_1=$[（3）]、$P_2=$[（4）]

$$\overline{P}=\frac{x_1+x_2}{n_1+n_2}=\text{[（5）]}$$

統計量u_0の計算式は、

$u_0=$[（6）]

手順4 検定

$u_0=$[（7）]、u_0[（8）]$u(0.05)=1.645$となることから、[（9）]。

〈選択肢〉

ア．＝　イ．≠　ウ．<　エ．>　オ．0.163
カ．0.167　キ．0.173　ク．0.361
ケ．$(x-nP_0)/\sqrt{nP_0(1-P_0)}$
コ．$(P_1-P_2)/\sqrt{\overline{P}(1-\overline{P})\left(\frac{1}{n_1}+\frac{1}{n_2}\right)}$
サ．有意となり、H_0は棄却される
シ．有意とならず、H_0は棄却されない

正解　(1) ア　(2) エ　(3) キ　(4) オ　(5) カ
(6) コ　(7) ク　(8) ウ　(9) シ

解答・解説

【問1】 仮説の考え方（帰無仮説と対立仮説）

(1) ア　(2) エ　(3) イ　(4) ウ
※(1)と(2)、(3)と(4)はそれぞれ順不同

帰無仮説H_0が正しいのに、棄却してしまう誤りを[**ア．第1種の誤り**]または[**エ．あわてものの誤り**]という。一方、対立仮説H_1が正しいのに、棄却してしまう誤りを[**イ．第2種の誤り**]または[**ウ．ぼんやりものの誤り**]という。

【問2】 1つの母平均に関する検定と推定

(1) ア　(2) ウ　(3) カ　(4) キ　(5) ス
(6) コ　(7) エ　(8) ソ

帰無仮説は改善の効果がない（この問題では「低下していない」）とするものなので、(1)には「**ア．＝**」が入る。一方、対立仮説は改善の効果がある（低下している）とするものなので、(2)には「**ウ．<**」が入る。

問題文にあるデータ{1.3, 1.4, 1.2, 1.4, 1.6, 1.3, 1.2, 1.3, 1.4, 1.5}の平均を求めると、$\overline{x}$＝**カ．1.36**となる。

また、平方和 $S\left(=\Sigma x_i^2-\frac{(\Sigma x_i)^2}{n}\right)$ を求めると、$18.64-\frac{13.6^2}{10}=0.144$ となる。

これを用いて分散 $V\left(=\frac{S}{n-1}\right)$ を求めると、**キ. 0.016**となる。

平方和の計算が若干手間ではあるが、実際の問題では平方和の値が与えられる場合も多い。

$$t_0=\text{ス. }\frac{\bar{x}-\mu_0}{\sqrt{V/n}}=\frac{1.36-1.4}{\sqrt{\frac{0.016}{10}}}=\frac{-0.04}{\sqrt{0.0016}}=\frac{-0.04}{0.04}=\text{コ. }-1.00$$

$-t(\phi,2\alpha)=-t(9,0.1)=-1.833$

t_0**エ. >**$-t(\phi,2\alpha)$となるので、**ソ. 有意とならず、帰無仮説H_0は棄却されない。**

【問3】 2つの母不適合品率の違いに関する検定と推定

(1)**ア**　(2)**エ**　(3)**キ**　(4)**オ**　(5)**カ**
(6)**コ**　(7)**ク**　(8)**ウ**　(9)**シ**

帰無仮説は改善の効果がないとするものなので、(1)には「**ア. =**」が入る。一方、対立仮説は改善の効果がある(改善前の不適合品率 P_1>改善後の不適合品率 P_2)とするものなので、(2)には「**エ. >**」が入る。

問題文より、

$$P_1=(3)=\frac{52}{300}\fallingdotseq\text{キ. }0.173、P_2=(4)=\frac{75}{460}\fallingdotseq\text{オ. }0.163$$

$$\bar{P}=\frac{x_1+x_2}{n_1+n_2}=(5)=\frac{52+75}{300+460}\fallingdotseq\text{カ. }0.167$$

$$u_0=(6)=\text{コ. }(P_1-P_2)/\sqrt{\bar{P}(1-\bar{P})\left(\frac{1}{n_1}+\frac{1}{n_2}\right)}$$

$$=\frac{0.173-0.163}{\sqrt{0.167(1-0.167)\left(\frac{1}{300}+\frac{1}{460}\right)}}\fallingdotseq\text{ク. }0.361$$

u_0=**0.361 ウ. <**1.645となることから、**シ. 有意とならず、H_0は棄却されない。**

I 手法編

第5章

相関分析と単回帰分析

合格のポイント

➡ 相関分析（相関係数の計算、無相関の検定、寄与率による検討）、回帰式の基礎的な計算と分散分析表の作成手順の理解

1 相関分析

相関分析とは、**2つの変数(特性値：原因と結果)の関係性の強さを分析すること**です。2つの変数x(要因変数)、y(結果変数)において、xの連続的な変化に対して、yも連続的に変化する関係が成立する場合、xとyとの間に「**相関がある**」といいます。

相関係数とは、2つの変数の間に、直線的な関係がどの程度あるかを示す数値で、rで表されます。**$-1 \leqq r \leqq 1$**の範囲をとり、$|r|$が大きいほど相関関係が強いことを示し、$|r|$が小さいほど相関関係が弱いことを示します。

図表5.1　相関係数と相関の強さ

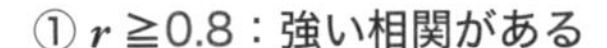

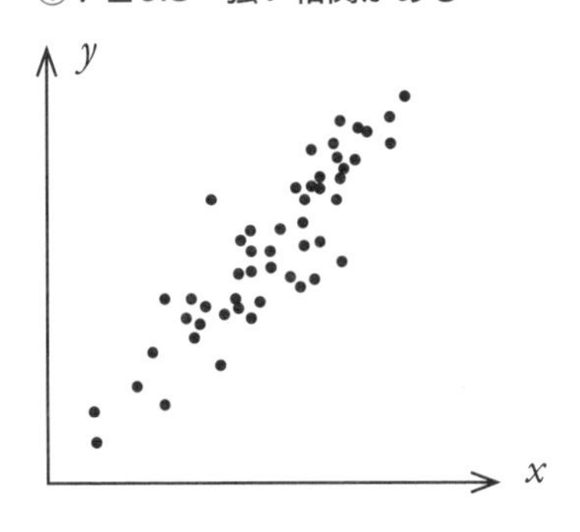

②0.8＞ r ≧0.6：相関がある

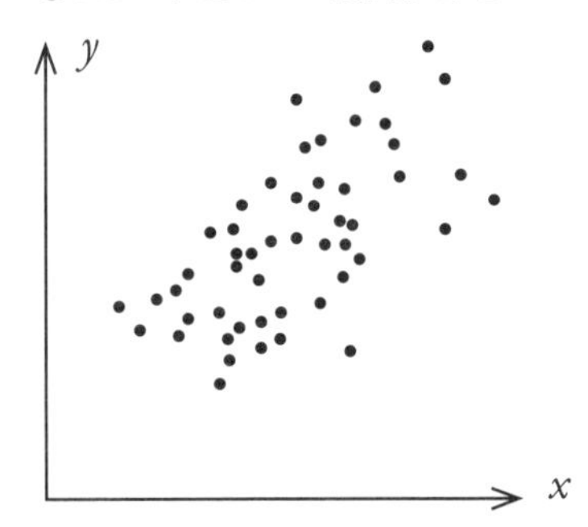

③0.6＞ r ≧0.4：弱い相関がある

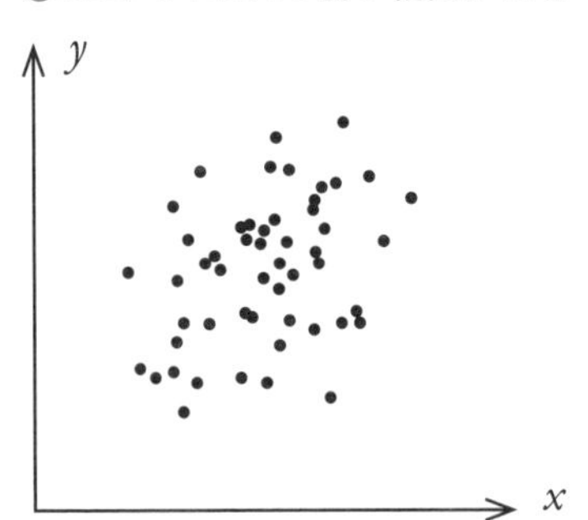

④ r ＜0.4：ほとんど相関はない

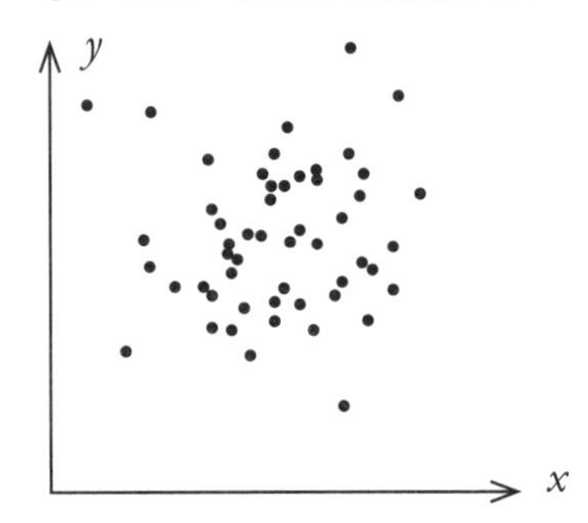

n個のデータ$(x_1, y_1), (x_2, y_2), \cdots, (x_n, y_n)$において、「$x$と$y$の偏差積和$S_{xy}$」を「$x$の偏差平方和の平方根$\sqrt{S_{xx}}$と$y$の偏差平方和の平方根$\sqrt{S_{yy}}$の積」で割った値を、$x$と$y$の**相関係数$r$**といいます。

$$r=\frac{S_{xy}}{\sqrt{S_{xx}S_{yy}}}$$

$$S_{xx}=\Sigma x_i^2-\frac{(\Sigma x_i)^2}{n}$$

$$S_{yy}=\Sigma y_i^2-\frac{(\Sigma y_i)^2}{n}$$

$$S_{xy}=\Sigma x_i y_i-\frac{\Sigma x_i \Sigma y_i}{n}$$

〈例〉xの平均＝5.0、平方和＝4.0、yの平均=6.0、平方和＝9.0、xとyの(偏差)積和＝5.0のときの相関係数は、

相関係数 $r=\frac{S_{xy}}{\sqrt{S_{xx}S_{yy}}}=\frac{5.0}{\sqrt{4.0\times 9.0}}=\frac{5.0}{6.0}\fallingdotseq 0.83$

また、相関係数rを2乗したものを**寄与率R^2**といいます。寄与率R^2は、0～1の範囲をとり、**要因変数xが結果変数yに及ぼす影響の大きさ**を表します。

相関分析を行うデータにおいて、xは$N(\mu_x, \sigma_x^2)$に従い、yは$N(\mu_y, \sigma_y^2)$に従うと考えます。また母集団におけるxとyの関連度合いを表す母数とし、下式のとおり、母相関係数ρ（ロー）を考えます。

$$\rho=\frac{Cov(x,y)}{\sqrt{V(x)V(y)}}=\frac{E[(x-\mu_x)(y-\mu_y)]}{\sqrt{\sigma x^2 \sigma y^2}}$$

分子は**共分散**を示し、分母はxとyの**標準偏差**を示します。共分散をxとyの標準偏差で割ることで**標準化**します。

ρもrと同様、$-1 \leqq \rho \leqq 1$となり、1に近づくほど母集団としてxとyの正の相関が強く、－1に近づくほど負の相関が強く、0に近づくほど相関が弱いことを示します。

※個々のデータから平均値を引いた値を偏差といい、xとyの偏差をかけ合わせた偏差積$(x_i-\bar{x})(y_i-\bar{y})$の総和を$x$と$y$の偏差積和といい、$S_{xy}$で表す

1）母相関係数ρに関するt分布に基づく無相関検定

手順1 仮説の設定

- 帰無仮説H_0：$\rho = 0$（無相関）
- 対立仮説H_1：$\rho \neq 0$（相関関係がある）

手順2 有意水準αの設定

通常は$\alpha=0.05$とする。

手順3 統計量等の計算

n個のデータ$(x_1, y_1), (x_2, y_2), \cdots, (x_n, y_n)$における相関係数$r$を計算する。

$$r=\frac{S_{xy}}{\sqrt{S_{xx}S_{yy}}}$$

統計量t_0を計算する。

$$t_0=\frac{r\sqrt{n-2}}{\sqrt{1-r^2}}$$

手順4 検定

$|t_0| \geqq t(\phi, \alpha)$であれば有意となり、$H_0$は棄却される。すなわち$H_1$が成立する。

2）グラフによる相関の検定

対になる2つの変数、要因(x)、特性(y)のグラフがある場合は、これを利用して相関の検定を行うことができます。

グラフによる相関の検定方法には、xとyの中央値(メディアン)を利用する**大波の相関**と、前のデータからの増減を利用する**小波の相関**があります。

①大波の相関の検定方法

手順1 中央線(メディアン線)の作成

下図の x と y を対にしたグラフにおいて、点の数を上下に2等分する中央線(メディアン線)を引きます(図表5.2参照)。

図表5.2 大波の相関

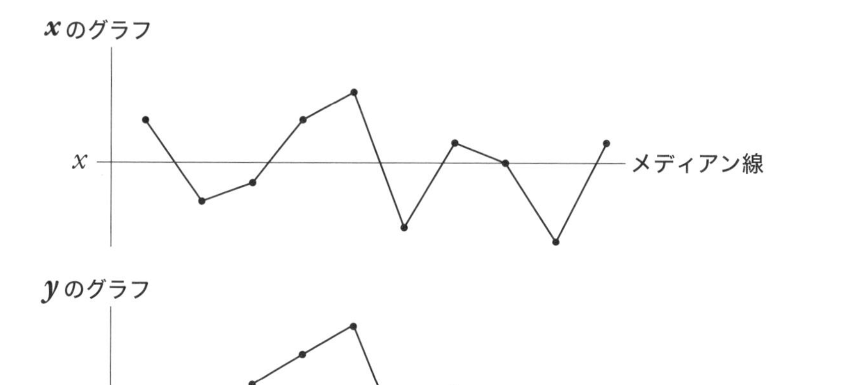

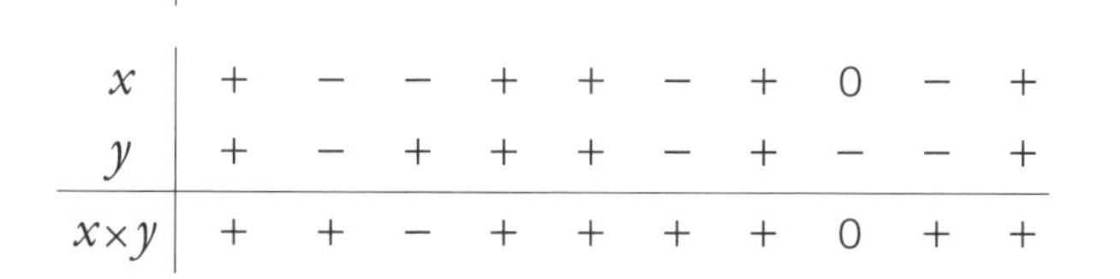

x	+	−	−	+	+	−	+	0	−	+
y	+	−	+	+	+	−	+	−	−	+
$x \times y$	+	+	−	+	+	+	+	0	+	+

点がメディアン線の上にある場合は+を、下にある場合はマイナスをつけて、対になる点の符号どうしをかけ合わせる($x \times y$)。

手順2 符号の積の系列の作成等

中央線の上側にある点に+、下側にある点に−を付けて、その符号の積の系列を作ります(図表5.2下の「$x \times y$」表参照)。次に x と y の積の「+」の数 n_+ と「−」の数 n_- を数えます。中央線上に点があれば0として、これは数えないこととします。この例によると、$n_+ = 8$、$n_- = 1$ となります。

手順3 判定

符号検定表と比較して判定を行います。符号検定表とは、統計的に相関があるか否かを判定する表です。合計 $N(= n_+ + n_-)$ に該当する行から、判定数 n_s を読み取ります。

$n_- \leqq n_s$のとき、正の相関がある、と判定します。

$n_+ < n_s$のとき、負の相関がある、と判定します。

今回の例では、$N=9$、$n_-=1$であり、符号検定表より$n_s=1$となります。このことから、$n_- \leqq n_s$となり、**正の相関**があると判定されます。

図表5.3 符号検定表

有意水準α / データ数N	0.01	0.05
9	0	1
10	0	1
・	・	・
・	・	・
・	・	・
100	36	39

符号検定表は、縦軸「データ数N」と横軸「有意水準α＝１％、５％」の項目で構成されていて、判定個数n_sが明記されている。符号のn_+とn_-のうち、小さい方の数と符号検定表の中の数値を比較する。通常はα＝５％を用いて判定する。

②小波の相関の検定方法

手順1

xとyの各々のグラフの点において、一つ前のデータから大きくなった場合には＋を、小さくなった場合には－を、増減がない場合には0を付けます。

手順2

xとyに付けた＋、－の符号の積を求め、n_+、n_-の個数を求めます。ただし、0が付いた点は数えないこととします。

手順3

①と同様に、符号検定表と比較して判定します。

今回の例では、$n_+=8$、$n_-=1$であり、$N=9$、$n_s=1$となることから、$n_- \leqq n_s$となり、**正の相関**があると判定されます。

図表5.4 小波の相関

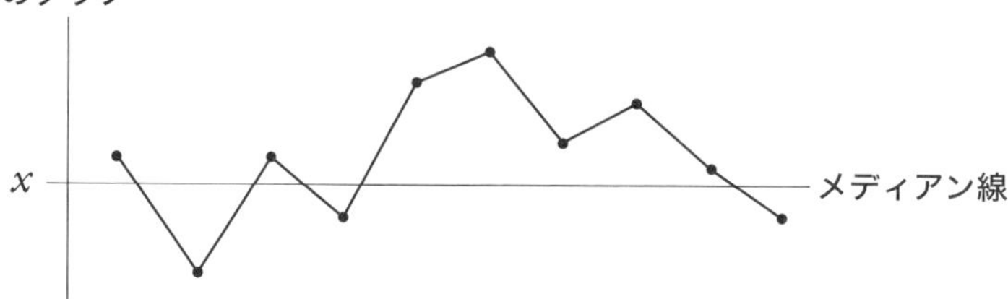

yのグラフ

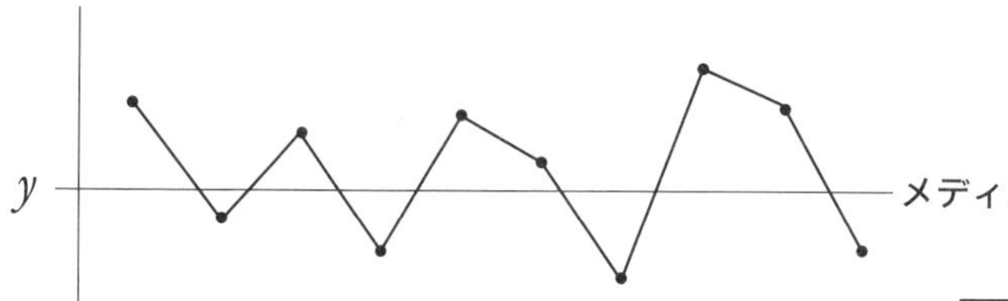

x	−	+	−	+	+	−	+	−	−
y	−	+	−	+	−	−	+	−	−
$x \times y$	+	+	+	+	−	+	+	+	+

点がひとつ前の点より大きい場合は＋を、小さい場合はマイナスをつけて、対になる点の符号どうしをかけ合わせる（$x \times y$）。

2 単回帰分析

1）単回帰分析の概要

回帰とは、**平均に帰る**という意味で、**散布図にプロットされた多くの点（説**

明変数x、目的変数y)を線(目的変数yについて説明変数xを使った式)で表すことです。

説明変数xが１つの場合を**単回帰分析**といい、説明変数が２つ以上ある場合を**重回帰分析**といいます。ＱＣ検定®２級では、**単回帰分析**が出題対象となっています。

単回帰式は、$y = a + bx + \varepsilon$（エプシロン）と表されます。
（a：切片、b：傾き、ε：残差）

※回帰式に含まれる係数a、bを回帰係数という

単回帰分析では、すべてのデータの残差εが小さくなるように、aとbを算出します。データの数がn個ある場合、i番目の値を(x_i, y_i)とすると、真の回帰式から得られる値は、(x_i, $a + bx_i$)となります。これらを用いると、残差ε_iは、

ε_i＝実際のデータの値－真の回帰式から得られる値＝$y_i - (a + bx_i)$

と表すことができます。

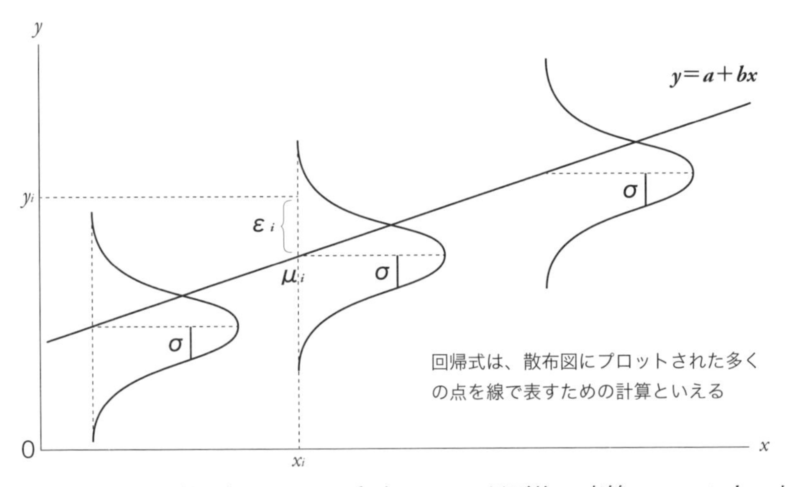

なお、上図は単回帰モデルと呼ばれ、yの母平均は直線$y = a + bx$上にあり、$x = x_i$と指定すると、母平均$y_i = a + bx_i$が定まり、それに正規分布$N(0, \sigma^2)$に従う残差ε_iが加わってデータy_iが得られることになります。

すべてのデータの残差εを小さくするために、各データの二乗和を考え、この二乗和が最小となるようなaとbを算出します。この方法を**最小二乗法**といいます。

aとbを求めると、

a＝yの平均値－b×（xの平均値）

$b = S_{xy} / S_{xx}$

となります。

上述の回帰式$y = a + bx + \varepsilon$を変形して、$y_i - \bar{y} = b(x_i - \bar{x}) + \varepsilon$と表すこともできます。これにより、$x_i$における$y_i$の母平均の推定値$\hat{\mu}_i$は以下の式で表されます。

$\hat{\mu}_i = \bar{y} + b(x_i - \bar{x})$

実測値は回帰線上にはないことから、総変動S_Tは以下の通り分解されます。

$S_T = \Sigma(y_i - \bar{y})^2$ → 実測値の変動を示します。

$S_R = \Sigma(\hat{\mu}_i - \bar{y})^2$ → 回帰による変動を示します。

$S_e = \Sigma(y_i - \hat{\mu}_i)^2$ → 残差による変動を示します。

上記の3つの変動において、$S_T = S_R + S_e$の関係が成立します。

図表5.5 変動の分解

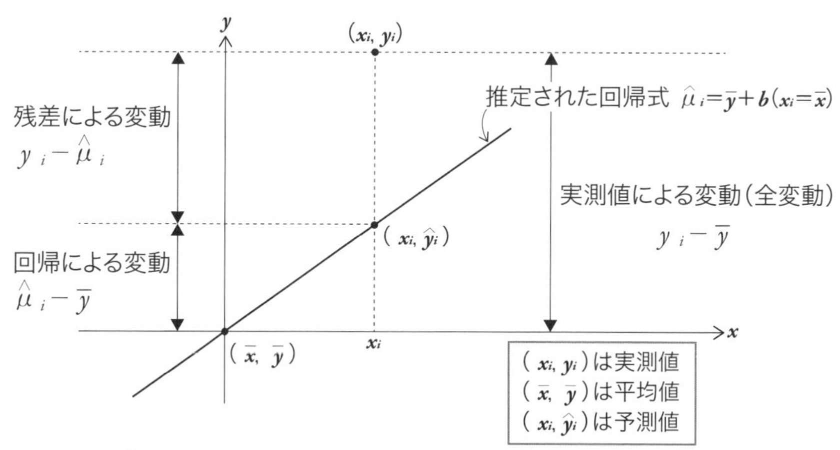

$S_R = \Sigma(\hat{\mu}_i - \bar{y})^2 = \Sigma\{\bar{y} + b(x_i - \bar{x}) - \bar{y}\}^2 = b^2 S_{xx}$

$b = \dfrac{S_{xy}}{S_{xx}}$なので、$S_R = \dfrac{(S_{xy})^2}{S_{xx}}$

$S_e = S_T - S_R = S_{yy} - \dfrac{(S_{xy})^2}{S_{xx}}$

となり、yの総変動が回帰による変動と残差による変動とに分解されたことを示しています。

残差εについては、

- 不偏性　($E(\varepsilon_i)=0$)
- 等分散性($V(\varepsilon_i)=\sigma^2$)
- 独立性　($Cov(\varepsilon_i, \varepsilon_j)=0$、$i \neq j$)
- 正規性　($\varepsilon_i \sim N(0, \sigma^2)$)　※正規分布に従う。「$\sim N(0, \sigma^2)$」とは、「$N(0, \sigma^2)$に従う」という意味

を満たす必要があります。

2) 分散分析(単回帰分析)の手順

分散分析(単回帰分析)は、説明変数xと目的変数(実測値)yの関係を、グラフにする際に、直線的な関係が予想される場合に回帰に意味があるかどうかの検定と、検定の結果、意味があった場合に回帰係数の推定を行うものです。

データ表(例)

標本	説明変数x	目的変数(実測値)y
1	x_1	y_1
2	x_2	y_2
:	:	:
n	x_n	y_n

手順1 各平方和の計算

総変動　　　　：$S_T = S_{yy}$

回帰による変動：$S_R = (S_{xy})^2 / S_{xx}$

残差による変動：$S_e = S_T - S_R = S_{yy} - \dfrac{(S_{xy})^2}{S_{xx}}$

手順2 各自由度の計算

全体の自由度　：ϕ_T＝総データ数－1＝$n-1$

回帰による自由度：$\phi_R = 1$

残差による自由度：$\phi_e = n-2$

手順3 各(不偏)分散 V と分散比 F_0 の計算

$$V_R = \frac{S_R}{\phi_R} = S_R$$

$$V_e = \frac{S_e}{\phi_e} = \frac{S_e}{n-2}$$

$$F_0 = \frac{V_R}{V_e}$$

手順4 分散分析表の作成

手順1～3の結果を下記のような分散分析表にまとめ、検定と推定を行う。

要因	平方和	自由度	平均平方	分散比
回帰	S_R	1	$V_R = S_R$	$F_0 = \frac{V_R}{V_e}$
残差	S_e	$n-2$	$V_e = \frac{S_e}{n-2}$	
計	S_T	$n-1$	−	

手順5 検定

分散比 F_0 と F 表の $F(1,\ n-2;\alpha)$ を比較します。

$F_0 > F(1,\ n-2;\alpha)$ であれば、回帰による変動が残差による変動よりも全変動に与える影響が大きいといえ、回帰曲線は予測に役立つ＝回帰による変動が有意である(意味のあること)と判定します。

手順6 推定

回帰による変動が有意である(意味のあること)と判定した場合、回帰係数の推定を行います。

回帰係数の推定値 a, b ($y = a + bx$)は、

$b = S_{xy} / S_{xx}$

$a = y$ の平均値 $- b \times$ (x の平均値)

により求めます。

〈例〉10組のデータにおいて、x の平均4.0、平方和6.0、y の平均5.0、平方和7.0、x と y の偏差積和が6.0のとき、分散分析表を作成して、回帰に意味があるのか否かの検定と、検定の結果、意味があった場合には回帰係数の推定を行う。

手順1 **各平方和の計算**

総変動　　　　：$S_T = S_{yy} = \mathbf{7.0}$

回帰による変動：$S_R = (S_{xy})^2 / S_{xx} = (6.0)^2 / 6.0 = \mathbf{6.0}$

残差による変動：$S_e = S_T - S_R = S_{yy} - (S_{xy})^2 / S_{xx}$

$= 7.0 - 6.0 = \mathbf{1.0}$

手順2 **各自由度の計算**

全体の自由度　　：ϕ_T＝総データ数－１＝$n - 1 = 10 - 1 = \mathbf{9}$

回帰による自由度：$\phi_R = \mathbf{1}$

残差による自由度：$\phi_e = n - 2 = 10 - 2 = \mathbf{8}$

手順3 **各(不偏)分散Vと分散比F_0の計算**

$$V_R = \frac{S_R}{\phi_R} = S_R = \mathbf{6.0}$$

$$V_e = \frac{S_e}{\phi_e} = \frac{S_e}{n-2} = \frac{1.0}{10-2} = \mathbf{\frac{1}{8}}$$

$$F_0 = \frac{V_R}{V_e} = \frac{6.0}{1/8} = \mathbf{48}$$

手順4 **分散分析表の作成**

要因	平方和	自由度	平均平方	分散比
回帰	$S_R = 6.0$	1	$V_R = 6.0$	$F_0 = \frac{V_R}{V_e} = 48$
残差	$S_e = 1.0$	$n - 2 = 8$	$V_e = \frac{1}{8}$	
計	$S_T = 7.0$	$n - 1 = 9$	－	

手順5 **検定**

分散比F_0とF表の$F(1,\ n-2\ ;\ \alpha)$を比較する。

$F(1,\ n-2\ ;\ \alpha) = F(1, 8\ ;\ 0.05) = \mathbf{5.32}$

$F_0 = \mathbf{48} > F(1, 8\ ;\ 0.05) = \mathbf{5.32}$となることから、回帰による変動が**有意である**(意味のあること)と判定する。

手順6 **推定**

回帰による変動が**有意である**(意味のあること)と判定されたので、回帰係数の推定を行う。

回帰係数の推定値 a, b ($y = a + b\ x$)は、

$b = S_{xy} / S_{xx}$=6.0/6.0=1

$a = y$の平均値－b×(xの平均値)=5.0－1.0×4.0=1

よって、$y = 1 + x$となる。

なお、単回帰分析では、説明変数xと目的変数yに比例関係があり、データ範囲外の領域でも比例関係が継続すると仮定している。

例えば、x=20.0を$y = 1 + x$に代入すると、y=21.0となるが、xおよびyの平均を大きく外れてしまう。このように、回帰式を導いたデータの範囲外の数値を代入することを「外挿」というが、誤った結果を含んでいる可能性があることから信憑性に問題があるため、できるだけ避けるべきである。

3) 寄与率および残差の検討

回帰分析で得られた回帰式がどの程度の精度であるかを評価する指標として、**寄与率R^2**があります。

$R^2 = S_R / S_T$

回帰による変動(S_R)を総変動(S_T)で割ったもので、総変動における回帰による変動の割合を示し、0から1の間の値をとります。値が大きいほど回帰式に意味があり、値が小さいほど回帰式に意味がないということになります。なお、**相関係数rの二乗に一致します($R^2 = r^2$)**。

また、**残差**の大きさについても検討する必要があります。残差とは**目的変数(実測値)yの値と回帰式によって予測したyの値との差**を示します。

なお、残差については次の3つを行います。

- 残差が正規分布に従っているかどうかの検討
- 残差と説明変数xが関係ないかどうかの検討
- 残差の時間的変化に「クセ」があるかどうかの検討

※残差は、測定値から推定値を引いた値

【問1】 **ある工程の要因xと品質特性yに関するxとyの対のデータを10組抽出した。これにより以下の統計量を得た。**
$\Sigma x=55$、$\Sigma y=47$、$\Sigma x^2=349$、$\Sigma y^2=257$、$\Sigma xy=289$
このとき、□内に入る数値を答えよ。

①要因xの偏差平方和$S_{xx}=$（1）、品質特性yの偏差平方和$S_{yy}=$（2）、xとyの偏差積和$S_{xy}=$（3）となる。これにより、xとyの相関係数$r=$（4）となる。
②xを説明変数、yを目的変数として、回帰式$y=a+bx$を推定すると、
$y=$（5）+（6）×x　　回帰式の寄与率は（7）となる。
③②で推定された回帰式における分散分析表は下表のとおりとなる。

要因	平方和S	自由度ϕ	不偏分散V	分散比F_0
回帰	$S_R=$（8）	$\phi_R=1$	$V_R=$（12）	$F_0=$（14）
残差	$S_e=$（9）	$\phi_e=$（11）	$V_e=$（13）	
計	$S_T=$（10）	$\phi_T=9$	−	

正解　（1）46.5　（2）36.1　（3）30.5　（4）0.74　（5）1.07
（6）0.66　（7）0.55　（8）20.0　（9）16.1　（10）36.1
（11）8　（12）20.0　（13）2.01　（14）9.95

【問2】 **次の文章において、□内に入るもっとも適切なものを下の選択肢からひとつ選べ。**

右の散布図（A）、（B）において、特性値xと特性値yの相関係数rの絶対値は（A）よりも（B）が□。

〈選択肢〉　**ア**．大きい　**イ**．小さい

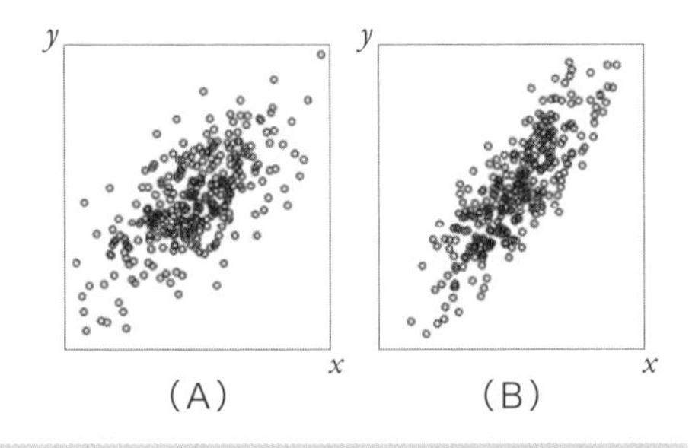

（A）　（B）

正解　ア

【問3】 次の文章において、□内に入るもっとも適切なものを下の選択肢からひとつ選べ。ただし、(3)には符号が入る。

ある工程の要因 x と品質特性 y に関する x と y の対のデータを5組抽出した。これにより以下の統計量を得た。

$\Sigma x=9$、$\Sigma y=20$、$\Sigma x^2=19$、$\Sigma y^2=84$、$\Sigma xy=37$

要因 x と品質特性 y に関する相関係数 r を求めると、$r=$ (1) となる。次に t 検定を用いて無相関の検定を行う。t 値を計算すると、

$$t_0=\frac{r\sqrt{n-2}}{\sqrt{1-r^2}}=\boxed{(2)}$$

となり、$|t_0|$ (3) $t(\phi, \alpha)\langle \phi=n-2、n=5\rangle$ であることから、相関関係が (4) といえる。

〈選択肢〉

ア. 0.299　イ. 0.543　ウ. 0.602　エ. 1.305　オ. 1.746

カ. ＞　キ. ＜　ク. ＝　ケ. ある　コ. ない

正解 (1) ア (2) イ (3) キ (4) コ

解答・解説

【問1】 問1～3 相関分析、単回帰分析

(1) **46.5** (2) **36.1** (3) **30.5** (4) **0.74** (5) **1.07**

(6) **0.66** (7) **0.55** (8) **20.0** (9) **16.1** (10) **36.1**

(11) **8** (12) **20.0** (13) **2.01** (14) **9.95**

$S_{xx}=349-\frac{55^2}{10}=\mathbf{46.5}$、$S_{yy}=257-\frac{47^2}{10}=\mathbf{36.1}$、$S_{xy}=289-\frac{55\times47}{10}=\mathbf{30.5}$、

$$r=\frac{30.5}{\sqrt{46.5\times36.1}}\fallingdotseq\mathbf{0.74}$$

②については、①で求めた偏差積和を用いて、a、b をそれぞれ求める。寄与率は相関係数 r を2乗して求める。

【問2】 **ア** 散布図(A)よりも(B)のほうが傾きが大きく、直線に近いので、相関係数が大きいことは視覚的にわかる。

【問3】 (1) **ア** (2) **イ** (3) **キ** (4) **コ** 計算式はP.120参照。

$t(\phi, \alpha)=t(3, 0.05)=3.182$

計算式の確認

	計算式
偏差平方和 S	$S_{xx}=\Sigma x_i^2-\frac{(\Sigma x_i)^2}{n}$ $S_{yy}=\Sigma y_i^2-\frac{(\Sigma y_i)^2}{n}$ $S_{xy}=\Sigma x_i y_i-\frac{\Sigma x_i \Sigma y_i}{n}$
相関係数 r	$r=\frac{S_{xy}}{\sqrt{S_{xx}S_{yy}}}$
寄与率 $R^2(=r^2)$	相関係数 r を２乗する $R^2(=r^2)=\left(\frac{S_{xy}}{\sqrt{S_{xx}S_{yy}}}\right)^2=\frac{S_R}{S_{yy}}=\frac{S_R}{S_T}$
統計量 t_0	$t_0=\frac{r\sqrt{n-2}}{\sqrt{1-r^2}}$
単回帰式 $y=a+bx+\varepsilon$ における a：切片、 b：傾き（回帰係数）	$b=\frac{S_{xy}}{S_{xx}}$ $a=y$ の平均値 $-b\times$（x の平均値）
総平方和	$S_T=S_{yy}$
回帰平方和	$S_R=\frac{(S_{xy})^2}{S_{xx}}$
残差平方和	$S_e=S_T-S_R=S_{yy}-\frac{(S_{xy})^2}{S_{xx}}$
自由度 ϕ	全体の自由度：ϕ_T＝総データ数－１＝$n-1$ 回帰による自由度：$\phi_R=1$（＝回帰式の説明変数の数） 残差による自由度：$\phi_e=n-2$
平均平方 V ※	回帰の平均平方：$V_R=\frac{S_R}{\phi_R}=S_R$ 残差の平均平方：$V_e=\frac{S_e}{\phi_e}=\frac{S_e}{n-2}$
分散比	$F_0=\frac{V_R}{V_e}$

※（不偏）分散と平均平方は同義であるが、過去問の出題実績に則り、第１章（データの取り方とまとめ方）では「（不偏）分散」と表記し、第５章（単回帰分析）においては「平均平方」と表記する

I 手法編

第6章

実験計画法

合格のポイント

- ➡ 取得したデータからの分散分析表の作成、最適条件を決定する計算方法、およびF表の確認の理解
- ➡ 一元、二元配置実験の違い、二元配置実験におけるプーリング前後のデータの構造式と分散分析表から最適組合せの推定までの手順の理解

1 実験計画法の概要

実験計画法とは、効率的で客観的な結論が得られるように、実験を計画する方法です。具体的には、**目標とする特性値に対して影響のありそうな因子をいくつか取り上げて、その主効果や交互作用効果を検定および推定する**ための統計的方法です。少ない実験回数で重要な情報を得るために、実験の計画(実験配置)と実験データの解析(分散分析)を行います。

イギリスの統計学者のロナルド・エイルマー・フィッシャーがこの実験計画法を確立させました。

端的にいうと、実験で得られたデータの変化・特徴が、「要因によるものなのか？」「誤差によるものなのか？」を見分ける方法といえます。

図表6.1 実験計画法で見るもの

要因	●実験結果に影響を及ぼす可能性のあるもの(誤差等を含む)
因子	●実験の目的のために取り上げた要因
水準	●因子を量的または質的に変化させた段階で、とくに代表値として選んだ値 ●水準内のばらつきを群内変動、水準間のばらつきを群間変動という
効果	●応答の平均に対する因子の影響 ●(単一因子による)主効果や(ある因子の効果が他の因子の水準に依存する)交互作用がある

実験計画法の確立当時は、計算機が未発達で、全て手計算で行うしかなかったため、重宝されましたが、現在では計算機の発達により、実務で実験計画法が用いられることはほとんどないようです。

実験計画法は、直交配列表と分散分析表の２つの項目で構成されます。

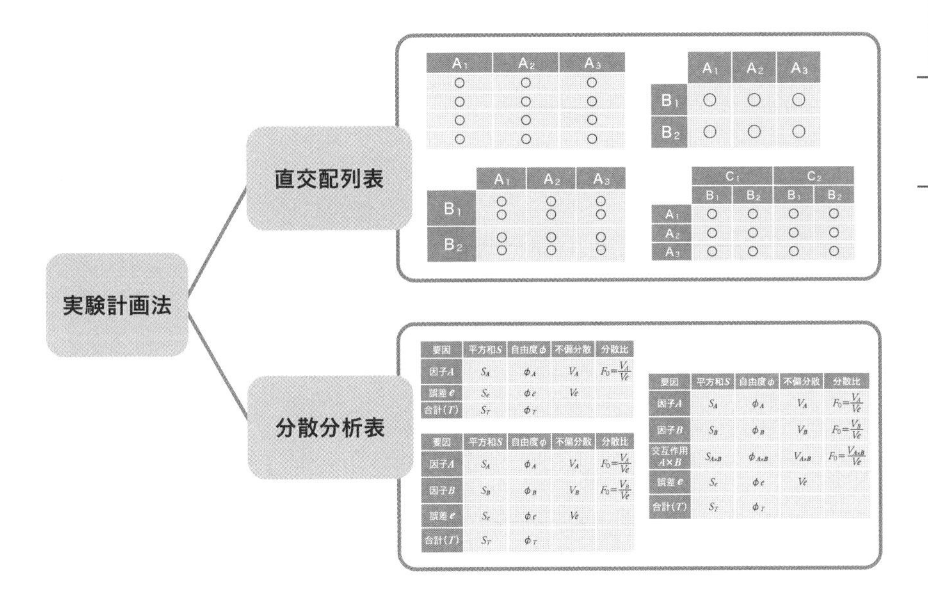

実験の精度を高めるために、**フィッシャーの３原則**を用います(図表６.２参照)。

図表6．2　フィッシャーの３原則の概要

反復の原則	無作為化の原則	局所管理の原則
● 同じ条件の実験を繰り返す。 ● 実験で繰り返すことで、データ数が増大し、誤差分散が小さくなる。 ● 系統誤差※1と偶然誤差※2を判断できる。	● ランダムに行う。 ● 誤差要因を一定にすることで、誤差の一定性を確保する(系統誤差を偶然誤差に転化する)。	● できるだけ同じ対象を用いて行う。 ● 得たい要因以外の要因が全て均一となる。 ● 系統誤差を小さくできる。

※１系統誤差：処理の違いによる差
※２偶然誤差：たまたま生じる誤差

2 要因配置実験

1）種類

要因配置実験は、配置実験法ともいわれ、図表６．３のように分類されます。ＱＣ検定®２級では、**一元配置実験**および**二元配置実験**(繰り返しなし、繰り返しあり)が試験範囲となります。問題文を読んで、どのパターンに該当するかを適切に判断することが重要です。

図表6．3　要因配置実験一覧(例)

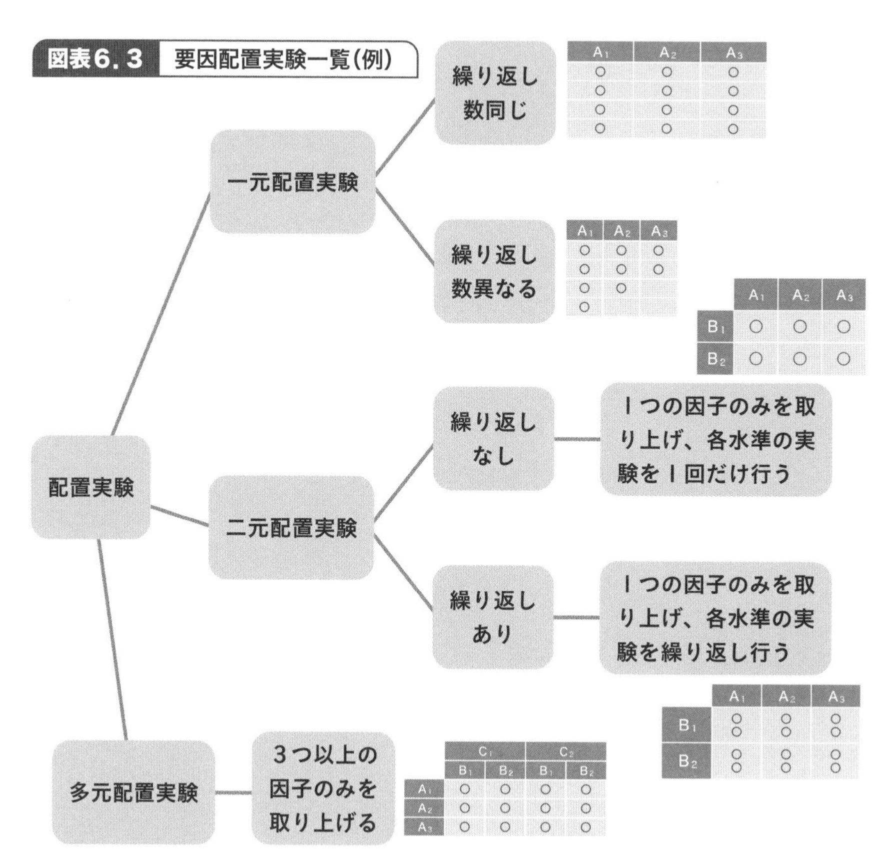

要因配置実験の手順(一例)は、図表６．４のとおりです。

図表6.4 要因配置実験の手順(一例)

①分散分析

手順1 データの二乗表の作成(二元配置実験(繰り返し有り)の場合は、二元表などの作成)

手順2 修正項(CT)の計算

手順3 分散分析表の作成(平方和、自由度、平均平方、分散比の計算)

手順4 分散分析結果の判定

②推定

手順1 母平均の点推定

手順2 母平均の区間推定

データの構造式

	構造式
一元配置実験	$x_{ij}=\mu+\alpha_i+\varepsilon_{ij}$
二元配置実験(繰り返しなし)	$x_{ij}=\mu+\alpha_i+\beta_j+\varepsilon_{ij}$
二元配置実験(繰り返しあり)	$x_{ijk}=\mu+\alpha_i+\beta_j+(\alpha\beta)_{ij}+\varepsilon_{ijk}$※

データ$x_{ij(k)}$は、**平均μ**、**主効果α_iとβ_j**、**交互作用$(\alpha\beta)_{ij}$**、**誤差$\varepsilon_{ij(k)}$**の一次式で表されます。

主効果とは因子単独の効果、**交互作用**とは複数の因子の組み合わせによる効果、**誤差**とはデータから各効果を取り除いた残り物のことです。

2）分散分析表の考え方

実験にあたり、目的とする特性値に影響を与える変動要因の中から、その実験に取り上げた要因を**因子**といい、その要因を質的、量的に変動させる条件を**水準**といいます。

データのばらつきには、一般的に、

- 因子の水準を変えたために生じるばらつき
- 実験を繰り返したときに生じるばらつき

が混在しています。

※下付きの記号ijkは、それぞれi：Aの第i水準、j：Bの第j水準、k：k回目(繰り返しがある場合)を表している。P.126、129、132、136のデータ構造式参照

実験全体のデータが持っているばらつきを**総変動**といい、**総変動**は群間変動と群内移動に分類することができます。

- 群間変動（級間平方和）S_A：水準による応答の平均のばらつき
- 群内変動（誤差平方和）S_e：水準を一定に保った場合の、個々のデータのばらつき

3）一元配置実験（繰り返しの数が同じ）

因子を一つ選び、数通りの水準を設定し、各水準においてランダムに繰り返しの実験を行います。

水準数３、実験の繰り返し数３とすると、A_iにおけるj個目のデータx_{ij}は、次の構造式で観測されると考え、データ表は以下のとおりとなります。

データ＝総平均＋処理の効果＋誤差

$$x_{ij} = \mu + \alpha_i + \varepsilon_{ij}$$

データ表

繰り返し＼水準	A_1	A_2	A_3
1	x_{11}	x_{21}	x_{31}
2	x_{12}	x_{22}	x_{32}
3	x_{13}	x_{23}	x_{33}

要因	平方和S	自由度ϕ	平均平方V	分散比F_0
因子A	$S_A=\Sigma\frac{(A_i\text{のデータの合計})^2}{A_i\text{のデータ数}}-CT$	ϕ_A＝水準数－１	$V_A=\frac{S_A}{\phi_A}$	$F_0=\frac{V_A}{V_e}$
誤差e	$S_e=S_T-S_A$	$\phi_e=\phi_T-\phi_A$	$V_e=\frac{S_e}{\phi_e}$	
合計	$S_T=\Sigma$（データの二乗）$-CT$	ϕ_T＝総データ数－１		

CT（修正項）＝（データの合計）^{2}／データ数

〈例〉因子Aを3水準設定し、3回の実験を行ったときの分散分析と推定

データ表

A_1	A_2	A_3
5	5	9
6	4	7
7	6	8

①分散分析

手順1 データの合計表およびデータの二乗表の作成

データの合計表

水準 繰り返し	A_1	A_2	A_3	総計
1	5	5	9	19
2	6	4	7	17
3	7	6	8	21
合計	18	15	24	57

データの二乗表

水準 繰り返し	A_1	A_2	A_3	総計
1	25	25	81	131
2	36	16	49	101
3	49	36	64	149
合計	110	77	194	381

手順2 修正項(CT)の計算

データの合計＝5＋6＋7＋5＋4＋6＋9＋7＋8＝**57**

$CT=(\text{データの合計})^2/\text{データ数}=\frac{57^2}{9}=\mathbf{361}$

手順3 分散分析表の作成(平方和、自由度、平均平方、分散比の計算)

まず、各平方和を計算する。

$S_T=\Sigma(\text{データの二乗})-CT=381-361=\mathbf{20}$

$$S_A = \Sigma \frac{(A_i\text{のデータの合計})^2}{A_i\text{のデータ数}} - CT$$

$$= \frac{18^2}{3} + \frac{15^2}{3} + \frac{24^2}{3} - 361 = 375 - 361 = \mathbf{14}$$

$S_e = S_T - S_A = 20 - 14 = \mathbf{6}$

次に、各自由度を計算する。

ϕ_T＝総データ数－１＝９－１＝**8**

ϕ_A＝水準数－１＝３－１＝**2**

$\phi_e = \phi_T - \phi_A$＝８－２＝**6**

続いて、平均平方と分散比を計算する。

$V_A = S_A / \phi_A$＝14／２＝**7**

$V_e = S_e / \phi_e$＝６／６＝**1**

これにより、分散比は、$F_0 = V_A / V_e$＝７／１＝**7**

よって、分散分析表は下表のとおりとなる。

要因	平方和	自由度	平均平方	分散比
因子A	14	2	7	7
誤差e	6	6	1	
合計	20	8		

手順4 **分散分析結果の判定**

手順３で得た分散比F_0＝**7**とF表の$F(\phi_A, \phi_e; \alpha) = F(2, 6; 0.05)$＝**5.14**を比較すると、$F_0 > F(2, 6; 0.05)$となるので、**有意な差がある**と判定できる。

②推定

手順1 **点推定**

①分散分析の結果、因子Aは有意となったので、各水準の母平均μを信頼度95％で推定する。母平均＝各水準の平均値であることから、

A_1水準の母平均＝18／３＝**6**

A_2水準の母平均＝15／３＝**5**

A_3水準の母平均＝24／３＝**8**

手順2 区間推定

各水準の母平均μの信頼区間幅を信頼度95%で表すと以下の式となる。

$$\widehat{\mu_{Ai}} - t(\phi_e, 0.05)\sqrt{\frac{V_e}{n}} < \mu_{Ai} < \widehat{\mu_{Ai}} + t(\phi_e, 0.05)\sqrt{\frac{V_e}{n}}$$

（$\widehat{\mu_{Ai}}$は点推定を示す。n：各水準の繰り返し数）

$t(\phi_e, 0.05)\sqrt{V_e/n}$において、$n=3$と①手順3で得た、$\phi_e=$**6**、$V_e=$**1**を代入すると、$t(6, 0.05)\sqrt{1/3} \fallingdotseq 2.447 \times 0.58 \fallingdotseq$ **1.42**となる。

$6-1.42<\mu_{A_1}<6+1.42 \rightarrow 4.58<\mu_{A_1}<7.42$

$5-1.42<\mu_{A_2}<5+1.42 \rightarrow 3.58<\mu_{A_2}<6.42$

$8-1.42<\mu_{A_3}<8+1.42 \rightarrow 6.58<\mu_{A_3}<9.42$

4）一元配置実験（繰り返しの数が異なる）

一元配置実験において繰り返しの数が異なる場合を考えてみます。基本的には繰り返しの数が同じ場合と同様の手順となります。

水準数3、実験の繰り返し数3とすると、A_iにおけるj個目のデータx_{ij}は、次の構造式で観測されると考え、データ表は以下のとおりとなります。

データ＝総平均＋処理の効果＋誤差

$$x_{ij} = \mu + \alpha_i + \varepsilon_{ij}$$

データ表

繰り返し＼水準	A_1	A_2	A_3
1	x_{11}	x_{21}	x_{31}
2	x_{12}	x_{22}	x_{32}
3	x_{13}	x_{23}	

要因	平方和S	自由度ϕ	平均平方V	分散比F_0
因子A	$S_A=\Sigma\frac{(A_i\text{のデータの合計})^2}{A_i\text{のデータ数}}-CT$	ϕ_A＝水準数－1	$V_A=\frac{S_A}{\phi_A}$	$F_0=\frac{V_A}{V_e}$
誤差e	$S_e=S_T-S_A$	$\phi_e=\phi_T-\phi_A$	$V_e=\frac{S_e}{\phi_e}$	
合計	$S_T=\Sigma$（データの二乗）$-CT$	ϕ_T＝総データ数－1		

CT（修正項）＝（データの合計）^{2}／データ数

〈例〉因子Aを３水準設定し、３回の実験を行ったときの分散分析と推定

データ表

A_1	A_2	A_3
5	5	9
6	4	8
7	6	

①分散分析

手順1 データの合計表およびデータの二乗表の作成

データの合計表

水準 / 繰り返し	A_1	A_2	A_3	総計
1	5	5	9	19
2	6	4	8	18
3	7	6		13
合計	18	15	17	50

データの二乗表

水準 / 繰り返し	A_1	A_2	A_3	総計
1	25	25	81	131
2	36	16	64	116
3	49	36		85
合計	110	77	145	332

手順2 修正項（CT）の計算

データの合計＝5＋6＋7＋5＋4＋6＋9＋8＝**50**

CT＝（データの合計数）^{2}／データ数＝50^2／8＝**312.5**

手順3 分散分析表の作成（平方和、自由度、平均平方、分散比の計算）

まず、各平方和を計算する。

S_T＝Σ(データの二乗)－CT＝332－312.5＝**19.5**

$$S_A = \Sigma \frac{(A_i\text{のデータの合計})^2}{A_i\text{のデータ数}} - CT$$

$$= \frac{18^2}{3} + \frac{15^2}{3} + \frac{17^2}{2} - 312.5 = 327.5 - 312.5 = \mathbf{15}$$

$S_e = S_T - S_A$＝19.5－15＝**4.5**

次に、各自由度を計算する。

ϕ_T＝総データ数－1＝8－1＝**7**

ϕ_A＝水準数－1＝3－1＝**2**

$\phi_e = \phi_T - \phi_A$＝7－2＝**5**

続いて、平均平方と分散比を計算する。

$V_A = S_A / \phi_A$＝15／2＝**7.5**

$V_e = S_e / \phi_e$＝4.5／5＝**0.9**

これにより、分散比は、$F_0 = V_A / V_e$＝7.5／0.9≒**8.33**

よって、分散分析表は下表のとおりとなる。

要因	平方和	自由度	平均平方	分散比
因子A	15	2	7.5	8.33
誤差e	4.5	5	0.9	
合計	19.5	7		

手順4 分散分析結果の判定

手順3で得た分散比F_0＝**8.33**とF表の$F(\phi_A, \phi_e; \alpha) = F(2, 5; 0.05)$＝**5.79**を比較すると、$F_0 > F(2, 5; 0.05)$となるので、**有意な差がある**と判定できる。有意水準をα(＝0.05)とする。

②推定

手順1 点推定

①分散分析の結果、因子Aは有意となったので、各水準の母平均μを信頼度95％で推定する。母平均＝各水準の平均値であることから、

A_1水準の母平均＝18／3＝6

A_2水準の母平均＝15／3＝5

A_3水準の母平均＝17／2＝8.5　　※各水準の合計を繰り返し数で割る

手順2 **区間推定**

各水準の母平均μの信頼区間幅を信頼度95%で表すと以下の式となる。

$$\widehat{\mu_{Ai}} - t(\phi_e, 0.05)\sqrt{\frac{V_e}{n_i}} < \mu_{Ai} < \widehat{\mu_{Ai}} + t(\phi_e, 0.05)\sqrt{\frac{V_e}{n_i}}$$

($\widehat{\mu_{Ai}}$は点推定を示す。n_i：各水準の繰り返し数)

$t(\phi_e, 0.05)\sqrt{V_e/n_i}$において、$n_i=$ **3**と①手順3で得た、$\phi_e=$ **5**、$V_e=$**0.9**を代入すると、$t($**5**$, 0.05)\sqrt{\mathbf{0.9/3}} \fallingdotseq 2.571 \times 0.55 \fallingdotseq$ **1.41**となる。

水準A_1、A_2において、

$6 - \mathbf{1.41} < \mu_{A1} < 6 + \mathbf{1.41} \rightarrow 4.59 < \mu_{A1} < 7.41$

$5 - \mathbf{1.41} < \mu_{A2} < 5 + \mathbf{1.41} \rightarrow 3.59 < \mu_{A2} < 6.41$

水準A_3において、$n=$ **2**と①手順3で得た$\phi_e=$ **5**、$V_e=$**0.9**を代入すると、$t(5, 0.05)\sqrt{\mathbf{0.9/2}} \fallingdotseq 2.571 \times 0.671 \fallingdotseq$ **1.72**となる。

$8.5 - \mathbf{1.72} < \mu_{A3} < 8.5 + \mathbf{1.72} \rightarrow 6.78 < \mu_{A3} < 10.22$

5）二元配置実験（繰り返しなし）

2つの因子A、Bについて、それぞれa個の水準、b個の水準を選び、全部で$a \times b$個の組み合わせの実験をランダムに行います。

水準数$a=4$、$b=3$とすると、A_iの第i水準、B_jの第j水準を組み合わせた水準の下で行った実験のデータx_{ij}は、次の構造式で観測されると考え、データ表は以下のとおりとなります。

データ＝総平均＋処理の効果＋誤差

$$x_{ij} = \mu + \alpha_i + \beta_j + \varepsilon_{ij}$$

データ表

因子B / 因子A	B_1	B_2	B_3
A_1	x_{11}	x_{21}	x_{31}
A_2	x_{12}	x_{22}	x_{32}
A_3	x_{13}	x_{23}	x_{33}
A_4	x_{14}	x_{24}	x_{34}

2つの因子A、Bの各水準を組み合わせた条件ごとに、1回ずつの実験を行ってデータをとる場合、原則としてランダムな順序で実験を行います。

この実験で得られたデータを分散分析するには、総変動を要因変動（因子Aによる変動、因子Bによる変動）に分離して、各変動の大きさを比較することになります。

要因	平方和S	自由度ϕ	平均平方V	分散比F_0
因子A	$S_A=\Sigma\dfrac{(A_i\text{のデータの合計})^2}{A_i\text{のデータ数}}-CT$	ϕ_A＝水準数－1	$V_A=\dfrac{S_A}{\phi_A}$	$F_0=\dfrac{V_A}{V_e}$
因子B	$S_B=\Sigma\dfrac{(B_j\text{のデータの合計})^2}{B_j\text{のデータ数}}-CT$	ϕ_B＝水準数－1	$V_B=\dfrac{S_B}{\phi_B}$	$F_0=\dfrac{V_B}{V_e}$
誤差e	$S_e=S_T-S_A-S_B$	$\phi_e=\phi_T-\phi_A-\phi_B$	$V_e=\dfrac{S_e}{\phi_e}$	
合計	$S_T=\Sigma$(データの二乗)$-CT$	ϕ_T＝総データ数－1		

データ表（因子Aを２水準、因子Bを４水準の実験）

	B_1	B_2	B_3	B_4
A_1	6	10	14	8
A_2	4	8	9	5

①分散分析

手順1 データの合計表およびデータの二乗表の作成

データの合計表

因子A＼因子B	B_1	B_2	B_3	B_4	総計
A_1	6	10	14	8	38
A_2	4	8	9	5	26
合計	10	18	23	13	64

データの二乗表

因子A＼因子B	B_1	B_2	B_3	B_4	総計
A_1	36	100	196	64	396
A_2	16	64	81	25	186
合計	52	164	277	89	582

手順2 修正項（CT）の計算

データの合計＝６＋４＋10＋８＋14＋９＋８＋５＝**64**

CT＝(データの合計)^2／データ数＝64^2／８＝**512**

手順3 **分散分析表の作成（平方和、自由度、平均平方、分散比の計算）**

まず、各平方和を計算します。

$S_T = \Sigma$（データの二乗）$- CT = 582 - 512 = 70$

$$S_A = \Sigma \frac{(A_i\text{のデータの合計})^2}{A_i\text{のデータ数}} - CT$$

$$= \frac{38^2 + 26^2}{4} - 512 = \frac{2120}{4} - 512 = 18$$

$$S_B = \Sigma \frac{(B_j\text{のデータの合計})^2}{B_j\text{のデータ数}} - CT$$

$$= \frac{10^2 + 18^2 + 23^2 + 13^2}{2} - 512 = \frac{1122}{2} - 512 = 49$$

$S_e = S_T - S_A - S_B = 70 - 18 - 49 = 3$

次に、各自由度を計算します。

$\phi_T =$ 総データ数 $- 1 = 8 - 1 = 7$

$\phi_A =$ 水準数 $- 1 = 2 - 1 = 1$

$\phi_B =$ 水準数 $- 1 = 4 - 1 = 3$

$\phi_e = \phi_T - \phi_A - \phi_B = 7 - 1 - 3 = 3$

続いて、平均平方と分散比を計算します。

$V_A = S_A / \phi_A = 18 / 1 = 18$

$V_B = S_B / \phi_B = 49 / 3 \fallingdotseq 16.3$

$V_e = S_e / \phi_e = 3 / 3 = 1$

これにより、分散比は、

A：$F_0 = V_A / V_e = 18 / 1 = 18$

B：$F_0 = V_B / V_e = 16.3 / 1 = 16.3$

よって、分散分析表は下表のとおりとなります。

要因	平方和	自由度	平均平方	分散比
因子A	18	1	18	18
因子B	49	3	16.3	16.3
誤差e	3	3	1	
合計	70	7		

手順4 分散分析結果の判定

手順3で得た分散比A：F_0=18、B：F_0=16.3とF表の$F(\phi_A, \phi_e; \alpha) = F(1, 3; 0.05)$=10.1、$F(\phi_B, \phi_e; \alpha) = F(3, 3; 0.05)$=9.28を比較すると、

A：$F_0 = 18 > F(1, 3; 0.05) = 10.1$

B：$F_0 = 16.3 > F(3, 3; 0.05) = 9.28$

となるので、**有意な差がある**と判定できます。

②推定

手順1 最適な組み合わせ条件の選定

特性値が大きい方がよいので、データの合計表において最大値となるA_1B_3を選定します。

手順2 点推定

①分散分析の結果、因子Aは有意となったので、各水準の母平均μを信頼度95%で推定します。母平均＝各水準の平均値であることから、

A_1水準の母平均＝38／4＝**9.5**　　A_2水準の母平均＝26／4＝**6.5**

B_1水準の母平均＝10／2＝**5**　　B_2水準の母平均＝18／2＝**9**

B_3水準の母平均＝23／2＝**11.5**　　B_4水準の母平均＝13／2＝**6.5**

手順3 区間推定

各水準の母平均μの信頼区間幅を信頼度95%で表すと以下の式となります。

$$\widehat{\mu_{Ai}} - t(\phi_e, 0.05)\sqrt{\frac{V_e}{n_i}} < \mu_{Ai} < \widehat{\mu_{Ai}} + t(\phi_e, 0.05)\sqrt{\frac{V_e}{n_i}}$$

$$\widehat{\mu_{Bj}} - t(\phi_e, 0.05)\sqrt{\frac{V_e}{n_j}} < \mu_{Bj} < \widehat{\mu_{Bj}} + t(\phi_e, 0.05)\sqrt{\frac{V_e}{n_j}}$$

（$\widehat{\mu_{Ai}}$、$\widehat{\mu_{Bj}}$は点推定を示す。n_i、n_j：各水準の繰り返し数）

Aの場合、$(\phi_e, 0.05)\sqrt{V_e/n_i}$において、①分散分析の手順3で得た、$\phi_e$=3、$V_e$=1、$n_i$=2を代入すると、

$t(3, 0.05)\sqrt{\frac{1}{2}} \fallingdotseq 3.182 \times 0.707 \fallingdotseq$ **2.250**　となる。

Bの場合、$(\phi_e, 0.05)\sqrt{V_e/n_j}$において、①分散分析の手順3で得た、$\phi_e$=3、$V_e$=1、$n_j$=4を代入すると、

$t(3, 0.05)\sqrt{\frac{1}{4}} = 3.182 \times 0.5 =$ **1.591**　となる。

- A_1水準の母平均の区間推定
  $9.5-2.250<\mu_{A1}<9.5+2.250$　　$7.25<\mu_{A1}<11.75$
- A_2水準の母平均の区間推定
  $6.5-2.250<\mu_{A2}<6.5+2.250$　　$4.25<\mu_{A2}<8.75$
- B_1水準の母平均の区間推定
  $5-1.591<\mu_{B1}<5+1.591$　　$3.409<\mu_{B1}<6.591$
- B_2水準の母平均の区間推定
  $9-1.591<\mu_{B2}<9+1.591$　　$7.409<\mu_{B2}<10.591$
- B_3水準の母平均の区間推定
  $11.5-1.591<\mu_{B3}<11.5+1.591$　　$9.909<\mu_{B3}<13.091$
- B_4水準の母平均の区間推定
  $6.5-1.591<\mu_{B4}<6.5+1.591$　　$4.909<\mu_{B4}<8.091$

手順4 **最適条件での母平均の推定**

母平均μの点推定を以下の式から求めます。$\widehat{\mu_{A1B3}}=A_1$水準の平均値$+B_3$水準の平均値－総平均値$=9.5+11.5-8=13.0$

母平均μの区間推定(信頼度95%)

母平均の区間推定$\widehat{\mu_{A1B3}}$を以下の式から求めます。

$\widehat{\mu_{A1B3}}-t(\phi_e, 0.05)\sqrt{V_e/n_e}\leqq\mu_{A1B3}\leqq\widehat{\mu_{A1B3}}+t(\phi_e, 0.05)\sqrt{V_e/n_e}$

n_eは「有効反復係数」で、次の式で求められます。

有効反復係数$n_e=ab/(1+\phi_A+\phi_B)$(田口の公式)

(a：Aの水準数、b：Bの水準数)

(有効反復係数と田口の公式についてはP.142参照)

n_eを計算すると、$n_e=ab/(1+\phi_A+\phi_B)=2\times4/(1+1+3)=1.6$

$t(\phi e, 0.05)\sqrt{V_e/n_e}$を計算します。$t(\phi e, 0.05)\sqrt{V_e/n_e}=t(3, 0.05)\times\sqrt{1/1.6}\fallingdotseq3.182\times0.791\fallingdotseq2.52$　　$13.0-2.52\leqq\mu_{A1B3}\leqq13.0+2.52$

$10.48\leqq\mu_{A1B3}\leqq15.52$

6) 二元配置実験(繰り返しあり)

2つの因子A、Bについて、それぞれa個の水準、b個の水準を選び、全部で$a\times b$個の組み合わせの実験をランダムに繰り返して行います。

水準数$a=4$、$b=3$、繰り返し数2回とすると、A_iの第i水準、B_jの第j水準を組み合わせた水準の下で行った実験のデータx_{ijk}は、次の構造式で観測されると考え、データ表は以下のとおりとなります。

データ＝総平均　＋処理の効果　＋交互作用　＋誤差

$x_{ijk} \;=\; \mu \quad + \alpha_i + \beta_j \quad + (\alpha\beta)_{ij} \quad + \varepsilon_{ijk}$

繰り返しのある場合は、要因A、Bの主効果だけでなく、交互作用も調べることができます。

データ表

	B_1	B_2	B_3
A_1	x_{111}	x_{211}	x_{311}
	x_{112}	x_{212}	x_{312}
A_2	x_{121}	x_{221}	x_{321}
	x_{122}	x_{222}	x_{322}
A_3	x_{131}	x_{231}	x_{331}
	x_{132}	x_{232}	x_{332}
A_4	x_{141}	x_{241}	x_{341}
	x_{142}	x_{242}	x_{342}

要因	平方和S	自由度ϕ	平均平方V	分散比F_0
因子A	$S_A=\Sigma\dfrac{(A_i\text{のデータの合計})^2}{A_i\text{のデータ数}}-CT$	ϕ_A＝水準数－1	$V_A=\dfrac{S_A}{\phi_A}$	$F_0=\dfrac{V_A}{V_e}$
因子B	$S_B=\Sigma\dfrac{(B_j\text{のデータの合計})^2}{B_j\text{のデータ数}}-CT$	ϕ_B＝水準数－1	$V_B=\dfrac{S_B}{\phi_B}$	$F_0=\dfrac{V_B}{V_e}$
交互作用 $A\times B$	$S_{A\times B}=S_{AB}-S_A-S_B$ $S_{AB}=\Sigma\dfrac{(AB\text{二元表の各数値})^2}{\text{繰り返し数}}-CT$	$\phi_{A\times B}=\phi_A\times\phi_B$	$V_{A\times B}=\dfrac{S_{A\times B}}{\phi_{A\times B}}$	$F_0=\dfrac{V_{A\times B}}{V_e}$
誤差e	$S_e=S_T-S_A-S_B-S_{A\times B}$	$\phi_e=\phi_T-\phi_A-\phi_B-\phi_{A\times B}$	$V_e=\dfrac{S_e}{\phi_e}$	
合計	$S_T=\Sigma$(データの二乗)$-CT$	ϕ_T＝総データ数－1		

変動の分解

総変動 （総平方和）	因子Aによる変動	A因子の級間平方和S_A
	因子Bによる変動	B因子の級間平方和S_B
	交互作用$A\times B$による変動	交互作用$A\times B$の平方和$S_{A\times B}$
	級内変動	誤差平方和Se

データ表（因子Aを４水準、因子Bを３水準の実験）

	B_1	B_2	B_3
A_1	9	10	9
	9	10	8
A_2	9	11	7
	8	10	6
A_3	8	11	9
	6	12	10
A_4	5	9	8
	7	9	9

①分散分析

手順1 データの二乗表、二元表、二元表の二乗表の作成

データの二乗表

	B_1	B_2	B_3	総計
A_1	81	100	81	262
	81	100	64	245
A_2	81	121	49	251
	64	100	36	200
A_3	64	121	81	266
	36	144	100	280
A_4	25	81	64	170
	49	81	81	211
合計	481	848	556	1885

データの二元表

因子A＼因子B	B_1	B_2	B_3	総計
A_1	18	20	17	55
A_2	17	21	13	51
A_3	14	23	19	56
A_4	12	18	17	47
合計	61	82	66	209

※データ表の同じ枠内の数値を足し合わせた表（A_1B_1は$9+9=18$）

データの二元表の二乗表

因子A＼因子B	B_1	B_2	B_3	総計
A_1	324	400	289	1013
A_2	289	441	169	899
A_3	196	529	361	1086
A_4	144	324	289	757
合計	953	1694	1108	3755

手順2 修正項（CT）の計算

$CT=$(データの合計)^2／データ数$=209^2/24\fallingdotseq$**1820.04**

手順3 分散分析表の作成（平方和、自由度、平均平方、分散比の計算）

まず、各平方和を計算します。

$S_T=\Sigma$(データの二乗)$-CT=1885-1820.04=$**64.96**

$$S_A=\Sigma\frac{(A_i\text{のデータの合計})^2}{A_i\text{のデータ数}}-CT=\frac{55^2+51^2+56^2+47^2}{6\,(=3\times2)}-1820.04$$

$=1828.5-1820.04=$**8.46**

$$S_B=\Sigma\frac{(B_j\text{のデータの合計})^2}{B_j\text{のデータ数}}-CT=\frac{61^2+82^2+66^2}{8\,(=4\times2)}-1820.04$$

$\fallingdotseq1850.13-1820.04=$**30.09**

$$S_{AB}=\Sigma\frac{(AB\text{二元表の各数値})^2}{\text{繰り返し数}}-CT$$

$$=\frac{18^2+17^2+14^2+12^2+20^2+21^2+23^2+18^2+17^2+13^2+19^2+17^2}{2}-1820.04$$

$=\frac{3755}{2}-1820.04=1877.5-1820.04=$**57.46**

$S_{A\times B}=S_{AB}-S_A-S_B=57.46-8.46-30.09=$**18.91**

$S_e=S_T-S_A-S_B-S_{A\times B}=64.96-8.46-30.09-18.91=$**7.50**

次に、各自由度を計算します。

$\phi_T=$総データ数$-1=24-1=$**23**

$\phi_A=$水準数$-1=4-1=$**3**

$\phi_B=$水準数$-1=3-1=$**2**

$\phi_{A\times B}=\phi_A\times\phi_B=3\times2=$**6**

$\phi_e=\phi_T-\phi_A-\phi_B-\phi_{A\times B}=23-3-2-6=$**12**

続いて、平均平方と分散比を計算します。

$V_A = S_A / \phi_A = 8.46 / 3 = \mathbf{2.82}$

$V_B = S_B / \phi_B = 30.09 / 2 \fallingdotseq \mathbf{15.05}$

$V_{A\times B} = S_{A\times B} / \phi_{A\times B} = 18.91 / 6 \fallingdotseq \mathbf{3.15}$

$V_e = S_e / \phi_e = 7.50 / 12 \fallingdotseq \mathbf{0.63}$

これにより、分散比は、

A ： $F_0 = V_A / V_e = 2.82 / 0.63 \fallingdotseq \mathbf{4.48}$

B ： $F_0 = V_B / V_e = 15.05 / 0.63 = \mathbf{23.89}$

$A\times B$ ： $F_0 = V_{A\times B} / V_e = 3.15 / 0.63 = \mathbf{5.00}$

よって、分散分析表は次の表のとおりとなります。

要因	平方和S	自由度ϕ	平均平方V	分散比F_0
因子A	8.46	3	2.82	4.48
因子B	30.09	2	15.05	23.89
交互作用$A\times B$	18.91	6	3.15	5.00
誤差e	7.50	12	0.63	
合計	64.96	23		

手順4 分散分析結果の判定

手順3で得た分散比A: F_0=**4.48**、B ： F_0=**23.89**、$A\times B$ ： F_0=**5.00**とF表の$F(\phi_A, \phi_e ; \alpha) = F(3, 12 ; 0.05) = \mathbf{3.49}$、$F(\phi_B, \phi_e ; \alpha) = F(2, 12 ; 0.05) = \mathbf{3.89}$、$F(\phi_{A\times B}, \phi_e ; \alpha) = F(6, 12 ; 0.05) = \mathbf{3.00}$を比較すると、

A ： $F_0 = \mathbf{4.48} > F(3, 12 ; 0.05) = \mathbf{3.49}$

B ： $F_0 = \mathbf{23.89} > F(2, 12 ; 0.05) = \mathbf{3.89}$

$A\times B$ ： $F_0 = \mathbf{5.00} > F(6, 12 ; 0.05) = \mathbf{3.00}$

となるので、**有意な差がある**と判定できます。

判定には3つのパターンがあります。

①交互作用$A\times B$が有意でなく、因子Aまたは因子Bの片方が有意

②交互作用$A\times B$が有意でなく、因子Aおよび因子Bの両方が有意

③交互作用$A \times B$が有意(因子Aおよび因子Bが有意であるかどうかにかかわらず)

※本例は③に該当する。

①②の場合、プーリング(交互作用$A \times B$の平方和と自由度を誤差項のそれに加え込むこと)を行い、推定精度を上げることができます。

プーリングとは?

プーリングとは、効果のない項を誤差と見なして、それらの平方和と自由度を誤差項の平方和と自由度に足し込み、新たな誤差分散を求めることです。

これにより、**誤差の自由度が増え、誤差分散の推定精度が上がります。**

⇒ 具体的には、交互作用$A \times B$の平方和($S_{A \times B}$)と自由度($\phi_{A \times B}$)を誤差項Eの平方和(S_e)と自由度(ϕ_e)にそれぞれ加え込むことです。これにより分散分析表を作り直します。

要因	平方和S	自由度ϕ	平均平方V	分散比F_0
因子A	S_A	ϕ_A	V_A	$F_0=\frac{V_A}{Ve}$
因子B	S_B	ϕ_B	V_B	$F_0=\frac{V_B}{Ve}$
交互作用$A \times B$	$S_{A \times B}$	$\phi_{A \times B}$	$V_{A \times B}$	$F_0=\frac{V_{A \times B}}{Ve}$
誤差e	Se	ϕe	Ve	
合計	S_T	ϕ_T		

有意でなく、F_0値も小さい場合

プーリング

要因	平方和S	自由度ϕ	平均平方V	分散比F_0
因子A	S_A	ϕ_A	V_A	$F_0=\frac{V_A}{Ve'}$
因子B	S_B	ϕ_B	V_B	$F_0=\frac{V_B}{Ve'}$
誤差e'	$Se'=S_{A \times B}+Se$	$\phi e'=\phi_{A \times B}+\phi e$	Ve'	$F_0=\frac{V_{A \times B}}{Ve'}$
合計	S_T	ϕ_T		

交互作用$A \times B$を誤差項にプーリング

②推定

手順1 最適な組み合わせ条件の選定

特性値が大きい方がよいので、二元表において最大値となるA_3B_2を選定します。

手順2 最適条件での母平均の推定

母平均μの点推定

$\hat{\mu}(A_3B_2)=A_3B_2$の平均値$=(11+12)/2=23/2=$**11.5**

母平均μの区間推定(信頼度95%)

$$\widehat{\mu_{AiBj}}-t(\phi_e, 0.05)\sqrt{\frac{V_e}{n}}<\mu_{AiBj}<\widehat{\mu_{AiBj}}+t(\phi_e, 0.05)\sqrt{\frac{V_e}{n}}$$ (n:繰り返し数)

なお、交互作用$A \times B$が有意でなく、プーリングを行う場合(交互作用$A \times B$を無視する場合)、以下の式により区間推定を行う。

$$\widehat{\mu_{AiBj}}-t(\phi_e', 0.05)\sqrt{V_e'/n_e}<\mu_{AiBj}<\widehat{\mu_{AiBj}}+t(\phi_e', 0.05)\sqrt{V_e'/n_e}$$

※因子と水準の組み合わせで、特性値が最も大きくなる条件を「最適条件」という

有効反復係数 $n_e = \dfrac{abn}{1+\phi_A+\phi_B+\phi_{A\times B}}$ （田口の公式）

（a ：Aの水準数、 b ：Bの水準数、 n ：繰り返し数）

で表されます。

$t(\phi_e, 0.05)\sqrt{V_e/n}$ を計算します。

$$t(\phi_e, 0.05)\sqrt{\frac{V_e}{n}} = t(12, 0.05)\sqrt{\frac{0.63}{2}} \fallingdotseq 2.179 \times 0.561 \fallingdotseq 1.22$$

$$11.5 - 1.22 < \mu_{A3B2} < 11.5 + 1.22$$

$$10.28 < \mu_{A3B2} < 12.72$$

有効反復係数 n_e と田口の公式、伊奈の公式

有効反復係数 n_e とは、点推定量が何個分のデータから計算されたものと等価であるかを示すものです。有効反復係数 n_e を計算する主な公式として、田口の公式と伊奈の公式があります。

田口の公式：$n_e = \dfrac{\text{全データ数}}{1+(\text{推定に用いる要因の自由度の和})}$

（二元配置分析では）$= \dfrac{abn}{1+\phi_A+\phi_B+\phi_{A\times B}}$

（a ：Aの水準数、 b ：Bの水準数、 n ：繰り返し数）

伊奈の公式：$\dfrac{1}{n_e}$ ＝点推定の式に用いられている係数の和＝$\dfrac{1}{a}+\dfrac{1}{b}-\dfrac{1}{ab}$

練習問題

赤シートで正解を隠して設問に答えてください（解説はP.145から）。

【問１】 ３つの工場を選定し、ある品質特性における繰り返し３回の一元配置実験を行ったところ、以下の統計量が得られた。この統計量をもとに下表の分散分析表を作成することになった。□に入る数値を答えよ。ただし、（９）についてはもっとも適切なものを下の選択肢からひとつ選べ。

個々のデータの合計値$\Sigma\Sigma x_{ij}$＝250
個々のデータの二乗の合計値$\Sigma\Sigma x_{ij}^2$＝7500
各水準の合計値の二乗の総和＝$\Sigma T_{i.}^2$＝20000

分散分析表

要因	平方和S	自由度ϕ	平均平方V	分散比F_0
因子A	（1）	（3）	（6）	（8）
誤差E	100	（4）	（7）	－
計	（2）	（5）	－	－

以上より、因子Aは（9）といえる。

〈(1)～(8)の選択肢〉
ア. 556　**イ**. 456　**ウ**. 228　**エ**. 16.7　**オ**. 13.65
カ. 8　**キ**. 6　**ク**. 2
〈(9)の選択肢〉
ア. 有意な差がある　イ. 有意な差がない

正解　(1)イ　(2)ア　(3)ク　(4)キ　(5)カ
(6)ウ　(7)エ　(8)オ　(9)ア

【問2】 次の①②に答えよ。
①データの構造式において、A群とB群を正しく組み合わせよ。

A群：
ア. 一元配置法
イ. 二元配置法(繰り返しなし)
ウ. 二元配置法(繰り返しあり)

B群：
エ. $x_{ij}=\mu+\alpha_i+\varepsilon_{ij}$
オ. $x_{ijk}=\mu+\alpha_i+\beta_j+(\alpha\beta)_{ij}+\varepsilon_{ijk}$
カ. $x_{ijk}=\mu+\alpha_i+\beta_j+\varepsilon_{ij}$

※ΣΣの計算方法を紹介する。$\sum_{i=1}^{n}\sum_{j=1}^{m}x_{ij}=x_{11}+x_{12}+\cdots+x_{1m}+x_{21}+x_{22}+\cdots+x_{2m}+\cdots+x_{n1}+x_{n2}+\cdots+x_{nm}$　まずは$i=1$として、jを1からmまで動かしてx_{1j}を足し合わせる。すなわち、Σx_{1j}を求める。続いて、この操作を$i=2, 3, \cdots, m$まで同様に繰り返して、すべてを足し合わせる

②用語とその説明において、Ａ群とＢ群を正しく組み合わせよ。

Ａ群：

ア．因子
イ．水準
ウ．効果
エ．要因

Ｂ群：

オ．因子を量的、質的に変動させる場合に、特に代表値として選んだ値
カ．応答の平均に対する因子の影響
キ．ある結果を引き起こす可能性のあるもの
ク．実験に取り上げられた要因

正解　①アーエ、イーカ、ウーオ　②アーク、イーオ、ウーカ、エーキ

【問３】　次の文章において、［　　］に入るもっとも適切なものを下の選択肢からひとつ選べ。

二元配置法における因子による効果には、実験に取り上げた因子の水準を変更することによる［（1）］と、二つ以上の因子のある水準が組み合わさったときに相乗的または相殺的に特性値が変動する［（2）］の２種類がある。［（2）］を検定するには、各水準の組み合わせの実験を最低［（3）］回繰り返す必要がある。

〈選択肢〉

ア．主効果　**イ**．副効果　**ウ**．交互作用効果　**エ**．交互因子効果
オ．1　**カ**．2　**キ**．3

正解　（1）ア　（2）ウ　（3）カ

解答・解説

【問1】（一元配置実験）

（※問題文において実験データは示されていないので、手順1は**省略**）

手順2 修正項（CT）の計算

$$CT=\frac{(\text{データの合計})^2}{\text{データの数}}=\frac{250^2}{9}=6944$$

※データ数は、3つの工場×繰り返し3回＝9つとなる。

手順3 分散分析表の作成（平方和、自由度、平均平方、分散比の計算）

まず、各平方和を計算する。

$S_T=\Sigma$（データの二乗）$-CT=7500-6944=$**（2）ア. 556**

$S_e=S_T-S_A=556-S_A=100$　　$S_A=$**（1）イ. 456**

次に、各自由度を計算する。

$\phi_T=$総データ数$-1=9-1=$**（5）カ. 8**

$\phi_A=$水準数$-1=3-1=$**（3）ク. 2**

$\phi_e=\phi_T-\phi_A=8-2=$**（4）キ. 6**

続いて、平均平方、分散比を計算します。

$V_A=S_A/\phi_A=456/2=$**（6）ウ. 228**

$V_e=S_e/\phi_e=100/6=$**（7）エ. 16.7**

これにより、分散比は、$F_0=V_A/V_e=228/16.7=$**（8）オ. 13.65**

よって、分散分析表は下表のとおりとなる。

要因	平方和S	自由度ϕ	平均平方V	分散比F_0
因子A	（1）＝456	（3）＝2	（6）＝228	（8）＝13.65
誤差E	100	（4）＝6	（7）＝16.7	－
計	（2）＝556	（5）＝8	－	－

手順4 分散分析結果の判定

手順3で得た分散比$F_0=13.65$とF表の$F(\phi_A,\ \phi_e;\alpha)=F(2, 6;0.05)=5.14$を比較すると、$F_0>F(2, 6;0.05)$となるので、**（9）ア. 有意な差がある**と判定できる。

【問2】 要因配置実験

①ア－エ、イ－カ、ウ－オ

A群	B群
ア．一元配置法	－エ．$x_{ij}=\mu+\alpha_i+\varepsilon_{ij}$
イ．二元配置法（繰り返しなし）	－カ．$x_{ijk}=\mu+\alpha_i+\beta_j+\varepsilon_{ij}$
ウ．二元配置法（繰り返しあり）	－オ．$x_{ijk}=\mu+\alpha_i+\beta_j+(\alpha\beta)_{ij}+\varepsilon_{ijk}$

②ア－ク、イ－オ、ウ－カ、エ－キ

A群	B群
ア．因子	－ク．実験に取り上げられた要因
イ．水準	－オ．因子を量的、質的に変動させる場合に、特に代表値として選んだ値
ウ．効果	－カ．応答の平均に対する因子の影響
エ．要因	－キ．ある結果を引き起こす可能性のあるもの

【問3】 二元配置実験

（1）ア　（2）ウ　（3）カ

二元配置法における因子による効果には、実験に取り上げた因子の水準を変更することによる**（1）ア．主効果**と、二つ以上の因子のある水準が組み合わさったときに相乗的または相殺的に特性値が変動する**（2）ウ．交互作用効果**の２種類がある。**交互作用効果**を検定するには、各水準の組み合わせの実験を最低**（3）カ．２回**繰り返す必要がある。

I 手法編

第7章

抜取検査

合格のポイント

- ➡ 抜取検査の考え方・手順、用語の意味、ＯＣ曲線（検査特性曲線）の見方の理解
- ➡ 計数規準型抜取検査および計量規準型一回抜取検査の基本的な考え方や検査表の見方の理解

1 抜取検査

抜取検査とは、**ロット**から製品を抜き取って調べ、その結果をロット判定基準に照らし合わせて、その**ロットの合否を判定する**ものです。ロットを合格とする基準を、ロット合格基準といいます。

全数検査を行うよりも検査個数が少なくてすむので、経済的かつ現実的ですが、検査に合格したロットの中に不良品が含まれないとは言い切れません。

また、抜取の仕方によって、良いロットを悪いロットと判断してしまったり、悪いロットを良いロットと判断してしまったりする可能性があります。

抜取検査は、扱うデータと保証方法によって分類されます。

図表7.1 抜取検査方式

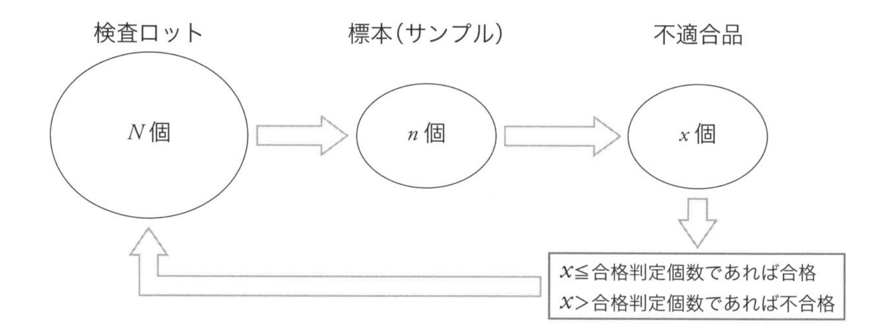

図表7.2 抜取検査の分類

扱うデータによる分類	計数値抜取検査 ●サンプル中の不適合品数を取り扱う
	計量値抜取検査 ●サンプルの連続量を取り扱う ●特性値が正規分布に従う場合、適用可能 ●計数値抜取検査よりも計算が複雑となるが、サンプルサイズが小さくて済む

保証方法による分類	規準型 ●生産者危険αと消費者危険βのバランスをとる
	選別型 ●消費者保証のため、不合格ロットを全数選別する
	調整型 ●生産者が過去の品質履歴から検査方式を使い分ける(きつい検査、なみ検査、ゆるい検査) ●過去の品質履歴が芳しくない場合は「きつい検査」、良好な場合は「ゆるい検査」とする。きつい検査とゆるい検査の中間が「なみ検査」となる ※２級レベルではこれらの３種類があることを理解しておけばよい

図表7.3 抜取検査以外の検査方法

全数検査	●ロット内すべての検査単位について検査を行う
無試験検査	●品質情報・技術情報に基づいて、サンプルの試験を省略し、書類のみでロットの合格・不合格を判定する ●品質が安定していて、不適合品がほとんど発生せず、万一発生したとしてもその影響が軽微な場合に採用される
間接検査	●受入時において、供給側のロットごとの検査成績を必要に応じて確認することにより、受入側の検査を省略し、書類だけでロットの合格・不合格を判定する

2 OC曲線

ＯＣとは、Operating Characteristic curveの略で、**検査特性曲線**とも呼ばれます。横軸に製造ロットの不良品率、縦軸に検査合格率をとり、これらの関係を表します。検査の方式や基準によって異なる曲線となります。**どのような検査方式・検査基準にするかを検討する**際に用いられます。

例えば、不良品率p_0以下で検査合格の場合、全数検査だと図表７.４となりますが、抜取検査の場合、図表７.５(左図)となります。

図表7.4　全数検査のOC曲線の例

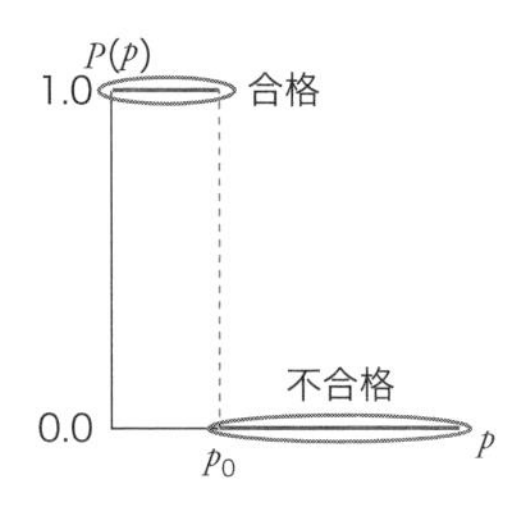

図表7.5　抜取検査のOC曲線の例

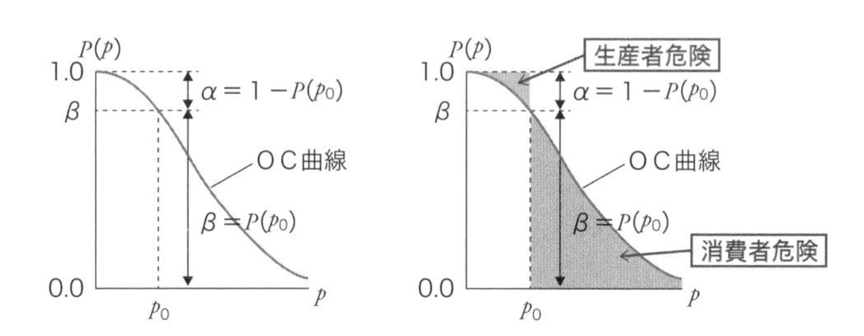

図表7.5(右図)において、生産者危険と消費者危険の領域が生じます。

図中のα(＝1－$P(p_0)$)は不良品率が低いのに(p_0以下)、検査合格率が100％以下(1－α)となってしまいます。**αが大きいと生産者にとって不利な状況**となりますので、**生産者危険**または**第1種の誤り**(あわてものの誤り)といいます。

一方、図中のβ(＝$P(p_0)$)は不良品率が高いのに(p_0以上)、検査合格率が0％以上(β)となってしまいます。**βが大きいと消費者にとって不利・危険な状況**となりますので、**消費者危険**または**第2種の誤り**(ぼんやりものの誤り)といいます。

なお、OC曲線の主な特徴としては、以下の2点です。

- サンプルサイズ(n)が一定の場合、合格判定個数(c)が大きくなるほど曲線の傾きは緩やかになり、合格判定個数(c)が小さくなるほど曲線の傾きは急になる(次ページ図表7.6の左図参照)。
- 合格判定個数(c)が一定の場合、サンプルサイズ(n)が大きくなるほど曲線の傾きは緩やかになり、サンプルサイズ(n)が小さくなるほど曲線の傾きは急になる(図表7.6の右図参照)。

図表7.6 OC曲線の主な特徴

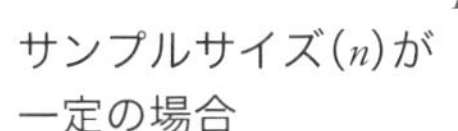

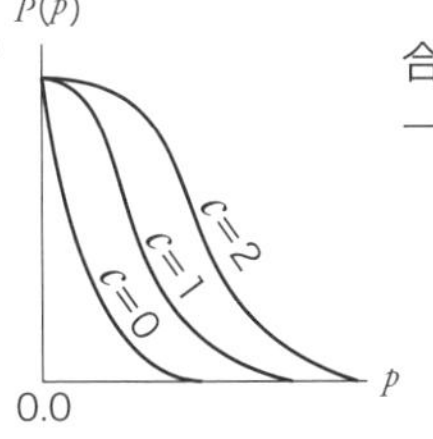

合格判定個数(c)が
一定の場合

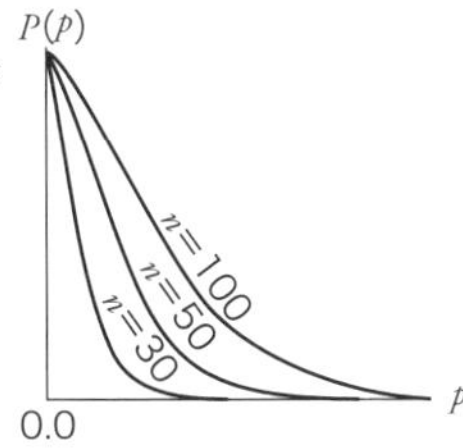

3 計数規準型抜取検査

計数規準型抜取検査(JIS Z9002-1956)とは、生産者および消費者の要求する検査特性を持つように設計した抜取検査で、**ロットごとの合格・不合格を一回に抜き取った試料中の不良品の個数によって判定する**ものです。製品がロットとして処理できることが必要で、合格ロット中にもある程度の不良品の混入は避けられません。

検査の手順は、以下のとおりです。

手順1 品質基準の決定

- 検査単位について適合品と不適合品とに分けるための基準を明確に定める。

手順2 p_0、p_1の値の指定

- p_0：なるべく合格させたいロットの不良率の上限
- p_1：なるべく不合格としたいロットの不良率の下限
- このp_0とp_1を指定する。通常は、p_0とp_1の値は生産能力・経済的事情・品質に対する必要な要求または検査にかかる費用・労力・時間など各取引きの実情を考え合わせて指定する。抜取検査では、必ず$p_0 < p_1$でなければならない。

手順3 ロットの形成

- 同一条件で生産されたロットをなるべくそのまま検査ロットに選ぶ。ロットがはなはだしく大きい場合は、小ロットに区切って検査ロットとしてもよい。

手順4 試料の大きさnと合格判定個数cを求める

- p_0、p_1の値から、計数規準型抜取検査表を用いてnとcを求める。
- nがロットの大きさを超える場合は全数検査を行う。

手順5 試料の採取

- 検査ロットの中から、手順4で求めた大きさnの試料をできるだけロットを代表するようにしてとる。

手順6 試料の調査

- 手順1で定めた品質基準に従って試料を調べ、試料中の不良品の数を調べる。

手順7 判定

- 試料中の不良品の数が合格判定個数c以下であればそのロットを合格とし、cを超せばそのロットを不合格とする。

手順8 ロットの処置

- 合格または不合格と判定されたロットは、あらかじめ決めた約束に従って処置する。どのような場合でも、不合格となったロットをそのままで再提出してはならない。

〈例1〉P_0=1.0%、P_1=5.0%の場合のn、cを求める。

付表(計数規準型1回抜き取り検査表)において、P_0=1.0%を含む行と、P_1=5.0%を含む列の交わる欄の数値を読み取る。欄内には「120　3」とあり、左側がn、右側がcの値となる。よって、n=120、c=3となる。

P_1(%) / P_0(%)	0.71～0.90	0.91～1.12	1.13～1.40	1.41～1.80	1.81～2.24	2.25～2.80	2.81～3.55	3.56～4.50	4.51～5.60	5.61～7.10	7.11～9.00	9.01～11.2	11.3～14.0
0.090～0.112	*	400 1	↓	←	↓	→	60 0	50 0	←	↓	↓	←	↓
0.113～0.140	*	↓	300 1	↓	←	↓	→	↑	40 0	←	↓	↓	←
0.141～0.180	*	500 2	↓	250 1	↓	←	↓	→	↑	30 0	←	↓	↓
0.181～0.224	*	*	400 2	↓	200 1	↓	←	↓	→	↑	25 0	←	↓
0.225～0.280	*	*	500 3	300 2	↓	150 1	↓	←	↓	→	↑	20 0	←
0.281～0.355	*	*	*	400 3	250 2	↓	120 1	↓	←	↓	→	↑	15 0
0.356～0.450	*	*	*	500 4	300 3	200 2	↓	100 1	↓	←	↓	→	↑
0.451～0.560	*	*	*	*	400 4	250 3	150 2	↓	80 1	↓	←	↓	→
0.561～0.710	*	*	*	*	500 6	300 4	200 3	120 2	↓	60 1	↓	←	↓
0.711～0.900	*	*	*	*	*	400 6	250 4	150 3	100 2	↓	50 1	↓	←
0.901～1.12		*	*	*	*	*	300 6	200 4	120 3	80 2	↓	40 1	↓
1.13～1.40			*	*	*	*	500 10	250 6	150 4	100 3	60 2	↓	30 1
1.41～1.80				*	*	*	*	400 10	200 6	120 4	80 3	50 2	↓
1.81～2.24					*	*	*	*	300 10	150 6	100 4	60 3	40 2

〈例2〉P_0=0.15%、P_1=2.5%の場合のn、cを求める。

付表(計数規準型1回抜き取り検査表)において、P_0=0.15%を含む行と、P_1=2.5%を含む列の交わる欄の数値を読み取る。欄内には「←」とあるので、数値の入った欄まで左側に進む。「250　1」とあり、左側がn、右側がcの値となることから、n=250、c=1となる。

P_1(%) \ P_0(%)	0.71 ~ 0.90	0.91 ~ 1.12	1.13 ~ 1.40	1.41 ~ 1.80	1.81 ~ 2.24	2.25 ~ 2.80	2.81 ~ 3.55	3.56 ~ 4.50	4.51 ~ 5.60	5.6 ~ 7.1
0.090~0.112	*	400 1	↓	←	↓	→	60 0	50 0	←	↓
0.113~0.140	*	↓	300 1	↓	←	↓	→	↑	40 0	←
0.141~0.180	*	500 2	↓	250 1	↓	←	↓	→	↑	30

〈例3〉P_0=0.3%、P_1=1.0%の場合のn、cを求める。

付表(計数規準型1回抜き取り検査表)において、P_0=0.3%を含む行と、P_1=1.0%を含む列の交わる欄の数値を読み取る。欄内には「＊」とあるので、付表(抜取検査設計補助表)を参照し、P_1/P_0=1.0/0.3≒3.33を含む3.5〜2.8の行にある数値となることから、c=**6**、n=164/P_0+527/P_1=164/0.3+527/1.0=1073.67→**1074**(抜き取り検査の値は正の整数となるので、小数点以下を切り上げる)。

P_1(%) \ P_0(%)	0.71 ~ 0.90	0.91 ~ 1.12	1.13 ~ 1.40
0.090~0.112	*	400 1	↓
0.113~0.140	*	↓	300 1
0.141~0.180	*	500 2	↓
0.181~0.224	*	*	400 2
0.225~0.280	*	*	500 3
0.281~0.355	*	*	*

4　計量規準型一回抜取検査(標準偏差既知)

標準偏差既知でロットの平均値を保証する場合および標準偏差既知でロットの不良率を保証する場合の計量規準型一回抜取検査(JIS Z 9003-1979)とは、ロットの品質をロットの平均値または不良率で表した場合に生産者および消費者の要求する検査特性を持つように設計した抜取検査であって、**一回に抜き取った試料の特性値の平均値に対し既知の標準偏差を使って計算した合格判定値を比較することによって、ロットの合格・不合格を判定する**ものです。

この検査の適用に当たっては、

(1)検査単位の品質は、計量値で表し得ること
(2)製品がロットとして処理できること
(3)ロットの特性値の標準偏差がわかっていることが必要であること
(4)不良率による場合は、特性値が正規分布をしているものとして取り扱われ

ており、不良率をある限度内に保証するものであるから、合格ロットの中にもある程度の不良品の混入は避けられないこと

に留意する必要があります。検査の手順は、以下のとおりです。

手順1 **測定方法を定める**

- 検査単位の特性値 x の測定方法を具体的に定める。
- 上限規格値 S_U、下限規格値 S_L の一方または両方を規定する

手順2 **p_0、p_1 の値の指定**

- p_0：なるべく合格させたいロットの不良率の上限
- p_1：なるべく不合格としたいロットの不良率の下限
- この p_0 と p_1 を指定する。通常は、p_0 と p_1 の値は生産能力・経済的事情・品質に対する必要な要求または検査にかかる費用・労力・時間など各取引きの実情を考え合わせて指定する。抜取検査では必ず $p_0 < p_1$ でなければならない。

手順3 **ロットの形成**

- 同一条件で生産されたロットをなるべくそのまま検査ロットに選ぶ。ロットがはなはだしく大きい場合は、小ロットに区切って検査ロットとしてもよい。

手順4 **ロットの標準偏差の指定**

- 標準偏差 σ が既知の場合、または品物を渡す側と受け取る側との間の協定で決められている場合はその値を用いる。

手順5 **試料の大きさと合格判定値を求める**

- p_0、p_1 の値から、試料の大きさ n と合格判定値を計算するための係数 k とを求める表を用いて n と k を求める。

手順6 **試料の採取**

- 検査ロットの中から，手順5で求めた大きさ n の試料をできるだけロットを代表するようにしてとる。

手順7 **試料の特性値 x の測定、平均値 $\bar{x}$ の計算**

- 試料の特性値 x を測定し，平均値 $\bar{x}$ を計算する。

手順8 判定

- (S_UまたはS_Lを規定する場合、) $\overline{x} \leqq \overline{x_U}$ または $\overline{x} \geqq \overline{x_L}$ ならばロットを合格と判定し、$\overline{x} > \overline{x_U}$ または $\overline{x} < \overline{x_L}$ ならばロットを不合格と判定する。

手順9 ロットの処置

- 合格または不合格と判定されたロットは、あらかじめ決めた約束に従って処置する。どのような場合でも、不合格となったロットをそのままで再提出してはならない。

練習問題

赤シートで正解を隠して設問に答えてください(解説はP.156から)。

【問1】 次の文章において、□に入る値を答えよ(巻末の付表6参照)。

次の条件でJIS Z 9002-1956計数規準型一回抜取検査を行うとき、

- できるだけ合格させたいロットの不良品率の上限：P_0=0.8%
- できるだけ不合格にしたいロットの不良品率の下限：P_1=7.5%
- 生産者危険　α≒0.05
- 消費者危険　β≒0.10

抜取方式は、サンプルの大きさ n =（1）、合格判定個数 c =（2）である。

正解　(1) **50**　　(2) **1**

【問2】 次の文章において、□に入る値を答えよ(巻末の付表11参照)。

次の条件でJIS Z 9003-1979計量規準型一回抜取検査(標準偏差既知)を行うとき、

- できるだけ合格させたいロットの不良品率の上限：P_0=1.5%
- できるだけ不合格にしたいロットの不良品率の下限：P_1=6.5%
- 生産者危険　α≒0.05
- 消費者危険　β≒0.10

抜取方式は、サンプルの大きさ n =（1）、合格判定値を計算するための係数 k =（2）である。

正解　(1) **23**　　(2) **1.80**

【問3】 次の各文において、正しいものに○、正しくないものには×をマークせよ。

①抜取検査はランダムサンプリングが原則である。

②計量値は計数値よりもサンプル一つ一つの情報量が少ないため、合否判定に必要とするサンプル数は計数値よりも多くする必要がある。

③計量規準型抜取検査は、特性値を測定する必要があるため、一般的に計数規準型抜取検査に比べて手間がかかる。

④抜取検査において、合格ロット中にもある程度の不適合品の混入は避けられない。

正解 ① ○　② ×　③ ○　④ ○

解答・解説

【問1】計数基準型抜取検査

計数規準型一回抜取検査表において、縦軸：P_0＝0.8％を含む範囲、横軸：P_1＝7.5％を含む範囲の交点の数値：$n=50$、$c=1$を採用する。

（1）50　（2）1

【問2】計量基準型一回抜取検査

試料の大きさnと合格判定値を計算するための係数kとを求める表において、縦軸：P_0＝1.5％を含む範囲、横軸：P_1＝6.5％を含む範囲の交点の数値：$n=23$、$k=1.80$を採用する。

（1）23　（2）1.80

【問3】抜取検査

○　①抜取検査はランダムサンプリングが原則である。

×　②計量値は計数値よりもサンプル一つ一つの情報量が多いため、合否判定に必要とするサンプル数は計数値よりも少なくてよい。

○　③計量規準型抜取検査は、特性値を測定する必要があるため、一般的に計数規準型抜取検査に比べて手間がかかる。

○　④抜取検査において、合格ロット中にもある程度の不適合品の混入は避けられない。

I　手法編

第8章
管理図

合格のポイント

➡ 管理図の基本の見方や（データの種類や群の大きさによる）使い分けの理解、付表（係数表）の使い方の理解

➡ 管理図における群分け、群内変動・群間変動、適切な管理図の選択、分布の数理的意味合いの理解

➡ 管理図における中心線、管理限界線の算出方法および見方の理解

1 管理図の概要

管理図とは、工程が安定な状態にあるか否かを調べ、工程を安定な状態に保持するために用いられます。

管理図における以下の用語を理解しておきましょう。

①中心線(CL)：平均値を示す線(実線)

②管理限界線：①中心線の上下に示す線（破線)。上側の線を上方管理限界線(UCL)、下側の線を下方管理限界線(LCL)という。

③群：サンプリングされたデータのかたまり(例：時間ごと、ロットごと等)

④n：群の大きさを表す値(サンプルサイズ)

図表8.1 管理図で使用される用語

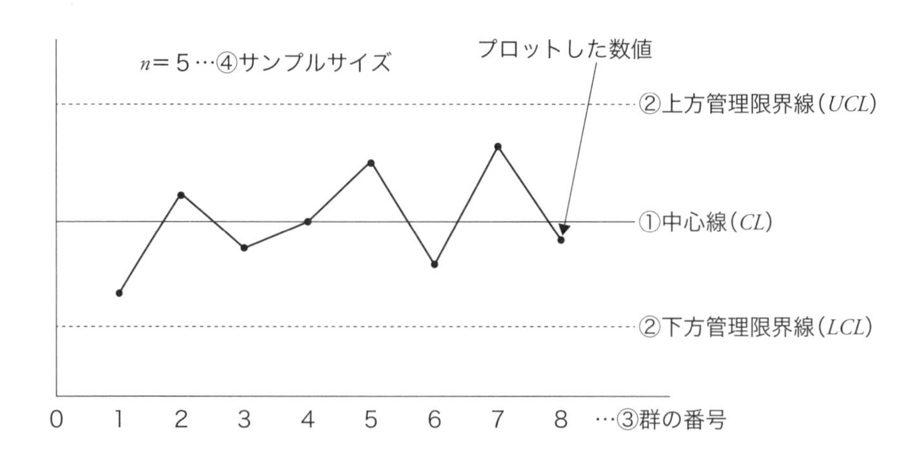

管理図に管理限界を示す一対の線(**上方管理限界線、下方管理限界線**)を引いて、管理図を打点(プロット)し、その点が管理限界線の間にあり、**点の並び方にクセ・傾向がなければ、安定した工程状態である**と判断します。一方、点が管理限界線の外にあったり、**点の並び方にクセ・傾向があったりする場合は異常**と判断し、原因究明・原因除去を行います。

図表8.2 管理図の異常判定の基準(JIS Z 9021)

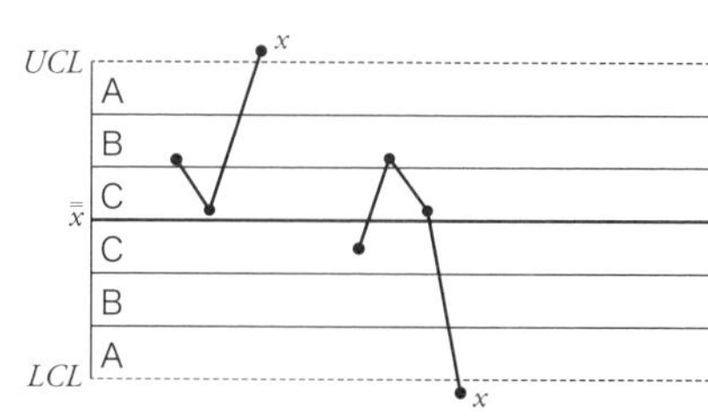

ルール1：1点が領域Aを超えている

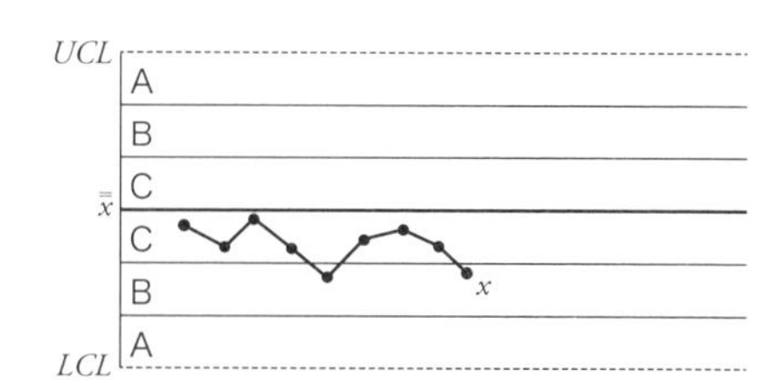

ルール2：9点以上が中心線に対して同じ側にある

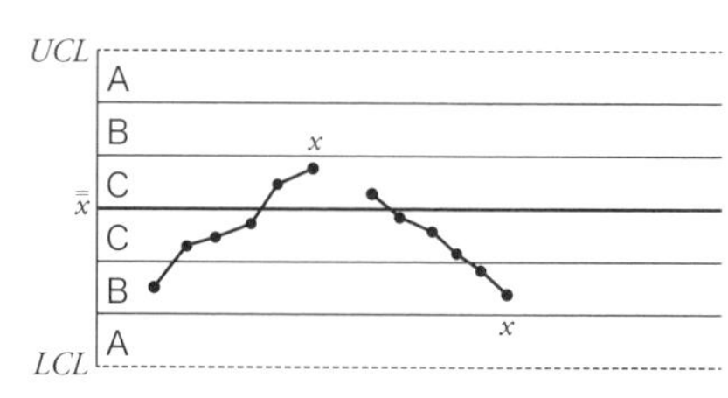

ルール3：6点以上が連続して増加、または減少している

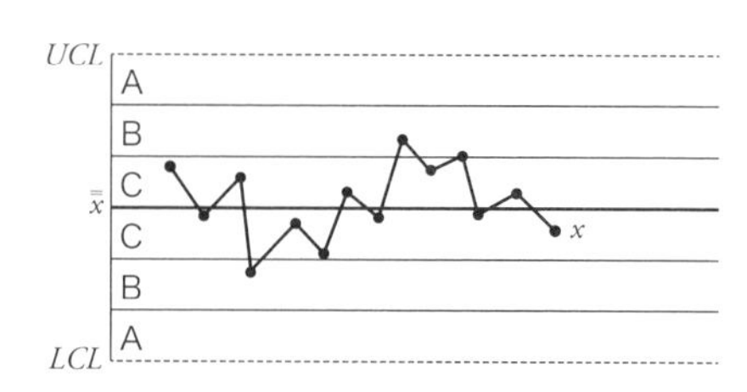

ルール4：14点が交互に増減している

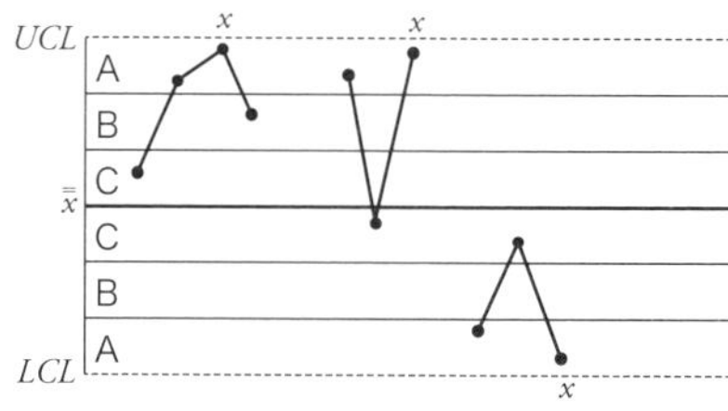

ルール5：連続する3点中、2点が領域Aまたはそれを超えた領域にある

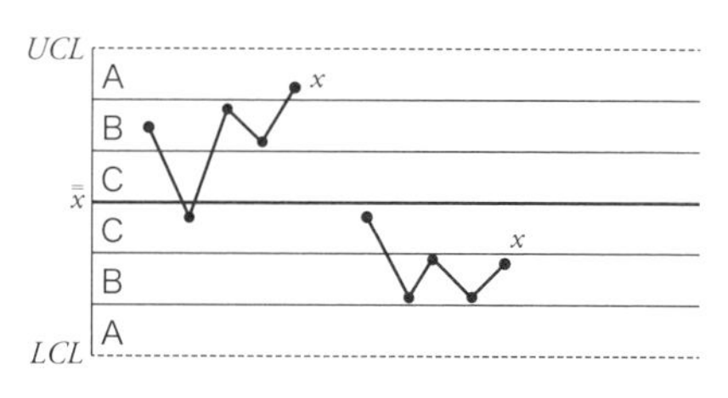

ルール6：連続する5点中、4点が領域Bまたはそれを超えた領域にある

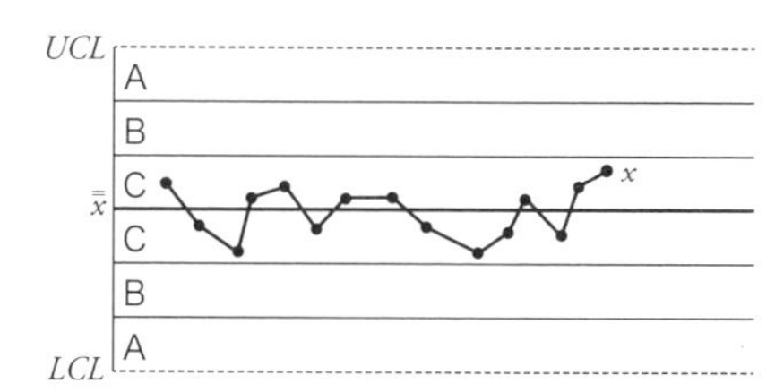

ルール7：連続する15点が領域Cに存在する

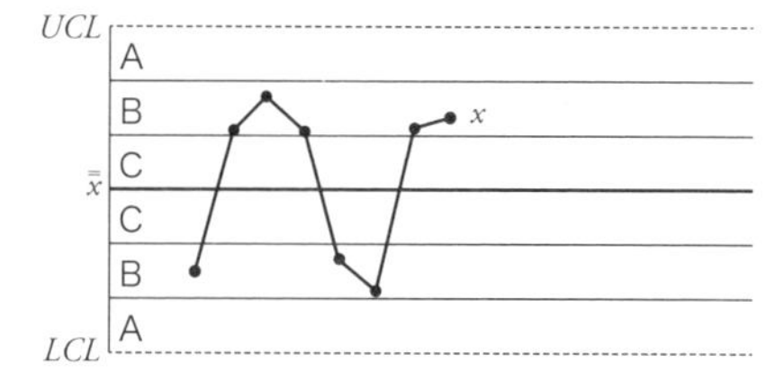

ルール8：連続する8点が領域Cを超えた領域にある

※A、B、Cのそれぞれの幅はσである。Cの領域は$\pm\sigma$、Bの領域は$\pm 2\sigma$、Aの領域は$\pm 3\sigma$となる

2 管理図の種類

利用目的・取り扱うデータによって、**管理図**を使い分けます。以下に主な管理図を紹介します。データに偏りが大きいときは、平均値ではなく、中央値を用いる場合があります。

図表8.3 管理図の種類

特性	名称	概要 (評価値→評価されるもの)	中心線(*CL*)、上方管理限界線(*UCL*)、下方管理限界線(*LCL*)	
計量値／連続量(正規分布を仮定する)	$\overline{X}-R$ 管理図	$\overline{X}$管理図とR管理図を組み合わせたもの。サンプル数が一定で、9以下の場合に用いる。 $\overline{X}$：データ群の平均を時系列で打点したもので、工程水準の評価に用いる R：各データ群の最大値と最小値の差(範囲)を時系列で打点したもので、変動の評価に用いる。	【$\overline{X}$管理図】 $CL=\overline{\overline{x}}$ $UCL=\overline{\overline{x}}+A_2\overline{R}$ $LCL=\overline{\overline{x}}-A_2\overline{R}$ ※母平均μ_0と母標準偏差σ_0が与えられている場合は、 $CL=\mu_0$ $UCL=\mu_0+A\sigma_0$ $LCL=\mu_0-A\sigma_0$	【R管理図】 $CL=\overline{R}$ $UCL=D_4\overline{R}$ $LCL=D_3\overline{R}$
	$\overline{X}-s$ 管理図	$\overline{X}$管理図とs管理図を組み合わせたもの。サンプル数が一定で、10以上の場合に用いる。 $\overline{X}$：データ群の平均を時系列で打点したもので、工程水準の評価に用いる s：各データ群の標準偏差(バラツキ具合)を打点したもので、変動の評価に用いる。	【$\overline{X}$管理図】 $CL=\overline{\overline{x}}$ $UCL=\overline{\overline{x}}+A_3\overline{s}$ $LCL=\overline{\overline{x}}-A_3\overline{s}$	【s管理図】 $CL=\overline{s}$ $UCL=B_4\overline{s}$ $LCL=B_3\overline{s}$

	$Me-R$ 管理図	Me管理図とR管理図を組み合わせたもの。データの平均に偏りがある場合に用いる。 Me：データ群の中央値を時系列で打点したもので、工程水準の評価に用いる R：各データ群の最大値と最小値の差(範囲)を時系列で打点したもので、変動の評価に用いる。	【Me 管理図】 $CL=\overline{Me}$ $UCL=\overline{Me}+A_4\overline{R}$ $LCL=\overline{Me}-A_4\overline{R}$ ($Me=\tilde{x}$の平均値) ($A_4=m_3A_2$ P.165参照)	【R 管理図】 $CL=\overline{R}$ $UCL=D_4\overline{R}$ $LCL=D_3\overline{R}$
計数値／離散値(二項分布を仮定する)	np 管理図 (number：数、propotion：割合)	サンプルサイズ(n)が一定の場合に用いる。全体の合計(n)×不適合品率(p)＝不適合品数→不適合品数を打点したもので、不適合品数の評価に用いる。	$CL=n\bar{p}$ $UCL=n\bar{p}+3\sqrt{n\bar{p}(1-\bar{p})}$ $LCL=n\bar{p}-3\sqrt{n\bar{p}(1-\bar{p})}$	
	p 管理図 (propotion：割合)	サンプルサイズが変動し、サンプルサイズを一定にできないときに用いる。 不適合品数／サンプル数の不適合品率を打点したもので、不良品率(不適合品率)の評価に用いる。	$CL=\bar{p}$ $UCL=\bar{p}+3\sqrt{\bar{p}(1-\bar{p})/n}$ $LCL=\bar{p}-3\sqrt{\bar{p}(1-\bar{p})/n}$	
計数値／離散値(ポアソン分布を仮定する)	c 管理図 (count：数える)	サンプルサイズが一定の場合に用いる。 不適合数(c)を打点したもので、不適合品数の評価に用いる。	$CL=\bar{c}$ $UCL=\bar{c}+3\sqrt{\bar{c}}$ $LCL=\bar{c}-3\sqrt{\bar{c}}$	
	u 管理図 (unit：単位)	サンプルサイズが変動し、一定でない場合に用いる。 不適合数／サンプル数の単位あたりの不適合率(u)を打点したもので、単位当たりの不適合品数の評価に用いる。	$CL=\bar{u}$ $UCL=\bar{u}+3\sqrt{\bar{u}/n}$ $LCL=\bar{u}-3\sqrt{\bar{u}/n}$	

※A_1、A_2、A_3、B_3、B_4、D_3、D_4はサンプルサイズnによって定まる(各係数表参照)

3 管理図の作成手順

1）$\overline{X}$-R 管理図 ……平均値と範囲の管理図

サンプル数が一定で、9以下の場合に用いられます。

手順1 データの収集・データ表の作成

群の番号	測定値		計	平均値	範囲
	x_1	x_2	Σx	$\overline{x}$	R
1	5	6	11	5.5	1
2	4	5	9	4.5	1

手順2 管理値の計算

①平均値

群ごとに平均値を計算する。

群1の平均値 $\overline{x}_1$＝（5＋6）／2＝**5.5**

群2の平均値 $\overline{x}_2$＝（4＋5）／2＝**4.5**

②範囲

群ごとに範囲Rを計算する。

R＝xの最大値－xの最小値

群1の範囲 R_1＝6－5＝**1**

群2の範囲 R_2＝5－4＝**1**

図表8.4 $\overline{X}$-R 管理図用係数表

サンプルサイズ	$\overline{X}$管理図		R管理図			
n	A	A_2	D_3	D_4	d_2	d_3
2	2.121	1.88	—	3.27	1.128	0.853
3	1.732	1.02	—	2.57	1.693	0.888
4	1.500	0.73	—	2.28	2.059	0.880
5	1.342	0.58	—	2.11	2.326	0.864
6	1.225	0.48	—	2.00	2.534	0.848
7	1.134	0.42	0.08	1.92	2.704	0.833
8	1.061	0.37	0.14	1.86	2.847	0.820
9	1.000	0.34	0.18	1.82	2.970	0.808
10	0.949	0.31	0.22	1.78	3.078	0.797

手順3 管理限界線の計算

● $\overline{X}$管理図

中心線 $CL = \overline{\overline{x}} = (5.5 + 4.5)/2 =$ **5.0**　　※ $\overline{\overline{x}}$ は $\overline{x}$ の平均値

上方管理限界線 $UCL = \overline{\overline{x}} + A_2\overline{R} = 5.0 + 1.88 \times 1 =$ **6.88**

下方管理限界線 $LCL = \overline{\overline{x}} - A_2\overline{R} = 5.0 - 1.88 \times 1 =$ **3.12**

（A_2は係数表から求める）

● R管理図

上方管理限界線 $UCL = D_4\overline{R} = 3.27 \times 1 =$ **3.27**

下方管理限界線 $LCL = D_3\overline{R}$　　※ $n \leqq 6$ の場合は考慮しない

（D_4、D_3は付表から求める。サンプルサイズ $n = 2$）

2) $\overline{X}$−s 管理図 ……平均値と標準偏差（バラツキ）の管理図

サンプル数が一定で、10以上の場合に用いられます。

手順1 データの収集・データ表の作成

群番号	測定値										計	平均値	標準偏差
	x_1	x_2	x_3	x_4	x_5	x_6	x_7	x_8	x_9	x_{10}	Σx	$\overline{x}$	s
1	5	6	2	3	4	1	5	2	4	5	37	3.7	1.64
2	4	5	1	4	5	6	2	2	3	1	33	3.3	1.77

手順2 管理値の計算

①平均値

群ごとに平均値を計算する。

群1の平均値 $\overline{x}_1 = (5+6+2+3+4+1+5+2+4+5)/10 =$ **3.7**

群2の平均値 $\overline{x}_2 = (4+5+1+4+5+6+2+2+3+1)/10 =$ **3.3**

②標準偏差

群ごとに標準偏差 s を計算する。

$$s = \sqrt{V} = \sqrt{\frac{S}{n-1}} = \sqrt{\frac{\Sigma(x_i - \overline{x})^2}{n-1}} = \sqrt{\frac{\Sigma x_i^2 - (\Sigma x_i)^2/n}{n-1}}$$

標準偏差 $s_1 = \sqrt{\dfrac{161 - 37^2/10}{10-1}} \fallingdotseq$ **1.636**

標準偏差 $s_2 = \sqrt{\dfrac{137 - 33^2/10}{10-1}} \fallingdotseq$ **1.767**　➡ $\overline{s} = \dfrac{1.636 + 1.767}{2} \fallingdotseq 1.70$

図表8.5 $\overline{X}$-s 管理図用係数表

サンプルサイズ	$\overline{X}$ 管理図	s 管理図	
n	A_3	B_4	B_3
2	2.659	3.267	—
3	1.954	2.568	—
4	1.628	2.266	—
5	1.427	2.089	—
6	1.287	1.970	0.030
7	1.182	1.882	0.118
8	1.099	1.815	0.185
9	1.032	1.761	0.239
10	0.975	1.716	0.284

手順3 管理限界線の計算

● **$\overline{X}$管理図**

中心線 $CL = \overline{\overline{x}} = (3.7+3.3)/2 =$ **3.5**

上方管理限界線 $UCL = \overline{\overline{x}} + A_3\bar{s} =$ **3.5**$+0.975\times1.70\fallingdotseq$**5.16**

下方管理限界線 $LCL = \overline{\overline{x}} - A_3\bar{s} =$ **3.5**$-0.975\times1.70\fallingdotseq$**1.84**

（A_3は係数表から求める）

● **s 管理図**

中心線 $CL = \bar{s} =$ **1.70**

上方管理限界線 $UCL = B_4\times\bar{s} = 1.716\times$**1.70**$\fallingdotseq$**2.92**

下方管理限界線 $LCL = B_3\times\bar{s} = 0.284\times$**1.70**$\fallingdotseq$**0.48**

（B_4、B_3は付表から求める）

3）Me－R 管理図 ……中央値と範囲の管理図

データの平均に偏りがあり、**平均値を用いることが好ましくない場合**に用いられます。Me はMedian（メディアン、中央値）の略で、$\tilde{x}$ と表記されることもあります。

手順1 データの収集・データ表の作成

群番号	測定値										計	中央値	範囲
	x_1	x_2	x_3	x_4	x_5	x_6	x_7	x_8	x_9	x_{10}	Σx	$\tilde{x}$	R
1	5	6	2	3	4	1	5	2	4	5	37	4	5
2	4	5	1	4	5	6	2	2	3	1	33	3.5	5

手順2 **管理値の計算**

①中央値

群ごとに中央値を計算する。

群1の中央値 $\tilde{x}_1 = 4$

群2の中央値 $\tilde{x}_2 = (3 + 4) / 2 = 3.5$

②範囲

群ごとに範囲Rを計算する。

$R = x$の最大値$- x$の最小値

群1の範囲 $R_1 = 6 - 1 = 5$

群2の範囲 $R_2 = 6 - 1 = 5$

図表8.6 *Me*管理図係数表

サンプルサイズn	*Me*管理図 $m_3A_2(=A_4)$
2	1.880
3	1.187
4	0.796
5	0.691
6	0.549
7	0.509
8	0.432
9	0.412
10	0.363

手順3 **管理限界線の計算**

- ***Me*管理図**

中心線 $CL = \bar{\tilde{x}} = (4 + 3.5) / 2 = 3.75$　　※$\bar{\tilde{x}}$は$\tilde{x}$の平均値

上方管理限界線 $UCL = \bar{\tilde{x}} + m_3A_2\bar{R} = 3.75 + 0.363 \times 5 = 5.565$

下方管理限界線 $LCL = \bar{\tilde{x}} - m_3A_2\bar{R} = 3.75 - 0.363 \times 5 = 1.935$

※$m_3A_2(=A_4)$は群の大きさnによって定まる値で、***Me*管理図係数表**から求める

- ***R*管理図**

中心線 $CL = \bar{R} = 5$

上方管理限界線 $UCL = D_4\bar{R} = 1.78 \times 5 = 8.90$

下方管理限界線 $LCL = D_3\bar{R} = 0.22 \times 5 = 1.10$

(D_4、D_3は係数表から求める。P.162参照)

4）*np*管理図 ……不適合品数の管理図

不適合品数について用います。群の大きさが一定である必要があります。

手順1 データの収集・データ表の作成

○日目	不適合品数*np*
1	1
2	2
3	0
4	1
5	3

n＝20個とする。

手順2 管理値の計算

- **平均不適合品数$n\bar{p}$**

$n\bar{p} = \Sigma(np)_i / k = (1+2+0+1+3)/5 = 1.4$

$(np)_i$：各群の不適合品数、k：群の数

なお、$\bar{p}$（平均不適合品率）は、$\bar{p} = \Sigma(np)_i / \Sigma n_i = \frac{7}{100}$

手順3 管理限界線の計算

中心線$CL = n\bar{p} = 1.4$

上方管理限界線$UCL = n\bar{p} + 3\sqrt{n\bar{p}(1-\bar{p})}$

$= 1.4 + 3\sqrt{1.4(1-7/100)} \fallingdotseq 4.82$

下方管理限界線$LCL = n\bar{p} - 3\sqrt{n\bar{p}(1-\bar{p})}$

$= 1.4 - 3\sqrt{1.4(1-7/100)} \fallingdotseq -2.02$

マイナスになる場合は考慮しない。

5）*p*管理図 ……不適合品率の管理図

不適合品率について用います。群の大きさが一定でない場合に用います。

手順1 データの収集・データ表の作成

○日目	群の大きさ	不適合品数
1	50	1
2	50	2
3	30	0
4	30	1
5	40	3

不適合品率（p）は、不適合品数（np）／群の大きさ（n）により計算する。

手順2 **管理値の計算**

● **平均不適合品率 $\bar{p}$**

$$\bar{p} = \Sigma(np)_i / \Sigma n_i = \frac{1+2+0+1+3}{50+50+30+30+40} = 0.035$$

$(np)_i$：各群の不適合品数、n_i：群の大きさ

手順3 **管理限界線の計算**

中心線 $CL = \bar{p} = 0.035$

$n_i = 50$のとき、

上方管理限界線 $UCL = \bar{p} + 3\sqrt{\bar{p}(1-\bar{p})/n_i}$

$= 0.035 + 3\sqrt{0.035(1-0.035)/50} \fallingdotseq 0.11$

下方管理限界線 $LCL = \bar{p} - 3\sqrt{\bar{p}(1-\bar{p})/n_i}$

$= 0.035 - 3\sqrt{0.035(1-0.035)/50} \fallingdotseq -0.04$

マイナスになる場合は考慮しない。

$n_i = 30$のとき、

上方管理限界線 $UCL = \bar{p} + 3\sqrt{\bar{p}(1-\bar{p})/n_i}$

$= 0.035 + 3\sqrt{0.035(1-0.035)/30} \fallingdotseq 0.14$

下方管理限界線 $LCL = \bar{p} - 3\sqrt{\bar{p}(1-\bar{p})/n_i}$

$= 0.035 - 3\sqrt{0.035(1-0.035)/30} \fallingdotseq -0.07$

マイナスになる場合は考慮しない。

$n_i = 40$のとき、

上方管理限界線 $UCL = \bar{p} + 3\sqrt{\bar{p}(1-\bar{p})/n_i}$

$= 0.035 + 3\sqrt{0.035(1-0.035)/40} \fallingdotseq 0.12$

下方管理限界線 $LCL = \bar{p} - 3\sqrt{\bar{p}(1-\bar{p})/n_i}$

$= 0.035 - 3\sqrt{0.035(1-0.035)/40} \fallingdotseq -0.05$

マイナスになる場合は考慮しない。

6) *c* 管理図 ……各群の不適合数の管理図

群の大きさが一定のサンプルを採取して、**各群における欠点数(不適合数)を調査**します。

手順1 データの収集・データ表の作成

群No.	群の大きさ	欠点数
1	50	1
2	50	2
3	50	0
4	50	1
5	50	3
6	50	4
7	50	1
8	50	0
9	50	2
10	50	3

群No.	群の大きさ	欠点数
11	50	1
12	50	2
13	50	0
14	50	1
15	50	3
16	50	0
17	50	2
18	50	3
19	50	1
20	50	4

欠点数(不適合数)(c)は、欠点数の総和(Σc)／群の大きさ(k)により計算する。

手順2 管理値の計算

- **平均欠点数(不適合数)** $\bar{c}$

$\bar{c}=\Sigma c／k=(1+2+0+1+3+4+1+0+2+3+1+2+0+1+3+0+2+3+1+4)／20=34／20=1.7$

$\bar{c}$：工程平均欠点数、Σc：欠点数の総和、k：群の数

手順3 管理限界線の計算

中心線$CL=\bar{c}=1.7$

上方管理限界線$UCL=\bar{c}+3\sqrt{\bar{c}}$

$=1.7+3\sqrt{1.7}\fallingdotseq5.61$

下方管理限界線$LCL=\bar{c}-3\sqrt{\bar{c}}$

$=1.7-3\sqrt{1.7}\fallingdotseq-2.21$

マイナスになる場合は考慮しない。

7) u 管理図 ……単位あたりの不適合率の管理図

群の大きさの異なるサンプルを採取して、**サンプルサイズ(面積、長さ等)とサンプル中の欠点数(不適合数)を調査**します。

手順1 データの収集・データ表の作成

群No.	群の大きさ	欠点数	群No.	群の大きさ	欠点数
1	50	1	11	30	1
2	50	2	12	30	2
3	50	0	13	30	0
4	50	1	14	30	1
5	50	3	15	30	3
6	40	4	16	20	0
7	40	1	17	20	2
8	40	0	18	20	3
9	40	2	19	20	1
10	40	3	20	20	4

手順2 管理値の計算

- **平均欠点率（不適合率）$\bar{u}$**

$\bar{u} = \Sigma c / \Sigma n = (1+2+0+1+3+4+1+0+2+3+1+2+0+1+3+0+2+3+1+4)/(50\times5+40\times5+30\times5+20\times5) = 34/700 \fallingdotseq$ **0.049**

$\bar{u}$：工程平均欠点率、Σc：欠点数の総和、Σn：サンプルサイズの総和

手順3 管理限界線の計算

中心線 $CL = \bar{u} =$ **0.049**

$n_i = 50$のとき、

上方管理限界線 $UCL = \bar{u} + 3\sqrt{\bar{u}/n_i}$

$= 0.049 + 3\sqrt{0.049/50} \fallingdotseq$ **0.14**

下方管理限界線 $LCL = \bar{u} - 3\sqrt{\bar{u}/n_i}$

$= 0.049 - 3\sqrt{0.049/50} \fallingdotseq$ **−0.04**

マイナスになる場合は考慮しない。

$n_i = 40$のとき、

上方管理限界線 $UCL = \bar{u} + 3\sqrt{\bar{u}/n_i}$

$= 0.049 + 3\sqrt{0.049/40} \fallingdotseq$ **0.15**

下方管理限界線 $LCL = \bar{u} - 3\sqrt{\bar{u}/n_i}$

$= 0.049 - 3\sqrt{0.049/40} \fallingdotseq$ **−0.06**

マイナスになる場合は考慮しない。

$n_i = 30$のとき、

上方管理限界線 $UCL = \bar{u} + 3\sqrt{\bar{u}/n_i}$

$= 0.049 + 3\sqrt{0.049/30} \fallingdotseq$ **0.17**

下方管理限界線$LCL = \bar{u} - 3\sqrt{\bar{u}/n_i}$

$= 0.049 - 3\sqrt{0.049/30} \fallingdotseq -0.07$

マイナスになる場合は考慮しない。

$n_i = 20$のとき、

上方管理限界線$UCL = \bar{u} + 3\sqrt{\bar{u}/n_i}$

$= 0.049 + 3\sqrt{0.049/20} \fallingdotseq 0.20$

下方管理限界線$LCL = \bar{u} - 3\sqrt{\bar{u}/n_i}$

$= 0.049 - 3\sqrt{0.049/20} \fallingdotseq -0.10$

マイナスになる場合は考慮しない。

4 管理図の見方

管理図において、下記の２点により、**工程が安定状態にあるかどうかを判定する**ことができます。

- 点が管理限界線の外に出ていない
- 点の並び方にクセ(傾向)がない

なお、**規格値線**と**管理限界線**を混同しないように気をつけましょう。

規格値は合格、不合格を判定するために用いられます。一方、管理限界線は工程が安定状態にあるかどうかを判定するもので、合格、不合格を判定するためのものではありません(図表８．７参照)。

図表8.7 規格値線と管理限界線

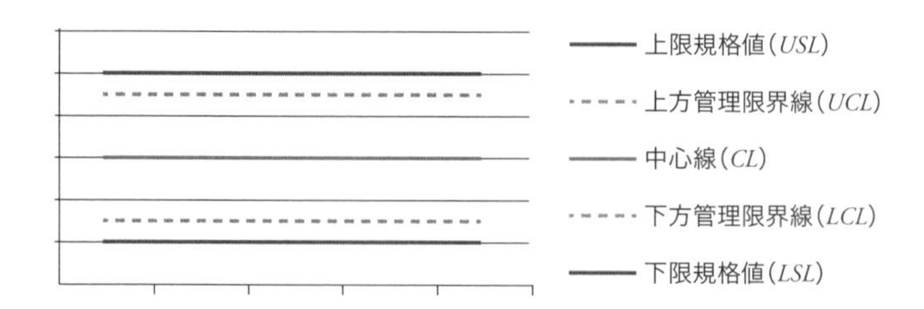

統計を用いて管理を行う場合、常に次の２つの誤りを犯す危険があることを理解したうえで管理図を使用する必要があります。

図表8.8 第1種の誤り

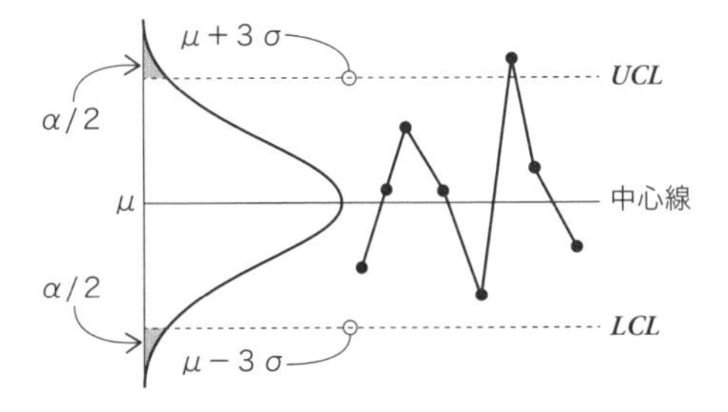

異常が発生していないのに「異常が発生」したと判断してしまう誤り（$\frac{\alpha}{2}+\frac{\alpha}{2}=\alpha$）。

図表8.9 第2種の誤り

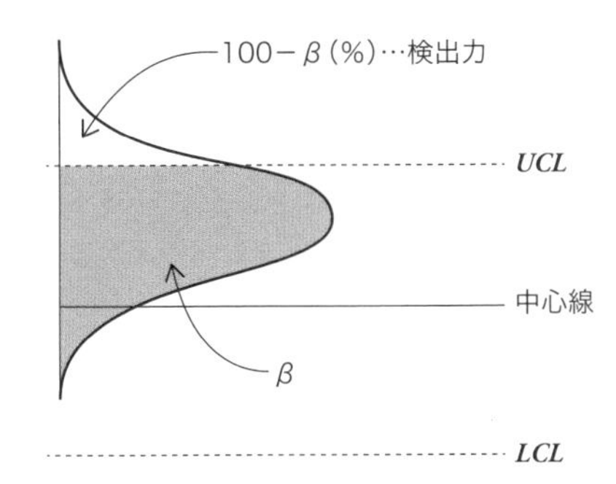

異常が発生しているのに「異常はない」と判断して、それを見過ごす誤り（β）。100−βを検出力という。

図表8.10 管理図による判断の誤り（まとめ）

工程 / 管理図の点の位置	異常なし	異常あり
管理限界内	正しい判断	第2種の誤り（β）
管理限界外	第1種の誤り（α）	正しい判断

練習問題　赤シートで正解を隠して設問に答えてください(解説はP.174から)。

【問1】　次の文章において、[　　]内に入るもっとも適切なものを下の選択肢からひとつ選べ。

ある製品Aの生産工程において、Aの特性値：重量x(単位：kg)を管理している。重量xは正規分布$N(10.0, 0.2^2)$に従っている。この生産工程において、定めた手順で3個ずつ5組のサンプルを抽出し、この特性値の平均値を計算すると下表のとおりであった。

サンプルNo.	平均値
1	10.5
2	9.8
3	10.1
4	10.5
5	9.7

$\overline{X}$-R管理図を用いて工程管理を行うことにすると、$\overline{X}$管理図の中心線CLは[（1）]、上方管理限界線UCLは[（2）]、下方管理限界線LCLは[（3）]となる。

上表の平均値を用いて、$\overline{X}$管理図のみでの工程の統計的管理状態を判定すると、[（4）]といえる(解答には巻末の$\overline{X}$-R管理図用係数表を用いること)。

〈選択肢〉

ア. 9.73　イ. 9.80　ウ. 10.00　エ. 10.10　オ. 10.27
カ. 10.50　キ. 統計管理状態にある　ク. 統計管理状態にない
ケ. 統計管理状態は判定できない

正解　(1)ウ　(2)オ　(3)ア　(4)ク

【問2】　次の文章において、[　　]内に入るもっとも適切なものを下の選択肢からひとつ選べ。

①ある工芸品の製造において、一日当たりの製造数にはかなりばらつきがあり、毎日10%程度の不適合品が生じている。各日の製造数の約20%を群の大きさとして、この製造工程を管理する場合は、[（1）]管理図が適している。

②大きさが一定のガラス板の生産において、表面の傷の発生状況を管理する場合は、[(2)]管理図が適している。

〈選択肢〉

ア. np　イ. p　ウ. u　エ. c

正解 (1)イ　(2)エ

【問3】 次の文章において、[　]内に入るもっともも適切なものを下の選択肢からひとつ選べ。

ある薬品工場で生産されている医薬品において、群ごと(サンプル数：n＝100個)に不適合品数を調査したところ、次の表のとおりであった。

群No.	サンプル数	不適合品数	群No.	サンプル数	不適合品数
1	100	3	6	100	0
2	100	4	7	100	1
3	100	2	8	100	3
4	100	4	9	100	2
5	100	1	10	100	5

np管理図を用いて工程管理を行うことにすると、np管理図の計算式は、中心線CLは[(1)]、上方管理限界線UCLは[(2)]、下方管理限界線LCLは[(3)]となる。

また、各計算値はそれぞれ、中心線CLは[(4)]、上方管理限界線UCLは[(5)]、下方管理限界線LCLは[(6)]となる。

〈選択肢(1)～(3)〉

ア. $n\bar{p}$　イ. $\bar{p}$　ウ. $n\bar{p}+3\sqrt{n\bar{p}(1-\bar{p})}$　エ. $\bar{p}+3\sqrt{\bar{p}(1-\bar{p})/n_i}$

オ. $n\bar{p}-3\sqrt{n\bar{p}(1-\bar{p})}$　カ. $\bar{p}-3\sqrt{\bar{p}(1-\bar{p})/n_i}$

〈選択肢(4)～(6)〉

ア. 考えない　イ. 0.025　ウ. 0.173　エ. 2.5　オ. 7.18

正解 (1)ア　(2)ウ　(3)オ　(4)エ　(5)オ　(6)ア

解答・解説

【問1】 $\overline{X}$-R管理図

(1)**ウ**　(2)**オ**　(3)**ア**　(4)**ク**

(正規分布によって)母平均μ_0と母標準偏差σ_0が与えられている場合は、$CL=\mu_0$、$UCL=\mu_0+A\sigma_0$、$LCL=\mu_0-A\sigma_0$となる。

係数表($n=5$)より、$A=1.342$となる。

$CL=\mu_0=$**(1)ウ. 10.00**、

$UCL=\mu_0+A\sigma_0=10.0+1.342\times0.2\fallingdotseq$**(2)オ. 10.27**、

$LCL=\mu_0-A\sigma_0=10.0-1.342\times0.2\fallingdotseq$**(3)ア. 9.73**となる。

サンプルNo.1とNo.4の平均値は10.5で、管理限界線内に収まっていないので、**(4)ク. 統計管理状態にない**といえる。

【問2】 管理図の種類

(1)**イ**　(2)**エ**

①不適合品率を取り扱うので、$\boldsymbol{p}$管理図が適している。

②ガラス板=群ととらえ、各群の傷の数を取り扱うので、$\boldsymbol{c}$管理図が適している。

【問3】 np管理図

(1)**ア. $n\bar{p}$**　(2)**ウ. $n\bar{p}+3\sqrt{n\bar{p}(1-\bar{p})}$**

(3)**オ. $n\bar{p}-3\sqrt{n\bar{p}(1-\bar{p})}$**　(4)**エ. 2.5**　(5)**オ. 7.18**

(6)**ア. 考えない**

np管理図の計算式は、$CL=n\bar{p}$、$UCL=n\bar{p}+3\sqrt{n\bar{p}(1-\bar{p})}$、$LCL=n\bar{p}-3\sqrt{n\bar{p}(1-\bar{p})}$となる。計算すると、

$$CL=n\bar{p}=\frac{3+4+2+4+1+0+1+3+2+5}{10}=2.5$$

なお、$\bar{p}$(平均不適合品率)は、$\bar{p}=\Sigma(np)_i/\Sigma n_i=25/1000$

$UCL=n\bar{p}+3\sqrt{n\bar{p}(1-\bar{p})}=2.5+3\sqrt{2.5(1-25/1000)}\fallingdotseq2.5+4.68=7.18$

$LCL=n\bar{p}-3\sqrt{n\bar{p}(1-\bar{p})}=2.5-3\sqrt{2.5(1-25/1000)}\fallingdotseq2.5-4.68=-2.18$

※負の値となったことから、LCLは**考えない**

Ⅰ 手法編

第9章 工程能力指数

合格のポイント

➡ 工程能力指数の定義およびその計算・判断方法の理解

1 工程能力指数

工程能力とは、**定められた規格の限度内で製品を生産できる能力**のことです。(JIS Z8101:2015において)統計的管理状態(異常原因が取り除かれた安定状態)にあることが実証されたプロセスについての、特性の成果に関する統計的推定値であり、プロセスが特性に関する要求事項を実現する能力を記述したものと定義されています。

この評価を行う指標を**工程能力指数**といい、C_p(C_{pk})(Process Capability Index)と表されます。

C_pとC_{pk}との使い分けについて、C_pは品質特性値の母平均が規格の中心にあることがわかっている場合に使用されます。一方、C_{pk}はそうでない(偏りを考慮する)場合に使用されます。

母集団分布が正規分布$N(\mu, \sigma_2)$に従うと仮定した場合、工程能力指数の算定式は以下のとおりです。

図表9.1 平均値、規格の上限・下限、規格の幅

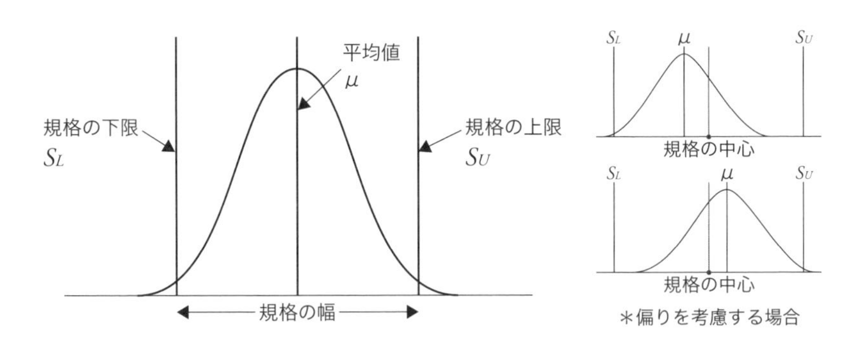

1) 両側規格の場合

上限規格値S_Uと下限規格値S_Lの両方が決まっている場合は、以下の式で工程能力を算定します。

$$C_p = \frac{S_U - S_L}{6\sigma} \qquad (\sigma：標準偏差)$$

2）片側規格の場合

上限規格値S_Uまたは下限規格値S_Lの**いずれか片方のみが決まっている場合**は、以下の式で工程能力を算定します。

①上限規格値S_Uのみが決まっている場合

$$C_p(\text{上限})=\frac{S_U-\mu}{3\sigma}$$（σ：標準偏差、μ：平均値）

②下限規格値S_Lのみが決まっている場合

$$C_p(\text{下限})=\frac{\mu-S_L}{3\sigma}$$（σ：標準偏差、μ：平均値）

なお、両側規格の場合でも**平均値が規格の中心（規格の幅／2）から大きくズレている（偏りがある）場合**があります。このような場合はC_{pk}と表記し、上記①と②の計算を行い、①と②から得られた値を比較して、小さい方を採用します。

図表9.2　$N(\mu,\ \sigma^2)$において$\mu\pm a\sigma$に入る確率

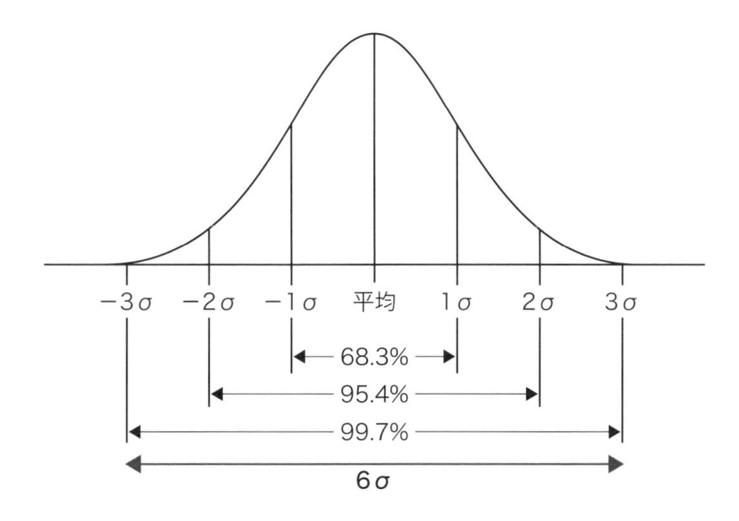

なお、標準偏差は、範囲Rを用いて、$\hat{\sigma}=\overline{R}／d_2$で示されます。

（d_2：係数（管理限界線を計算するための係数表から求める））

図表9．3　工程能力指数の判断基準

工程能力指数	工程能力の判断
0.67＞C_pまたはC_{pk}	非常に不足している（原因究明、是正処置が必要）
1.00＞C_pまたはC_{pk}≧0.67	不足している（改善処置が必要）
1.33＞C_pまたはC_{pk}≧1.00	まずまずである（十分な状態に改善する）
1.67＞C_pまたはC_{pk}≧1.33	十分である
C_pまたはC_{pk}≧1.67	十分すぎる

〈例１〉上限規格値S_U＝50、下限規格値S_L＝20、標準偏差σ＝3のとき工程能力指数を求める。

$$C_p=\frac{S_U-S_L}{6\sigma}=\frac{50-20}{6\times3}=\frac{30}{18}\fallingdotseq1.67$$

〈例２〉上限規格値S_U＝50、下限規格値S_L＝20、平均値μ＝45、標準偏差σ＝3のとき、工程能力指数を求める。

$$C_{pk}=\frac{S_U-\mu}{3\sigma}=\frac{50-45}{3\times3}=\frac{5}{9}\fallingdotseq0.56$$

$$C_{pk}=\frac{\mu-S_L}{3\sigma}=\frac{45-20}{3\times3}=\frac{25}{9}\fallingdotseq2.78$$

ズレの大きさに基準はないが、平均値が規格の中心からズレている（偏りがある）場合にC_{pk}を用いる。いずれか小さい値を採用するので、C_{pk}＝0.56となる。

練習問題

赤シートで正解を隠して設問に答えてください(解説はP.180から)。

【問1】 工程能力に関する次の文章において、[ ]内に入るもっとも適切なものを下の選択肢からひとつ選べ。

上限規格値および平均値が定まっている場合は、[(1)]の式で工程能力指数を求める。

下限規格値および平均値が定まっている場合は、[(2)]の式で工程能力指数を求める。

上限規格値および下限規格値が定まっている場合は、[(3)]の式で工程能力指数を求める。

〈選択肢〉

ア. $C_{pk}=\frac{\mu-S_L}{3\sigma}$　イ. $C_{pk}=\frac{S_U-\mu}{3\sigma}$　ウ. $C_p=\frac{S_U-S_L}{6\sigma}$

正解 (1)イ (2)ア (3)ウ

【問2】 工程能力に関する次の文章において、[ ]内に入るもっとも適切なものを下の選択肢からひとつ選べ。ただし、各選択肢を複数回用いてもよい。

工程能力指数が[(1)]未満だと工程能力は非常に不足しているといえる。

工程能力指数が[(2)]以上だと工程能力は十分すぎるといえる。

工程能力指数が[(3)]から[(4)]の範囲に収まっていると工程能力は十分といえる。

〈選択肢〉

ア. 0.67　イ. 1.00　ウ. 1.33　エ. 1.67

正解 (1)ア (2)エ (3)ウ (4)エ ※(3)と(4)は順不同

【問3】 上限規格値が1686、下限規格値が1602、平均値が1624、標準偏差が8のとき、次の値を求めよ。

①工程能力指数 C_p

②偏りを考慮した工程能力指数 C_{pk}

正解 ① 1.75 ② 0.92

解答・解説

【問1】 工程能力指数

（1）**イ**　（2）**ア**　（3）**ウ**

問題文が「まとめ」になっているので覚えておきたい。

上限規格値のみが定まっている場合は、

（1）イ． $C_{pk}=\dfrac{S_U-\mu}{3\sigma}$ の式で工程能力指数を求める。

下限規格値のみが定まっている場合は、

（2）ア． $C_{pk}=\dfrac{\mu-S_L}{3\sigma}$ の式で工程能力指数を求める。

上限規格値および下限規格値が定まっている場合は、

（3）ウ． $C_p=\dfrac{S_U-S_L}{6\sigma}$ の式で工程能力指数を求める。

【問2】 工程能力指数の判断基準

（1）**ア**　（2）**エ**　（3）**ウ**　（4）**エ**

問題文が「まとめ」になっているので覚えておきたい。

工程能力指数が**（1）ア．0.67**未満だと工程能力は非常に不足しているといえる。

工程能力指数が**（2）エ．1.67**以上だと工程能力は十分すぎるといえる。

工程能力指数が**（3）ウ．1.33**から**（4）エ．1.67**の範囲に収まっていると工程能力は十分といえる。

【問3】 工程能力指数

① $C_p=\dfrac{S_U-S_L}{6\sigma}=\dfrac{1686-1602}{6\times 8}=\dfrac{84}{48}=\mathbf{1.75}$

② $C_{pk}(\text{上限})=\dfrac{S_U-\mu}{3\sigma}=\dfrac{1686-1624}{3\times 8}=\dfrac{62}{24}\fallingdotseq 2.58$

$C_{pk}(\text{下限})=\dfrac{\mu-S_L}{3\sigma}=\dfrac{1624-1602}{3\times 8}=\dfrac{22}{24}\fallingdotseq 0.92$

いずれか小さい値を採用するので、$C_{pk}=\mathbf{0.92}$となる。

第10章 信頼性工学

合格のポイント

- ➡ 信頼度、MTTF、MTBF等の指標の意味、計算方法の理解
- ➡ 直列・並列システムにおける信頼度の計算方法の理解
- ➡ バスタブ曲線の理解

1 信頼性工学

信頼性とは、**アイテム（信頼性の対象物、系、機器、部品）が与えられた条件で定められた期間において、要求された機能を果たすことができる性質**をいいます。

信頼性工学とは、システムの信頼性を分析する工学手法です。

2 信頼度の計算

1）ＭＴＴＦとＭＴＢＦ

ＭＴＴＦとは、**平均故障時間（寿命）**のことで、故障までの平均時間を意味します。Mean Time To Failureの略です。**故障した場合に修理を行わない、非修理系のアイテムに用いられる**ことが多いです。以下の式で表されます。

$$\mathrm{MTTF}(時間／件)=\frac{総稼働時間}{故障件数}$$

〈例〉ある装置に取り付けられている精密機器は、それぞれ170、180、190時間で故障し、取替えを行ったとする。この場合のＭＴＴＦを求める。

$$\mathrm{MTTF}=\frac{170+180+190}{3}=\frac{540}{3}=180(時間／件)$$

一方、ＭＴＢＦとは、**平均故障間隔**のことで、故障から次の故障までの平均的な間隔を意味します。Mean Time Between Failure(s)の略です。**故障した場合に修理を行う、修理系のアイテムに用いられる**ことが多いです。以下の式で表されます。

$$\mathrm{MTBF}(時間／件)=\frac{総稼働時間}{総故障件数}$$

ＭＴＴＦとＭＴＢＦの計算式はほぼ同じですが、前者は**非修理系**(使い捨て)、後者は**修理系**(修理して継続利用)のアイテムに用いられることが多いという違いがあります。

なお、ＭＴＢＦの逆数は故障率λ(ラムダ)となります。

$$故障率\lambda(件／時間)=\frac{1}{MTBF}$$

また、アベイラビリティとは、**稼働率**(機械や設備が使える状態にある割合)のことで、ＭＴＢＦをＭＴＢＦとＭＴＴＲ(平均修理時間：Mean Time To Repair)の合計で割ることで算出されます。

$$アベイラビリティ=\frac{MTBF}{MTBF+MTTR} \qquad MTTR(時間／件)=\frac{総修正時間}{故障件数}$$

〈例〉あるシステムの使用経過は下図のとおりである。このときのＭＴＢＦ、故障率λ、アベイラビリティを求める。

100時間 稼働	4時間 修理	120時間 稼働	3時間 修理	140時間 稼働	2時間 修理

$$MTBF=\frac{100+120+140}{3}=\frac{360}{3}=120(時間／件)$$

$$故障率\lambda=\frac{1}{MTBF}=\frac{1}{120}\fallingdotseq 0.0083(件／時間)$$

$$アベイラビリティ=\frac{MTBF}{MTBF+MTTR}=\frac{120}{120+3}\fallingdotseq 0.976$$

$$※MTTR=\frac{4+3+2}{3}=\frac{9}{3}=3$$

2）信頼度(不信頼度)

信頼度Rは**一定の時間(目標値)を超えて正常作動していた部品数の全体の割合**を表します。一方、不信頼度は一定の時間(目標値)に至る前に故障してしまった部品数の全体の割合を表します。

信頼度と不信頼度には以下の関係(式)が成り立ちます。

信頼度＝1－不信頼度

また、直列・並列システムの信頼度の計算においては、次の表のルールに基づいて行われます。

直列システムは、いずれかの要素が故障してしまうと、**システム全体**が故障してしまいます。直列システム全体の信頼度は、各要素の信頼度の積で求められます。

一方、**並列システム**は、すべての要素が故障しない限り(いずれか一つの要素が故障しなければ)、**システム全体**の故障となりません。並列システム全体の信頼度は、まず各要素の不信頼度(＝1－信頼度)を求め、次に各要素の不信頼度の積を求め、それを1から引いた値となります。

	直列システム	並列システム
システム	──要素A──要素B──	要素A／要素B(並列接続)
システムの信頼度(各要素の信頼度をRとする)	$R_A \times R_B$	$1-[(1-R_A)\times(1-R_B)]$

並列システムは、さらに下記の3つに分類できます。

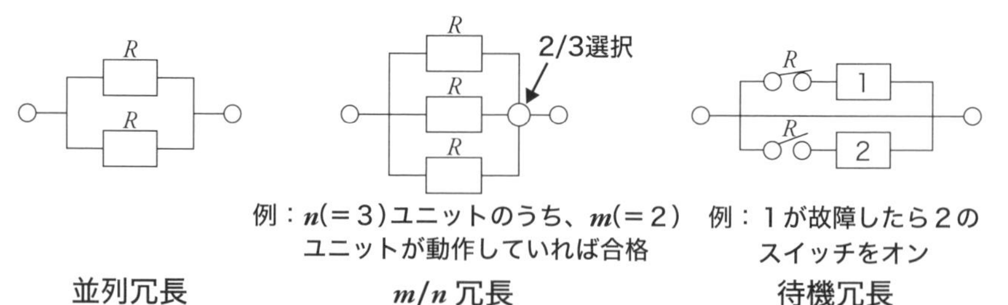

〈例〉次の図の直列システムの信頼度は、R＝0.8×0.9＝0.72となる。

〈例〉次の図の並列システムの信頼度は、$R=1-(1-0.9)\times(1-0.7)$
$=1-0.1\times0.3=1-0.03=0.97$となる。

〈例〉次の図のシステムの信頼度は、$R=0.8\times[1-(1-0.6)\times(1-0.9)]$
$=0.8\times(1-0.4\times0.1)=0.8\times(1-0.04)]=0.8\times0.96\fallingdotseq0.77$となる。

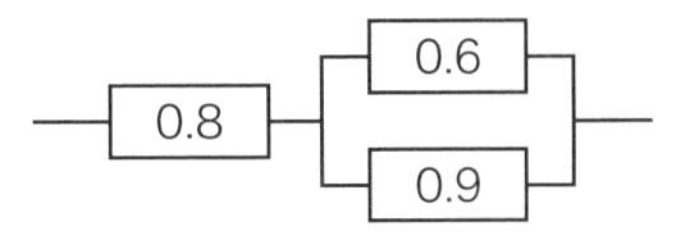

※ポイント：直列システムと並列システムとに分割して計算するとよい。
⇒ この例の場合、右側の並列システムの信頼度を計算して、その次に全体を直列システムとして計算する。

システム全体の信頼度を高めるには、**直列システム**の各要素の信頼度を高くしたり、信頼度の低い要素は**並列システム**にしたりすることを検討します。

試験においては、直列と並列が混合したシステムが出題されることが多いです。直列システムと並列システムに分解して一つずつ計算していく必要があります。

3 故障現象・故障率・バスタブ曲線

故障とは、**アイテムが要求機能達成を失うこと**と定義され、製品に生じる故障現象は、**故障メカニズム**と**故障モード**に分類されます。

故障メカニズムは、故障現象が発生する仕組みの違いにより分類されます。一方、**故障モード**は、故障状態の形式または観測される症状により分類され、例として、断線、短絡、折損、摩耗、特性の劣化等が挙げられます。

製品の故障率は、製品使用の初期(**初期故障期**)においては徐々に減少し、中期(**偶発故障期**)にはほぼ一定となり、後期(**摩耗故障期**)には増加することが多いものです。

横軸に時間、縦軸に故障率をとると、次の図のような傾向があり、この曲線の形状がバスタブ(浴槽)に似ていることから、**バスタブ曲線**と呼ばれます。

図表10.1 バスタブ曲線

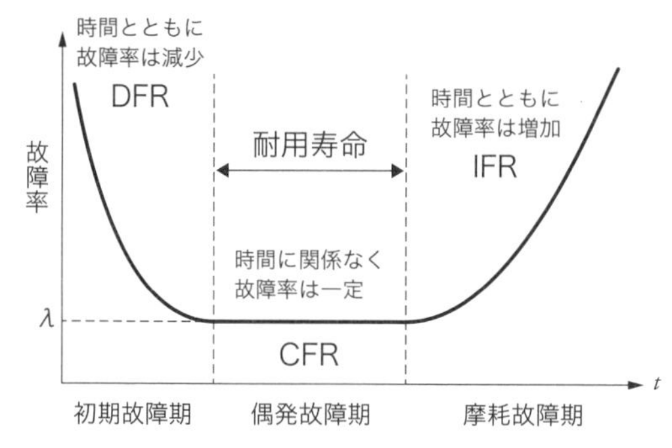

DFR：Decreasing Failure Rate
CFR：Constant Failure Rate
IFR：Increasing Failure Rate

時　期	主な故障原因
初期故障期(DFR)	設計・製造の不備、使用環境との相性の悪さ、製造上の不慣れ
偶発故障期(CFR)	材料や部品のばらつき等による突発的、偶発的な故障
摩耗故障期(IFR)	使用部品の劣化、摩耗

4 未然防止の方策(FMEA、FTA)

未然防止の方策として、FMEAとFTAが挙げられます。

FMEAとは、**故障モード影響解析**で、Failure Mode and Effects Analysisの略です。製品や工程の構成要素に故障が発生すると予想し、**その故障が発生する原因と、どのような影響が起こるかを事前に評価・解析する**ボトムアップ手法です。

一方、FTAとは、**故障の木解析**で、Fault Tree Analysisの略です。信頼性もしくは安全性において、その発生が好ましくない事象(トップ事象)を挙げて、**その事象の発生原因や発生頻度を推定する**トップダウン手法です。

事象の要因間は、その関係性をANDゲートやORゲートなどの論理記号を用いて、ツリー状に展開します。

図表10.2 未然防止の方策の展開図

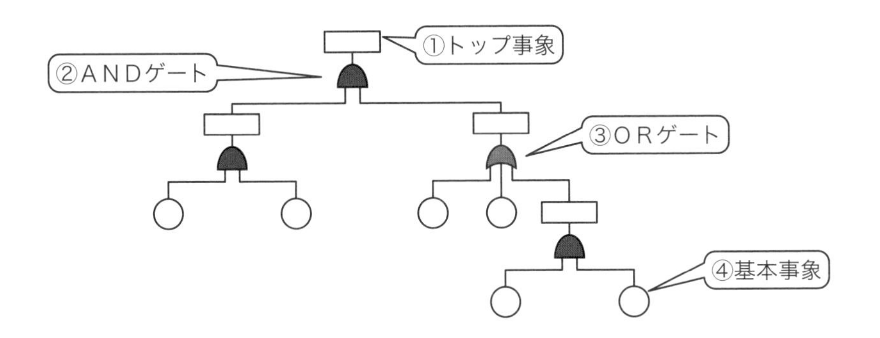

①トップ事象　：基本事象などの組み合わせによって起こる個々の事実。一番上位にくる事象。

②ANDゲート：すべての入力事象が共存するときだけ出力事象が発生する。論理積。

③ORゲート　：入力事象のうち、いずれかひとつが存在するときに出力事象が発生する。論理和。

④基本事象　：これ以上は展開されない基本的な事象。

5 設計信頼性

設計信頼性とは、**設計時点から信頼性を考慮すること**で、以下の４つの代表的手法があります。

- **フェールセーフ**(Fail Safe)：機械等に故障が発生した場合であっても、その機能が常に安全側に作用すること。
- **フェールソフト**(Fail Soft)：機械等に故障が発生した場合であっても、機能や性能を縮退させながら最小限の機能を持続させること。

- **フェールソフトリー**(Fail Softly)：機械等に故障が発生した場合であっても、機能をすぐに停止せず、徐々に停止させること。
- **フールプルーフ**(Fool Proof)：誤った操作をしても、それにより事故が生じないようにすること。ポカヨケとも呼ばれる。

6 保全方式

保全性とは、**アイテムが故障または劣化したときに、それらを見つけて修復し、正常に維持できる能力**を表します。

保全方式は、**保全**(維持活動)と改善活動に大別され、保全は**予防保全**と**事後保全**に大別されます(改善活動についてはP.249参照)。

予防保全は故障を未然に防ぐための保全です。一方、**事後保全**は故障が発生してから行う保全です。

図表10.3 保全方式

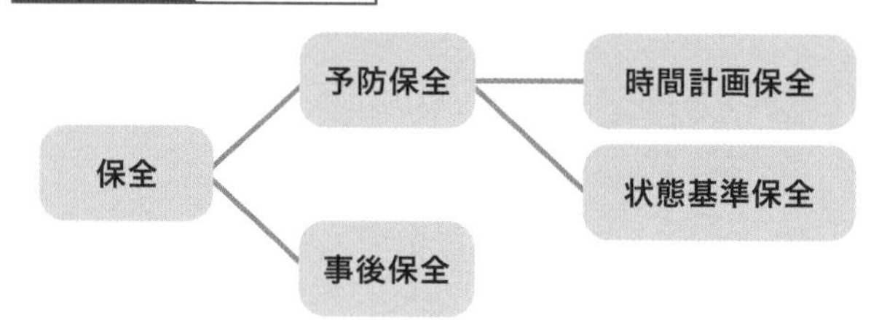

練習問題 赤シートで正解を隠して設問に答えてください(解説はP.190から)。

【問１】 信頼性工学に関する次の文章において、[　　　]内に入るもっとも適切なものを下の選択肢からひとつ選べ。

ある機械部品15個を寿命試験にかけて得られた試験時間と故障数を下表にまとめた。

試験時間（時間）	中心値（時間）	故障数
0～100	50	1
100～200	150	2
200～300	250	3
300～400	350	4
400～500	450	5
	合計	15

各試験時間の中心値を故障時間の代表値として、機械部品15個の総動作時間を計算すると、［（1）］時間となる。よって、この機械部品のＭＴＴＦは［（2）］時間となる。

この機械部品の動作時間の目標値を400時間とすると、目標値における信頼度は［（3）］となり、不信頼度は［（4）］となる。

〈選択肢〉

ア. 0.10　**イ**. 0.33　**ウ**. 0.67　**エ**. 0.90　**オ**. 250.25
カ. 316.67　**キ**. 4750　**ク**. 6000

正解　（1）**キ**　（2）**カ**　（3）**イ**　（4）**ウ**

【問２】　下記の信頼性ブロック図（ａ）～（ｃ）における信頼度を計算せよ。なお、内の数値は各要素の信頼度を示す。

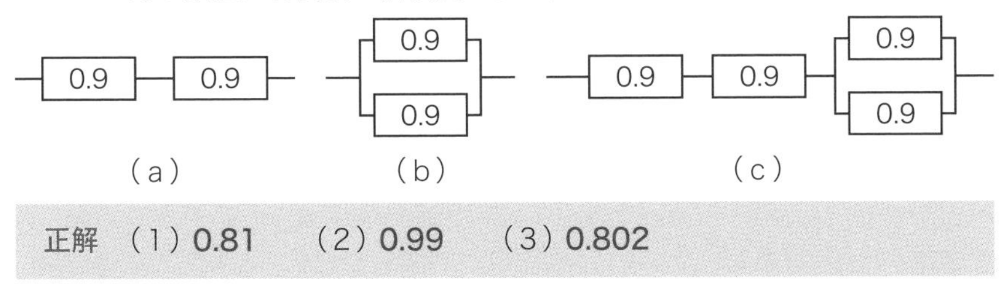

正解　（1）**0.81**　（2）**0.99**　（3）**0.802**

【問３】　信頼性工学に関する次の文章において、［　　］内に入る数値を記入せよ。

ある機械のコンポーネントにおいて、故障したら新品に交換する事後保全を行っている。交換時点から次の故障までの時間を３回分測定したところ、次のデータが得られた。

{1000, 1200, 1800}

これにより、ＭＴＢＦ(平均故障時間)は［（1）］となり、故障率は［（2）］となる。

正解　（1）**1333**　（2）**0.00075**

解答・解説

【問1】 信頼度の計算

（1）**キ**　（2）**カ**　（3）**イ**　（4）**ウ**

機械製品15個の総稼働時間はΣ(中心値×故障数)により算定する。

50×１＋150×２＋250×３＋350×４＋450×５

＝50＋300＋750＋1400＋2250＝**(1)キ. 4750**

$$\text{MTTF}=\frac{\text{総稼働時間}}{\text{故障件数}}=\frac{4750}{15}\fallingdotseq\textbf{(2)カ. 316.67}$$

信頼度は、稼働時間の目標値400時間を超えた個数の(総数に対する)割合なので、５／15≒**(3)イ. 0.33**

不信頼度＝１－信頼度なので、１－0.33＝**(4)ウ. 0.67**

【問2】 信頼度の計算

（1）**0.81**　（2）**0.99**　（3）**0.802**

(a)直列システムなので、それぞれの信頼度を掛け合わせる。0.9×0.9＝**0.81**

(b)並列システムなので、

１－(１－0.9)×(１－0.9)＝１－0.1×0.1＝１－0.01＝**0.99**

(c)上記(a)(b)を直列でつないだものなので、それぞれの信頼度を掛け合わせる。0.81×0.99≒**0.802**

【問3】 信頼度の計算

（1）**1333**　（2）**0.00075**

$$\text{MTBF}=\frac{\text{総稼働時間}}{\text{総故障件数}}=\frac{1000+1200+1800}{3}=\frac{4000}{3}\fallingdotseq\textbf{1333}$$

$$\text{故障率}=\frac{1}{\text{MTBF}}=\frac{1}{1333}\fallingdotseq\textbf{0.00075}$$

II 実践編

第11章

QC的 ものの見方・考え方

合格のポイント

➡ 品質管理・品質保証に関する用語と意味の理解
QCの実践において、QC的ものの見方・考え方を理解しておく

1 マーケットイン、プロダクトアウト

マーケットインとは、生産者が消費者の要求するものは何か、消費者が喜んで購入してくれるものは何かを探求し、企画、設計、製造、販売する、**顕在しているニーズを追求する考え方・行動**です。**顧客指向(志向)**とも呼ばれます。一方、プロダクトアウトとは、生産者が消費者の立場やニーズを考慮せず、商品を市場に出して販売する、または生産者が消費者に新たな価値を提供する、**潜在しているニーズを発掘する考え方・行動**です。

図表11.1　マーケットイン、プロダクトアウト

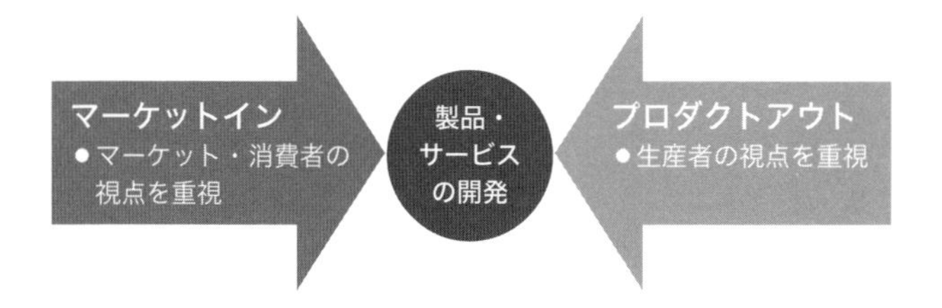

2 品質管理・品質保証　重要頻出キーワード

出題頻度が高いキーワードです。大まかに理解しておきましょう。

キーワード	概　要
品質優先	売上増大、原価低減、能率向上よりも品質向上を優先する考え方・行動。
後工程はお客様	工程のプロセスの観点から、自工程の仕事の良し悪しは、後工程の評価につながることとなり、この評価指標は満足度という指標で測れることから、後工程をお客様ととらえて仕事をするという考え方。

プロセス重視	結果ではなくプロセスを重視する考え方。プロセスを重視することで再現性を得ることができる。
三現主義	実際に「現場」に足を運び、「現物」に触れ、「現実」を直視することで、徹底的かつ客観的に問題の原因を追究する考え方。
5ゲン主義	上記の三現主義により事実をつかみ、「原理」と「原則」に基づいて解決策を見つける考え方。
事実に基づく管理	品質保証を確実に行ううえで、勘・経験・度胸(ＫＫＤ)のみに頼らず、客観的事実・根拠・データ等をもとに、その動きやばらつきに基づきプロセスの良し悪しを判断し、ＰＤＣＡを回していく考え方。
重点指向	結果に大きな影響を及ぼすもの、効果の大きいものに着目し、効率的に仕事を進めていく考え方。
デザインレビュー(ＤＲ)	設計にインプットすべき顧客のニーズ・期待や、仕様が設計のアウトプットに漏れなく織り込まれ、品質目標を達成できるか審議するもの。
人間性尊重	従業員の生きがいを重視し、従業員の能力を最大限発揮させる考え方。
継続的改善	問題解決・課題達成を繰り返し行うこと。
５Ｍ	原材料(Material)、設備(Machine)、方法(Method)、作業者(Man)、計測(Measurement)の頭のMを取ったもの。工程管理において、製品の品質を確保するために５Ｍによる日常管理が重要である。
ＦＭＥＡ	Failure Mode and Effects Analysisの略。システムの故障モードを洗い出し、その原因と影響の範囲を解析すること。
応急処置	トラブル発生時にまず行うこと。暫定処置ともいわれ、発生した異常に対し、損失をこれ以上拡大させないために行う。
再発防止処置	望ましくない事象に対し、真の発生原因を追究・除去し、同一の原因で再び発生することがないように歯止めを行うこと。予防措置も含まれる。
未然防止	発生すると考えられる問題をあらかじめ洗い出し、それに対する修正を講じること。

キーワード	概　要
ＴＣＯ	Total Cost of Ownershipの略。総所有コストのことで、製品の導入設置から維持運用、廃却に至る全てのコストを指す。ライフサイクルコストとほぼ同義である。
ＣＷＱＣ： 全社的品質管理 （ＴＱＣ： 総合的品質管理）	Company-Wide Quality Controlの略。 品質保証や新製品開発システムを中心に全部門・全従業員が参加する実践的な経営管理手法。 （ＴＱＣは、Total Quality Controlの略）
ＴＱＭ： 総合的 品質マネジメント	Total Quality Managementの略。 国際的な動向を踏まえ、1996年にＴＱＣから（ＴＱＭに）名称変更された。顧客指向（志向）、品質優先の考え方、継続的な改善、全員参加、プロセス重視等を原則としている。
ＫＫＤ	勘、経験、度胸（イニシャルをとってＫＫＤと表される）。
どんぶり勘定	何もかも無造作に金銭の出入りを行うこと。
虻蜂（あぶはち）とらず	欲張ってあれもこれも狙ってしまうと、いずれも得られなくなってしまうこと。複数の問題点がある場合に、全てを手当たり次第に着手するのではなく、重要性を踏まえて着手することが重要である。
木を見て森を見ず	物事を近視眼的に局所的にとらえること。全体を見渡して大局的にとらえることが重要である。
トレーサビリティ	製品に関して、製造記録（使用材料、製造年月日、製造場所、製造者）を残し、製品に問題が生じた際にその製品の特性を追跡調査できる状態にしておくこと。
ＩＳＯ9001 シリーズ	品質マネジメントシステムに関する国際規格。プロセスアプローチ（P.234参照）の考え方やＰＤＣＡサイクル（P.206参照）の手法で組織全体を管理・運用して、組織内のパフォーマンスや顧客満足度を向上させていく規格。

ＱＣに貢献した主な人物

下記の人物について、試験に出題された実績が近年一度あります。名前と主な成果を押さえておきましょう。

名　前	概　要
シューハート博士 (Walter Andrew Shewhart)	米国の物理学者、技術者、統計学者。「統計的品質管理の父」とも呼ばれる。現代日本の品質管理の基礎づくりに貢献。 統計的管理状態という考えは、工程管理のための代表的なツールである管理図に活用されている。 「過去の経験を利用して、ある現象が将来どのように変化していくかを予測できる場合、この状態を管理されている」と言った。
デミング博士 (William Edwards Deming)	米国の統計学者。生産活動を設計、生産、販売、調査・サービスの４つの部分に分け、これを円で示した(デミングサイクルと呼ばれる)。品質を重視する観念と、品質に対する責任感が大切であると主張した。 調査・サービス　設計 販売　生産
ジュラン博士 (Joseph Moses Juran)	米国のコンサルタント。「経営の目的は何か、品質管理こそ経営そのものである」と来日時に講義した。生産者側の制約条件を重視しがちな生産中心型の企業活動から、消費者の要求を第一に考慮した市場中心型に移るよう説いた。これは現在のＴＱＭ(Total Quality Management)の起点となっていると言われている。

練習問題　赤シートで正解を隠して設問に答えてください(解説はP.198から)。

【問１】 品質管理の基本的な考え方に関する次の文章において、[　　]内に入るもっとも適切なものを下の選択肢からひとつ選べ。

市場において製品・サービスが不足している場合、消費者は製品・サービスが入手できることで満足できるため、生産者は、消費者の立場・ニーズをさほど考慮せずに製品・サービスを市場に出して販売する。この考え方・行動を[（1）]という。一方、市場に製品・サービスが十分にある場合、消費者は製品・サービスの選択ができることになり、消費者の嗜好に合わない製品・サービスは売れにくくなる。このことから生産者は消費者の要求を探求して企画、設計、製造、販売を行うことになる。この考え方・行動を[（2）]という。この２つの考え方を比較すると、[（3）]。

〈選択肢〉

ア. 後工程はお客様　**イ.** どんぶり勘定　**ウ.** マーケットイン
エ. プロダクトアウト　**オ.** マーケットインが優れているといえる
カ. プロダクトアウトが優れているといえる
キ. どちらかが優れているとはいえない

正解　（1）エ　（2）ウ　（3）キ

【問２】 品質管理の基本的な考え方に関する次の文章において、[　　]内に入るもっとも適切なものを下の選択肢からひとつ選べ。

顧客優先の品質を実現するには、[（1）]の参加による品質管理の推進が必要である。この日本的な品質管理のことを[（2）]または[（3）]という。これらは、[（4）]シリーズの広まりおよび国際的な流れに伴い、[（3）]から[（5）]に移り変わり、総合的な経営管理手法として展開されることになった。

〈選択肢〉

ア．経営陣　イ．全部門全従業員　ウ．各部門リーダー
エ．ＴＱＣ　オ．ＣＷＱＣ　カ．ＴＱＭ　キ．ＴＣＯ
ク．ISO9001　ケ．ISO27001　コ．ISO14001

正解　（1）イ　（2）オ　（3）エ　（4）ク　（5）カ

【問３】　品質管理の基本的な考え方に関する次の文章において、［　　］内に入るもっとも適切なものを下の選択肢からひとつ選べ。

①結果だけを重視していると、悪い結果のときにその原因がわからず、再発防止策が取れなくなったり、良い結果のときにはその再現性が得られなくなったりするので、こういったことを防ぐ考え方・行動を［（1）］という。

②取り組むべき問題点に手当たり次第に着手するのではなく、重要性を踏まえたうえで、優先順位を付ける考え方・行動を［（2）］という。

③勘、経験、度胸（ＫＫＤ）のみで問題解決を図るのではなく、事実・データに基づいて標準化に結び付ける考え方・行動を［（3）］という。

〈選択肢〉

ア．重点指向　イ．事実に基づく管理　ウ．プロセス重視
エ．三現主義　オ．品質優先

正解　（1）ウ　（2）ア　（3）イ

解答・解説

【問1】 マーケットイン、プロダクトアウト

（1）**エ**　（2）**ウ**　（3）**キ**

一見、**(2)ウ．マーケットイン**が好ましい印象を受けるが、**(1)エ．プロダクトアウト**によって、消費者に新しい価値を与えることがある(例：iPhoneなど)。よって、**(3)キ．どちらかが**明らかに**優れているとはいえない。**

【問2】 品質管理・品質保証　重要キーワード

（1）**イ**　（2）**オ**　（3）**エ**　（4）**ク**　（5）**カ**

顧客優先の品質を実現するには、**(1)イ．全部門全従業員**の参加による品質管理の推進が必要である。この日本的な品質管理のことを**(2)オ．CWQC**または**(3)エ．TQC**という。これらは、**(4)ク．ISO9001**シリーズ(品質マネジメントシステムに関する国際規格)の広まりおよび国際的な流れに伴い、**エ．TQC**から**(5)カ．TQM**に移り変わり、総合的な経営管理手法として展開されることになった。

【問3】 品質管理・品質保証　重要キーワード

（1）**ウ**　（2）**ア**　（3）**イ**

①結果だけを重視していると、悪い結果のときにその原因がわからず、再発防止策が取れなくなったり、良い結果のときにはその再現性が得られなくなったりするので、こういったことを防ぐ考え方・行動を**(1)ウ．プロセス重視**という。

②取り組むべき問題点に手当たり次第に着手するのではなく、重要性を踏まえたうえで、優先順位を付ける考え方・行動を**(2)ア．重点指向**という。

③勘、経験、度胸(ＫＫＤ)のみで問題解決を図るのではなく、事実・データに基づいて標準化に結び付ける考え方・行動を**(3)イ．事実に基づく管理**という。

Ⅱ 実践編

第12章 品質の概念

合格のポイント

➡ 品質要素の用語とそれぞれの意味の理解

1 品質の概念

品質の概念にかかわる頻出キーワードは以下のとおりです。キーワードを個別に理解するのではなく、**他のキーワードと関連付けて体系的に理解するとよい**でしょう。

キーワード	概　要
品質	製品・サービスが、使用目的を満たしているかどうかを決定するための評価の対象となる固有の性質・性能の全体。
要求品質	製品・サービスに対して顧客が求める品質。
使用品質	使用者が要求する品質の度合い。
品質展開	顧客の要求する商品の品質を明らかにして、製品・サービスの提供の留意点等を明確にすること。
品質要素	品質展開された個々の性質、性能。具体的には、 ●機能性：目的の機能を果たしているか ●性能：目的の機能を果たす度合い ●意匠性：デザイン(形状、色彩等)の優劣 ●互換性：互換性の有無 ●経済性：価格および保守費用 ●入手可能性：必要な時に必要なだけ入手可能か ●信頼性：目的の機能を果たすことができる期間 ●安全性：使用時にユーザーに危険が及ばないか に分類される。
品質特性	品質要素を定量的に評価するための測定項目。
代用特性	直接測定できない品質特性がある場合に、この代わりに用いられる直接測定可能な特性。 品質特性と代用特性の相関係数の絶対値が1に近いほど、望ましい代用特性であるといえる。 例えば、紙の枚数の代用特性は紙の厚さといえる。

サービス	需要者の要求に適合した価値のあるものを何らかの形で有償供給すること。以下の４つの特性がある。 無形性（物理的な形として存在しない）、生産と消費の同時性（生み出されたと同時に提供・消費される）、変動性／不均一性（人的要因により提供されるサービスがいつも同じものにならない）、消滅性（その場のみで存在し、物理的な在庫ができない）
機能	名詞と動詞で表現される働きのこと。 （形容詞、副詞は品質を表す）
信頼性	正しく機能する時間的安定性を表す度合い。この機能を発揮し続けうる確率を信頼度という。
製造物責任	製品の欠陥が原因で生じた人的・物的損害に対して製造者や販売者が負うべき賠償責任。 欠陥については、製造物責任法（1994年制定）において、設計上の欠陥、製造上の欠陥、指示・警告上の欠陥の３つが定められている。

2 品質要素の分類

各品質要素において、総合的な視点でとらえていく必要があります。

企画品質、**設計品質**、**製造品質**は、生産プロセスによる分類といえます。

また、**当たり前品質**、**魅力的品質**、**一元的品質**、**無関心品質**、**逆品質**は、製品・サービスまたは顧客によって異なります。

キーワード	概　要
企画品質	要求品質に対する品質目標。顧客ニーズを分析し、それを反映させた製品案の品質。
ねらいの品質（設計品質）	品質特性に対する品質目標。製品規格や製品設計図によって規定され、規格値等で具体的に示される。
できばえの品質（製造品質）	製造した製品の実際の品質。ねらった設計品質に対して、製品化されたものがどれくらい合致しているかを示す。

キーワード	概　要
使用品質	製品・サービス使用時における、使用者の品質に対する要求度合い。
当たり前品質	充足されていて当たり前で、充足されていないと不満に感じる品質。
魅力的品質	充足されていると満足と感じ、充足されていなくても不満を感じず仕方ないと感じる品質。
一元的品質	充足されていると満足と感じ、充足されていなければ不満を感じる品質。
無関心品質	充足していても充足していなくても満足度に影響を与えない品質。
逆品質	充足されているのに不満を引き起こしたり、充足されていないのに満足を与えたりする品質。

図表12.1　顧客の立場から分類した品質要素

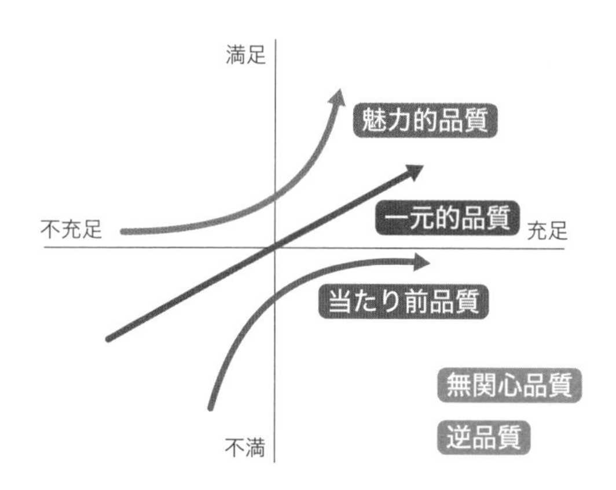

出典：狩野紀昭他(1984)：魅力的品質と当たり前品質

練習問題

赤シートで正解を隠して設問に答えてください(解説はP.204から)。

【問１】　品質の概念に関する次の文章において、［　　　］内に入る最も適切なものを下の選択肢からひとつ選べ。ただし、各選択肢を複数回用いてもよい。

品質において、設計品質と製造品質に分類されることがある。設計品質は［（1）］とも呼ばれ、顧客・社会のニーズを満たすための品質目標といえる。一方、製造品質は［（2）］とも呼ばれ、設計品質を満たすための品質目標といえる。

設計に先立ち、顧客の需要を把握するために市場調査を行うことは、［（3）］のための活動といえる。製品の量産に先立ち、試作品を製作し、品質を確認することは、［（4）］のための活動といえる。

〈選択肢〉

ア．ねらいの品質　イ．できばえの品質　ウ．当たり前品質
エ．品質特性　オ．品質展開

正解　（1）ア　（2）イ　（3）ア　（4）イ

【問2】　品質の概念に関する次の文章において、［　　］内に入る最も適切なものを下の選択肢からひとつ選べ。

Z社が生産する電化製品Xにおいて、大口顧客であるA～C社の評価は以下のとおりである。

A社は、Z社製品の使いやすさが優れているので満足していたが、電化製品Xに関しては使いづらいとのクレームがあった。一方、B社にとっては使いやすくて当然との認識で電化製品Xを購入したが、使いづらいとのクレームが入った。C社にとっては使いやすさはさほど重視しておらず、クレームは一切なかった。

以上の場合、電化製品XはA社にとっては［（1）］品質、B社にとっては［（2）］品質、C社にとっては［（3）］品質といえる。

〈選択肢〉

ア．魅力的　イ．一元的　ウ．無関心　エ．逆評価　オ．当たり前

正解　（1）イ　（2）オ　（3）ウ

【問３】 品質の概念に関する次の文章において、[　　　]内に入る最も適切なものを下の選択肢からひとつ選べ。

喫茶店において、「おいしいお茶を速やかに提供する」という文において、名詞＋動詞の部分（「お茶を提供する」）は、[（1）]という。
また、形容詞、副詞の部分（「おいしい」、「速やかに」）は、[（2）]という。

〈選択肢〉
ア．品質　　**イ**．機能

正解　（1）**イ**　（2）**ア**

解答・解説

【問１】 **品質要素の分類**
（1）**ア**　（2）**イ**　（3）**ア**　（4）**イ**
設計品質は**（1）ア．ねらいの品質**、製造品質は**（2）イ．できばえの品質**とも呼ばれる。設計に先立つ市場調査は**（3）ア．ねらいの品質**のため、製品の量産に先立つ品質確認は**（4）イ．できばえの品質**のための活動といえる。

【問２】 **品質要素の分類**
（1）**イ**　（2）**オ**　（3）**ウ**
電化製品Xは、Ａ社にとっては、充足されていると満足、されていなければ不満を感じる**（1）イ．一元**的品質、Ｂ社にとっては、充足されていて当たり前で、されていないと不満を感じる**（2）オ．当たり前**品質、Ｃ社にとっては、充足の有無が満足度に影響を与えない**（3）ウ．無関心**品質である。

【問３】 **品質の概念**
（1）**イ**　（2）**ア**
「お茶を」「提供する」は**（1）イ．機能**、「おいしい」「速やかに」は**（2）ア．品質**である。

Ⅱ 実践編

第13章 管理の方法

合格のポイント

➡ 日常管理と改善活動の用語、ＱＣストーリーの手順の理解

1 維持と管理、継続的改善

維持とは、**製品・サービスの適切な状態をそのまま保ち続けること**であり、維持のために管理を適切に行う必要があります。具体的には**5M**(原材料(Material)、設備(Machine)、方法(Method)、作業者(Man)、計測(Measurement))を用いて、**SDCAサイクル**を回して管理を行います。

一方、製品・サービスに対する、顧客のニーズ・期待は常に進化することから、**継続的改善**を行う必要があります。

継続的改善とは、製品・サービスの品質向上のために繰り返し行われる活動であり、具体的には**SDCAサイクル**と**PDCAサイクル**を組み合わせて行っていきます。

図表13.1 継続的改善

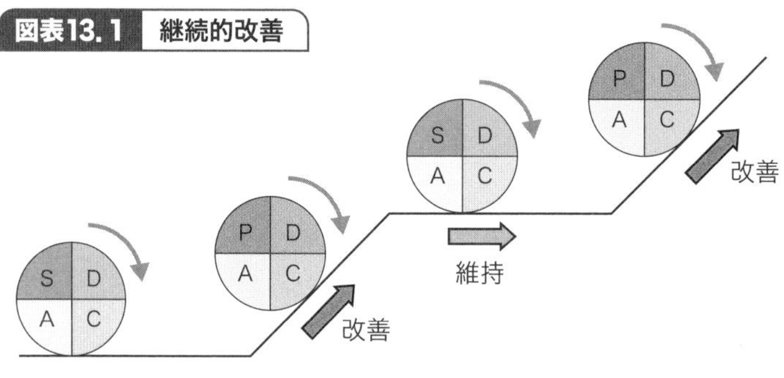

S：Standardize
D：Do
C：Check
A：Act

P：Plan
D：Do
C：Check
A：Act

SDCA	Standardize(標準化)→Do(実行)→Check(評価)→Act(措置)の頭文字を取ったもの。日常管理を行ううえでのサイクル。
PDCA	Plan(計画)→Do(実行)→Check(評価)→Act(措置)の頭文字を取ったもの。改善活動を行ううえでのサイクル。

その他の重要キーワードは以下の通りです。

キーワード	概　要
ハインリッヒの法則	ハインリッヒ（米国損害保険会社勤務）が5,000件以上の労働災害の調査結果から得た経験則である。重大な災害・事故が発生したケースにおいて、その背景には29件の小さな事故やケガが発生しており、300件のヒヤリハットがあったというものである。 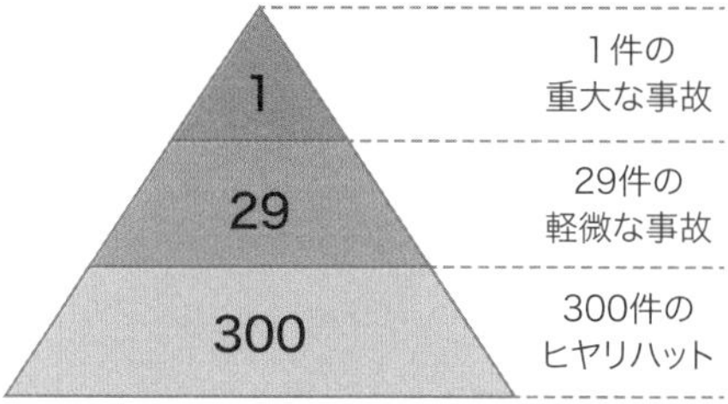 1　1件の重大な事故 29　29件の軽微な事故 300　300件のヒヤリハット
見える化	プロセスの状況を関係者全員が理解できるように可視化すること。

2 自主保全活動

自主保全活動とは、作業者一人一人が自分の担当する設備は自分で守ることを目的として、**7つのステップ**で設備の保全活動を行うものです。

ステップ	名　称	主な内容
第1ステップ	初期清掃	設備のゴミ・ホコリ・汚れの清掃を行い、設備の不具合発見と復元を行う。
第2ステップ	発生源・困難箇所の対策	ゴミ・ホコリ・汚れの発生源、清掃・給油・増締め・点検等が困難な箇所の改善により、清掃・点検時間を短縮する。
第3ステップ	自主保全仮基準の作成	清掃・給油・増締めを短時間で確実に行う行動基準類を作成する。

ステップ	名　称	主な内容
第４ステップ	総点検	行動基準類による設備構造の理解や点検技能の体得を進め、設備の総点検を行い、潜在的欠陥の顕在化と復元を行う。
第５ステップ	自主点検	自主保全基準類（清掃・給油・点検基準等）の整備・実施を行う。
第６ステップ	標準化	各種の現場管理項目を標準化し、維持管理の効率化を図る。
第７ステップ	自主管理の徹底	自主管理活動の維持・定着を進める。

出典：クォリティマネジメント用語辞典（吉澤正編2004）

3 問題解決型ＱＣストーリー、課題達成型ＱＣストーリー

ＱＣストーリーとは、**問題解決または課題達成のための基本的な手順を定めたもの**で、「**問題解決型**ＱＣストーリー」と「**課題達成型**ＱＣストーリー」があります。

- **問題解決型ＱＣストーリー**：仮説を設定し、データの収集・検証に基づいて目標を設定し、目標と現状とのギャップを問題としてとらえ、その真の原因を追究することを重視する。

- **課題達成型ＱＣストーリー**：新しい方策・手段を追究して新しいやり方を創出することを重視する。新規業務への対応や現状打破を行いたいときに活用される。

なお、「問題」と「課題」の違いについては次の図のとおりです。

図表13.2　「問題」と「課題」の相違

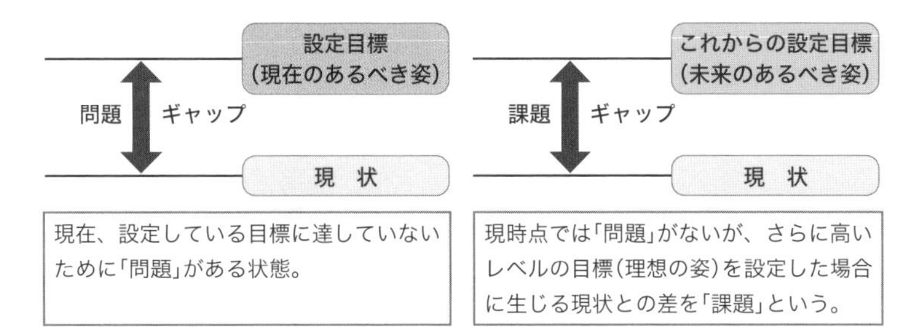

問題解決型ＱＣストーリーと課題達成型ＱＣストーリーの手順は下図のとおりです。

図表13.3　２つのＱＣストーリーの手順

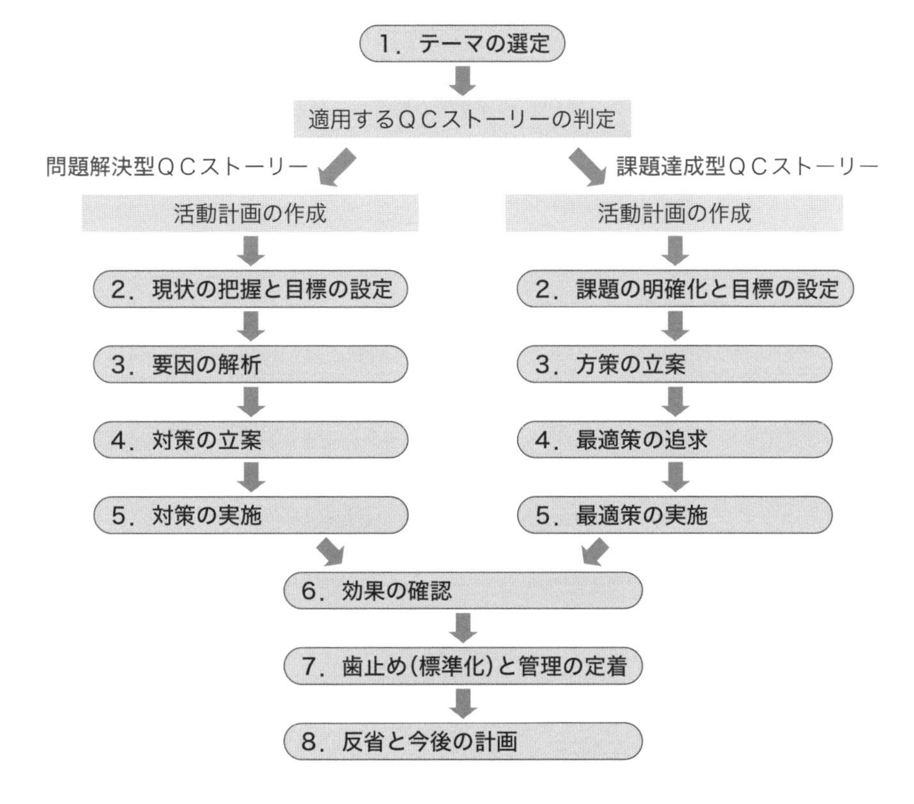

練習問題

赤シートで正解を隠して設問に答えてください(解説はP.211から)。

【問１】 管理の方法に関する次の文章において、[　　]内に入る最も適切なものを下の選択肢からひとつ選べ。

ＱＣストーリーには２つの種類があり、[（1）]型は現状における[（2）]の原因を究明し、その解決を図るものである。一方、[（3）]型は新しい取組や改善を行うために[（4）]を設定し、その達成を図るものである。

〈選択肢〉
ア. 問題　**イ**. 課題　**ウ**. 問題解決　**エ**. 課題解決　**オ**. 課題達成

正解　(1)**ウ**　(2)**ア**　(3)**オ**　(4)**イ**

【問２】 管理の方法に関する次の文章において、[　　]内に入る最も適切なものを下の選択肢からひとつ選べ。ただし、各選択肢を複数回用いてもよい。

ハインリッヒの法則は、5,000件以上の[（1）]の調査結果に基づく[（1）]における経験則であり、１件の[（2）]が発生する場合、その背景には29件の[（3）]および300件の[（4）]があるというものである。このことから、[（5）]を感知した時点で早急の対策をとることが肝要といえる。

〈選択肢〉
ア. 設備事故　**イ**. 労働災害　**ウ**. 軽微な事故　**エ**. 重大な事故
オ. ヒヤリハット

正解　(1)**イ**　(2)**エ**　(3)**ウ**　(4)**オ**　(5)**オ**

【問３】 管理の方法に関する次の文章において、[　　]内に入る最も適切なものを下の選択肢からひとつ選べ。

自主保全活動とは、作業者一人一人が自分の設備は自分で守ることを目的として行われるものであり、以下の7つのステップから成っている。

第1ステップ：初期清掃
第2ステップ：（1）
第3ステップ：自主保全仮基準の作成
第4ステップ：（2）
第5ステップ：（3）
第6ステップ：（4）
第7ステップ：自主管理の徹底

〈選択肢〉
ア．自主点検　**イ**．総点検　**ウ**．標準化　**エ**．発生源・困難箇所の対策
オ．評価

正解　（1）**エ**　（2）**イ**　（3）**ア**　（4）**ウ**

解答・解説

【問1】（QCストーリー）
（1）**ウ**　（2）**ア**　（3）**オ**　（4）**イ**

QCストーリーには2つの種類があり、**(1)ウ．問題解決**型は現状における**(2)ア．問題**の原因を究明し、その解決を図るものである。一方、**(3)オ．課題達成**型は新しい取組や改善を行うために**(4)イ．課題**を設定し、その達成を図るものである。
問題と課題の違いを理解しておく。

【問2】（維持と管理、継続的改善）
（1）**イ**　（2）**エ**　（3）**ウ**　（4）**オ**　（5）**オ**

ハインリッヒの法則は、5,000件以上の**(1)イ．労働災害**の調査結果に基づく**(1)イ．労働災害**における経験則であり、1件の**(2)エ．重大な事故**が発生

する場合、その背景には29件の**(3)ウ．軽微な事故**および300件の**(4)オ．ヒヤリハット**があるというものである。このことから、**(5)オ．ヒヤリハット**を感知した時点で早急の対策をとることが肝要といえる。

ハインリッヒの法則の模式図(三角形)を理解しておく。

【問3】 自主保全活動

(1)**エ**　(2)**イ**　(3)**ア**　(4)**ウ**

〈自主保全活動の7つのステップ〉

第1ステップ：初期清掃

第2ステップ：**(1)エ．発生源・困難箇所の対策**

第3ステップ：自主保全仮基準の作成

第4ステップ：**(2)イ．総点検**

第5ステップ：**(3)ア．自主点検**

第6ステップ：**(4)ウ．標準化**

第7ステップ：自主管理の徹底

各ステップの概要および全体の流れを理解しておく。

II 実践編

第14章 品質保証

合格のポイント

〈新製品開発〉

➡ 顧客満足を得るための品質保証の進め方の理解

➡ 新製品開発における製品安全、製造物責任

〈プロセス保証〉

➡ 業務プロセスの中で起こる問題に対する用語の理解

➡ プロセス保証における検査や測定機器の管理の理解

1 新製品開発

新製品開発は、**企画→製品設計→工程設計→試作→量産試作→量産**のプロセスで行われます。新製品開発を円滑に進めるためには、**開発計画書**を作成し、これに従って進めることが重要です。この**開発計画書**において、目標や日程、責任・権限等を明確にします。また、新製品開発を効率的に進めるために、**コンカレント開発**(設計、製造、調達、その他のプロセスを同時並行で進める)を採用したり、過去の失敗事例を活用したりしています。

主な関連キーワードは以下の通りです。

キーワード	概　要
品質保証	顧客満足の基本である品質の実現のために、組織を挙げて行う体系的な活動。
プロセス保証	製品・サービスを作り込むプロセス全体を管理することで品質の保証を可能とし、実現性を高くすること。
検査	製品・サービスが顧客のニーズを置き換えた判断基準に対して合致しているかを比較し合否の判断を行うこと。
要求品質	製品に対する要求事項の中における、市場・顧客が求めている顕在的、潜在的な品質の総称。
品質機能展開(QFD:Quality Function Deployment)	市場からの要求品質を品質特性に変換し、設計品質を定め、品質展開→技術展開→コスト展開→信頼性展開へと二元表を用いて展開していくこと(このキーワードまとめの欄外、図表14.1を参照)。 ※二元表とは、二つの展開表を組み合わせてそれぞれの展開表に含まれる項目の対応関係を表示した表。
要求品質展開表	要求品質を親和図法等の利用によりグルーピングして階層的に示した表。
源流段階	新製品開発における上流段階。
源流管理	源流段階において不具合等を予測し、事前に必要な措置を行うこと。

<table>
<tr><td>初期流動管理</td><td>製品の量産立ち上げ段階において、スムーズな立ち上げができるように、量産安定期とは異なる特別な体制で品質等の情報を収集し、製品企画から量産前の品質保証ステップを着実に実施していく特別な活動。</td></tr>
<tr><td>設計基準</td><td>設計ノウハウを標準化したもの。</td></tr>
<tr><td>FMEA</td><td>故障モード影響解析。 Failure Mode and Effects Analysisの略で、下から解析を積み上げていくボトムアップの手法。
● 設計FMEA：設計段階における製品故障発生を予測する手法。
● 工程FMEA：製造工程における故障発生の原因を分析する手法。</td></tr>
<tr><td>RPN</td><td>危険優先指数。Risk Priority Numberの略で、あらかじめ列挙された複数の故障モードについて、対策を実行する優先順位を数値化したもの。厳しさ、頻度、検出可能性の３項目の掛け算で数値化することが一般的である。</td></tr>
<tr><td>FTA</td><td>Fault Tree Analysisの略で、故障の木解析とも呼ばれる。問題発生時において、問題の要因を系統的に洗い出して、問題が発生した真の原因を探し出す、トップダウンの解析手法。</td></tr>
<tr><td>QAネットワーク</td><td>縦軸に不具合や品質保証項目をとり、横軸に工程をとったマトリックス図である。事前の対策・処置を行うためにどの工程で不具合の発生防止・流出防止を行うのかをまとめたもので、保証の網ともいわれる。</td></tr>
<tr><td>PSマーク制度</td><td>消費者の利益保護のため、消費者生活用の特定製品について国が定めた技術基準に適合していることを示すマークを表示する義務を課した制度。
PはProduct(製品)、SはSafety(安全)の略。
<table>
<tr><th>特別特定製品</th><th>特別特定製品以外の特定製品</th></tr>
<tr><td>PS
C</td><td>PS
C</td></tr>
<tr><th>対象品目</th><th>対象品目</th></tr>
<tr><td>乳幼児用ベッド／携帯用レーザー応用装置／浴槽用温水循環器／ライター</td><td>家庭用の圧力なべおよび圧力がま／乗車用ヘルメット／登山用ロープ／石油給湯器／石油ふろがま／石油ストーブ</td></tr>
</table></td></tr>
<tr><td>重大製品事故情報報告・公表制度</td><td>市場に流通した製品の事故情報を報告・公表する制度。</td></tr>
</table>

キーワード	概　要
長期使用製品安全点検・表示制度	消費者の手に渡った製品の経年劣化による事故を防ぐための安全点検・表示制度。
製造物責任法	製品の欠陥が原因で生じた人的・物的損害に対して、製造業者等が負うべき賠償責任について定めた法律。
品質展開	要求品質を品質特性に変換し、製品の設計品質を定め、各機能部品、個々の構成部品の品質および工程の要素に展開する方法。
品質保証体系図	製品の企画、設計、アフターサービスに至る全てのプロセスにおいて、各組織部門等がどのような役割で品質保証に携わるか、図式化したもの(このキーワードまとめの欄外、図表14. 2を参照)。

図表14. 1　品質機能展開(ＱＦＤ)の二元表

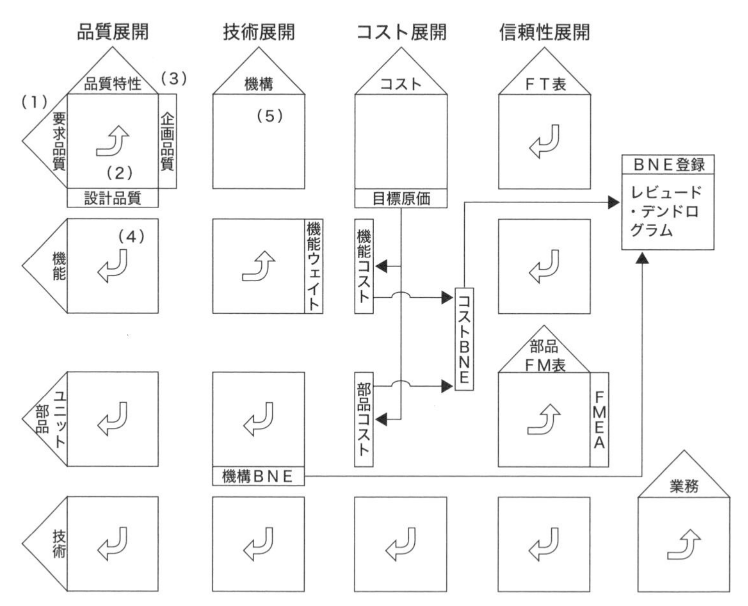

注(1)　三角形は項目が展開されており，系統図のように階層化されていることを示している。
(2)　矢印は変換の方向を示し，要求品質が品質特性へと変換されていることを示している。
(3)　四角形は二元表の周辺に附属する表で，企画品質設定表や各種ウェイト表などを示している。
(4)　この二元表の表側は機能展開表であるが，表頭は品質特性展開表であることを示している。
(5)　この二元表の表頭は機構展開表であるが，表側は要求品質展開表であることを示している。

(出典)日本産業規格 JIS Q 9025：2003　品質機能展開の全体構想図

図表14.2 品質保証体系図

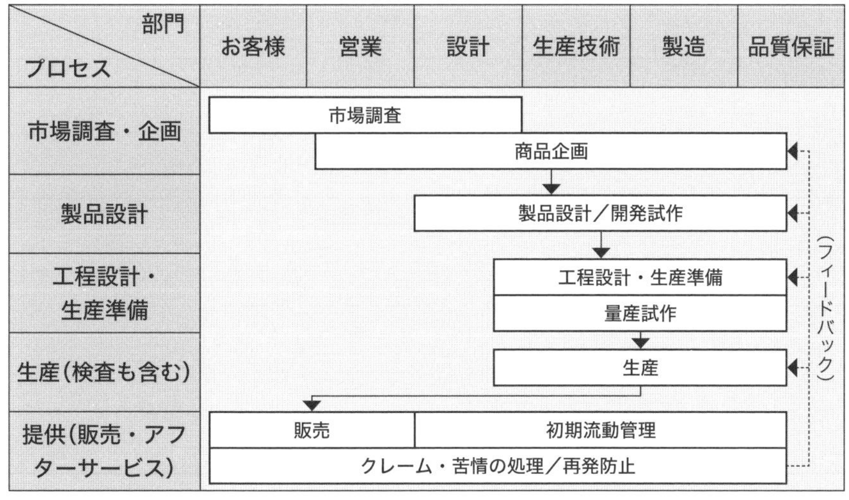

(出典)日本品質管理学会編(2009):『新版 品質保証ガイドブック』、日科技連出版社、p.27をもとに作成 品質保証体系図(一例)

2 プロセス保証

プロセス保証とは、プロセスのアウトプットが**要求される基準を満たすこと**を確実にする一連の活動です。

主な関連キーワードは以下の通りです。

キーワード	概 要
ＱＣ工程図(表)	材料や構成部品の購入から製品が完成し出荷されるまでの各工程での管理項目・方法を工程の流れに沿って記載した図。縦軸に工程の流れ、横軸に各工程での作業・管理を示したもの。
ＱＣ的問題解決法	３つの重要な要素： (問題解決を効率的に進めていく)ＱＣ的考え方、 (データより必要な情報を得る)ＱＣ手法、 (システム化された)ＱＣストーリーを兼ね備えた活動。

キーワード	概　要
5W1H	What（何を）、When（いつ）、Who（だれが）、Where（どこで）、Why（なぜ）、How（どのようにして）の観点から問いかけを行って改善活動を行うこと。
5M1E	製品の品質管理の要素としてよく使われてきた、 原材料（Material）、設備（Machine）、方法（Method）、作業者（Man）といった４Ｍに、計測（Measurement）、環境（Environment）を加えたもの。
QCDSME（QCD＋PSME）	ＱＣＤとは、Quality（品質）、Cost（コスト）、Delivery（納期）を指す。顧客ニーズである、「より良いものをより安く、早く」に応えるものである。これらの生産管理の３要素ＱＣＤの大前提として、安全（Saftey）がある。これらに加えて、生産性（Productivity）、モラル（Morale/Moral）、環境（Environment）も追加したもの。ＱＣＤの目標を確実に達成するために、４Ｍを適切に管理することが求められる。 ※「ＱＣＤＰＳＭＥ」「ＰＱＣＤＳＭＥ」ともいう
検査	観測および判定による適合性評価。主な検査は以下のとおり。 • 全数検査：すべての製品・サービスに対する検査。 • 抜取検査：すべての製品・サービスの中から一部を抜き取っての検査。 　• 計量値抜取検査 　• 計数値抜取検査（規準型、調整型） • 間接検査：（説明はP.149参照） • 無試験検査：（説明はP.149参照）
官能検査	人間の感覚を計測器のセンサーとして品質の測定を行う検査。 〈精度向上のための留意点〉 • 限度見本（官能検査の合否判定基準）の整備 • 検査環境の整備 • 検査作業の標準化 • 検査担当者への継続教育
5S	整理、整頓、清掃、清潔、躾（しつけ）の頭文字Ｓをとったもの。
3ム	ムダ、ムラ、ムリの３つのムをとったもの。 • ムダ：目的に対する不必要な動き • ムラ：作業の動きや品質のばらつき • ムリ：設備の能力に対する過大な動作の負荷
TQM	全組織的に全員で品質マネジメントに取り組むこと（P.194参照）。

ＴＰＭ	全社的に全員で生産効率向上に取り組む活動。Total Productive Maintenanceの略。
計測	特定の目的を持って、事物を量的にとらえるための方法・手段を考究し、実施し、その結果を用い所期の目的を達成させること。ばらつきの誤差については、同じ対象を繰り返し計測し、これを平均することで誤差を小さくすることができる。
校正(較正)	計測機器と標準器との誤差を確認すること。精度確認のために標準器が必要である。キャリブレーションともいわれる。校正に関して正当性を保証する必要はあるが、公平性を期する必要はない。校正周期は一律でなくてよい。
点検	測定標準を用いて測定器の誤差を求め、修正限界(修正が必要であるか否かの判断)との比較を行うこと。
修正	校正式の計算または計測器の調整を行うこと。
調整	計測器と標準器との誤差を小さくすること。
精度管理	検体の測定の正確性および精密性を確認、保証する一連の行為。
誤差	観測値・測定結果から真の値(まったく誤りがない、理論上の数値)を引いた値。 ●かたより：測定値の期待値から真の値を引いた差。 ●ばらつき：観測値・測定結果の大きさが揃っていないこと。不揃いの程度(このキーワードまとめの欄外、図表14．4を参照)。

図表14.3　ＱＣ工程図(表)の一例

記号	工程	設備など	管理項目	管理方法	頻度など	管理者
▽	材料受入	-	外観	目視	各サイズ	作業者
			線径	メータ等		作業者
			材料等			責任者
□	材料保管	材料倉庫	-	-	各サイズ	作業者
○ ◇	加工	油圧	外観	目視	ロットごとに抜取検査	作業者
			高さ	メータ		
			外径	メータ		

図表14.4 誤差・かたより・ばらつき

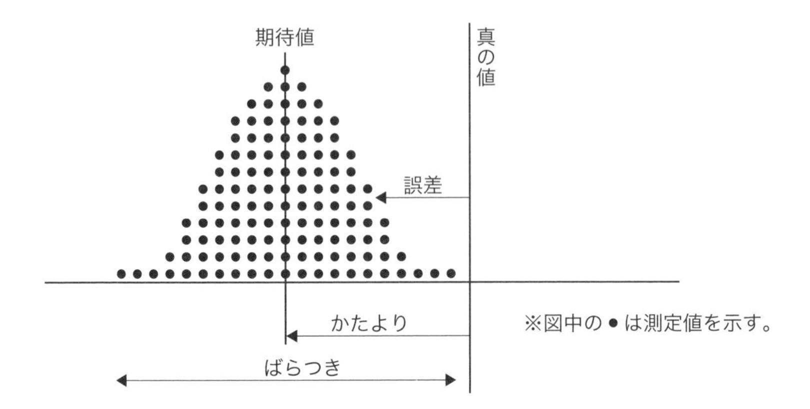

練習問題

赤シートで正解を隠して設問に答えてください(解説はP.222から)。

【問1】 品質保証に関する次の文章において、[　　]内に入る最も適切なものを下の選択肢からひとつ選べ。

新製品開発において、量産段階での不具合発生による手戻り・ロスをできるだけ防ぐため、[(1)]での問題予測・是正・改善が重要である。

製品の設計・開発を進めるうえで、設計者・開発者の知見だけでなく、より多くの関係者(営業、製造、購買、品質保証部門等)を集め、知見や[(2)]を結集し、さまざまな角度から検討することを[(3)]という。[(3)]には、製品企画への移行の可否を決める[(4)]審査、製品設計への移行の可否を決める[(5)]審査、設計品質達成状況を確認するための[(6)]審査がある。

〈選択肢〉

ア. DR　イ. FMEA　ウ. FTA　エ. 源流段階
オ. 検査段階　カ. 力量　キ. 情報　ク. 製品企画
ケ. 商品企画　コ. 試作設計

正解 (1) エ　(2) カ　(3) ア　(4) ケ　(5) ク　(6) コ

【問2】 品質保証に関する次の文章において、＿＿内に入る最も適切なものを下の選択肢からひとつ選べ。

ＱＣ工程図は、（1）とも呼ばれ、（2）方向に工程名、作業内容、作業標準書、管理項目等の情報が記載され、（3）方向に製品の加工、調整、検査等のプロセスを記載したものである。製品の設計段階で定めた仕様が（4）段階で実現できることが狙いの一つであり、（4）現場の管理方法を示す指示文書としての役割も果たす。管理方法についてはできるだけ（5）的に記載する。

〈選択肢〉

ア．ＱＦＤ	イ．ＱＣ工程表	ウ．ＱＡネットワーク
エ．縦	オ．横	カ．企画
キ．生産	ク．抽象	ケ．具体

正解　（1）イ　（2）オ　（3）エ　（4）キ　（5）ケ

【問3】 品質保証に関する次の文章において、＿＿内に入る最も適切なものを下の選択肢からひとつ選べ。

①品質管理を行うために、ヒストグラムを用いられることが多い。ヒストグラムを作成するにあたり、各々の寸法等の（1）と、（2）を示す標準偏差を算出する。また、上限と下限の（3）を記入することで、工程能力等を視覚的に把握することができる。

〈選択肢〉

ア．中央値	イ．平方和	ウ．平均値	エ．ばらつき
オ．度数	カ．管理限界線	キ．ＯＣ曲線	

正解　①（1）ウ　（2）エ　（3）カ

②多数のデータを要因によっていくつかのグループに分けることを（1）という。これは（2）において８つめの道具と呼ばれることも多い。これにより、例えば、是正措置や改善措置の前後のデータを比較し、各措置の（3）性を判断することができる。
生産した製品に何か不具合が生じた場合に、追跡調査ができる状態にしてお

くことを［（4）］という。

〈選択肢〉

ア．サンプリング　**イ**．層別　**ウ**．ＱＣ七つ道具　**エ**．新ＱＣ七つ道具
オ．具体　**カ**．正確　**キ**．有効
ク．トレーサビリティ　**ケ**．アベイラビリティ

正解　②（1）**イ**　（2）**ウ**　（3）**キ**　（4）**ク**

解答・解説

【問1】 新製品開発

（1）**エ**　（2）**カ**　（3）**ア**　（4）**ケ**　（5）**ク**　（6）**コ**

(3)ア．ＤＲ（デザインレビュー）についてはP.193参照。**(4)ケ．商品企画審**査、**(5)ク．製品企画**審査、**(6)コ．試作設計**審査については、この設問で覚えておこう。

【問2】 ＱＣ工程図(表)

（1）**イ**　（2）**オ**　（3）**エ**　（4）**キ**　（5）**ケ**

ＱＣ工程図（＝**(1)イ．ＱＣ工程表**）は**(2)オ．横**方向に工程名や管理項目等の情報が、**(3)エ．縦**方向に製品の加工等のプロセスが記載されている。製品の設計段階で定めた仕様が**(4)キ．生産**段階で実現できることが狙いの一つ。管理方法はできるだけ**(5)ケ．具体**的に記載する必要がある。

【問3】 品質保証(総合問題)

①（1）**ウ**　（2）**エ**　（3）**カ**
②（1）**イ**　（2）**ウ**　（3）**キ**　（4）**ク**

①は第２章や第９章との、②は第２章や第11章との総合的な問題になっている。この設問で覚えておこう。

【問１】～【問３】はいずれも「まとめ」になっているので覚えておきたい。

第15章
品質経営の要素

合格のポイント

〈方針管理〉
- ➡ 方針管理の定義、考え方、基本となる3要素(重点課題、目標、方策)、実施ステップ、推進のポイント、日常管理との関係の理解

〈機能別管理〉
- ➡ 機能別管理の特徴の理解(出題頻度は低い)

〈日常管理〉
- ➡ 日常管理における基本的な考え方・効率的な進め方、異常発生・その処置、変化点管理の視点・注意点の理解

〈標準化〉
- ➡ 標準化の目的・効果・分類・注意点および標準化に関する用語の幅広い理解

〈小集団活動〉
- ➡ 小集団活動の意義、進め方、改善活動に必要な考え方の理解
- ➡ 文章の穴埋め問題が多く、文脈に沿った用語を選択肢から探す形式であり、ある程度の文章読解力があれば正解しやすい問題が多い

〈人材育成〉
- ➡ 組織としての人材育成(教育・訓練)の目的と内容の理解
- ➡ 文章の穴埋め問題が多く、文脈に沿った用語を選択肢から探す形式であり、ある程度の文章読解力があれば正解しやすい問題が多い

〈診断・監査〉
- ➡ 品質監査に関する知識・考え方の理解

〈品質マネジメントシステム〉
- ➡ 品質マネジメントシステムの基本概念(7つの原則)の実践的理解
- ➡ ISO9001の要求事項の原則とその内容の理解

1 方針管理

方針とは、**トップマネジメント**によって正式に表明された、組織の使命、理念およびビジョン、または中長期経営計画の達成に関する、**組織の全体的な意図および方向付け**で、以下に示す重点課題、目標および方策を含みます。

方針管理とは、方針を、**全部門・全階層の参画**のもとで、ベクトルを合わせて重点指向で**ＰＤＣＡサイクル**を回しながら達成していく活動です。事業目的を達成するためには、従来の延長にない取り組みが必要な場合が多く、これらの取り組みを組織において効果的・効率的に行うための挑戦的な活動ともいえます。

事業計画とは、事業目的を達成するために**組織として行うべき活動に関するすべての計画**であり、図表15.1に示す、中長期経営計画、実施計画なども含められます。事業計画を実現するための活動が方針管理と（後出の）日常管理といえます。

- **重点課題**：上位組織で方策として設定された項目において当該組織で展開すべき重要事項
- **目　　標**：設定された課題に関して到達すべき水準または実現すべき成果
測定可能であることが望ましい
- **方　　策**：目標実現のための具体的な活動内容

2 機能別管理

機能別管理とは、各実施部門が円滑に機能するために**組織を横断的に管理する仕組み**です。方針管理とともに、**組織のパフォーマンス向上**のために用いられます。

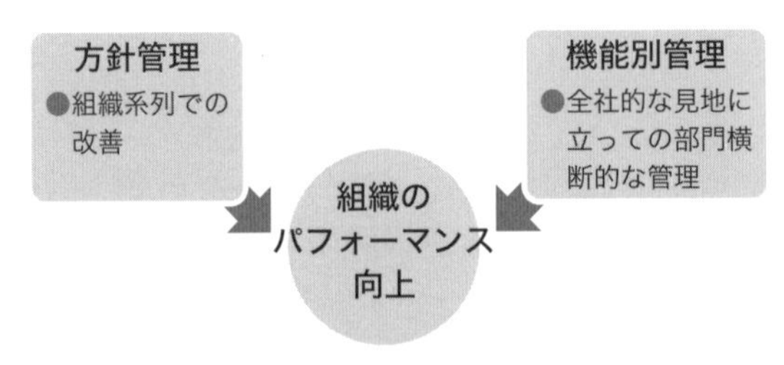

具体的には、品質、コスト、納期、安全、人材育成、環境等の各機能において、**機能ごとに総合的に運営管理するために、委員会を設ける**ことがあり、これを**機能別委員会**といいます。

クロスファンクショナルチーム（ＣＦＴ）とは、部門単位ではなく全社的に課題となっている問題に対して、**複数の部門や職位から、多様な経験・スキルを持つメンバーを集めて構成されるチーム体制**のことです。部署として常設される場合と、一時的なプロジェクトとして期間限定で招集される場合があり、部門横断的なテーマの検討、解決策の提案に取り組みます。

図表15.1 方針によるマネジメントの概要

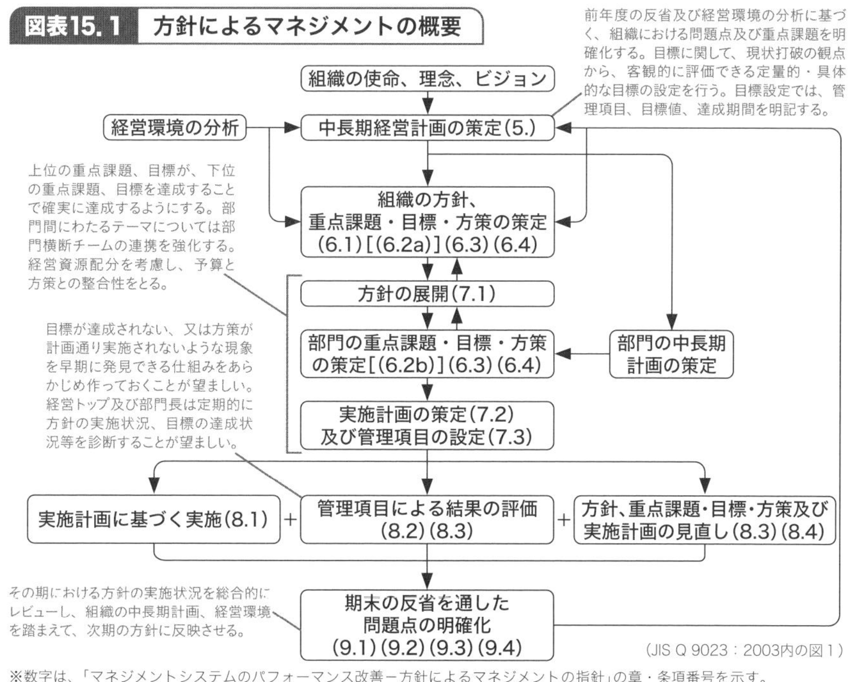

※数字は、「マネジメントシステムのパフォーマンス改善－方針によるマネジメントの指針」の章・条項番号を示す。
出典：JIS Q 9023：2003 マネジメントシステムのパフォーマンス改善－方針によるマネジメントの指針(kikakurui.com)

3 日常管理

日常管理とは、工程を**良好な状態に保ち続ける**ために、**製造条件等が定めら**

れた範囲内にあることを日常的に確認することです。

日常管理は方針管理とともに、組織の管理における車の両輪といえます。各部門が標準類を順守し(標準化を基本として)、維持活動を行いながら、改善活動を組織的に行います。

維持活動とは、**目標(基準)を設定**し、目標からずれないように、目標からずれた場合はすぐに元に戻せるように**ＳＤＣＡサイクル**を回していく活動です。

一方、改善活動とは、**目標を現状よりも高い位置に設定**し、問題または課題を特定し、問題解決または課題達成を行うべく**ＰＤＣＡサイクル**を回していく活動です。

図表15.2 維持と改善

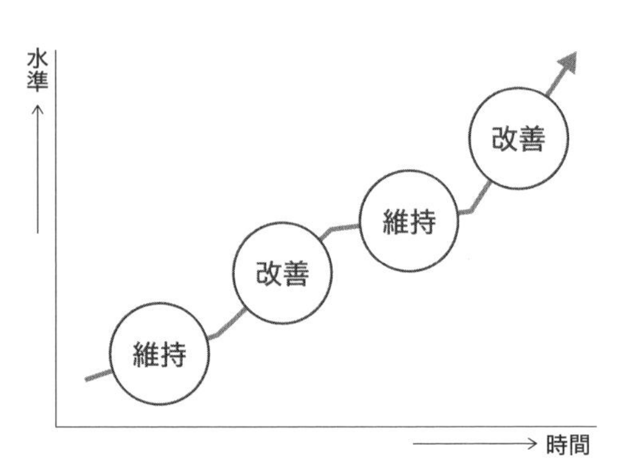

日常管理に係る重要キーワードは以下の通りです。

キーワード	概要
変化点管理	変化点における対処方法をあらかじめ定めておき、異常を検出したら即座に必要な措置を行う管理。 変化点：４Ｍ(Man、Machine、Material、Method)等の要因に変更が生じる時点。異常や不適合の原因となることが多い。 【主な変化点(一例)】 Man(人)：管理者や作業者、検査員の変更、就業日・時間の変更等 Machine(機械)：機械の故障、修理、改変、移設等 Material(材料)：材料・部品の変更、仕入先・ロットの変更等 Method(方法)：作業・検査方法の変更、工程、レイアウト・運搬方法の変更等
標準作業	４Ｍ(Man、Machine、Material、Method)がばらつかないように標準化された作業のこと。
設計変更	製品の内容に関わる変更。
初期流動管理	重要な設計変更を行った場合に、品質が安定するまでの間行う特別な工程管理。日常管理に加えて行われ、この時期に起こりがちな品質の不具合を検出し、解決を図る。
初物検査 (初品検査)	設計変更が生じる場合に行う、通常以上に詳細な品質チェック等。

業務区分	日常管理の目的を見失わず、日常管理の成果を効率的、確実に得るために業務を一定の単位で区切ること。
結果系管理	結果の追究・管理。不具合発生後の対応となってしまう。
要因系管理	要因の追究・管理。不具合の余地・予測ができる。 システム管理の基本である。
重点指向	不具合項目を定量的に把握し、層別して一番多い不具合項目に着目して改善を進めていく考え方。パレート図を用いることが有効である。
管理項目	業務プロセスが目的どおり実施されているかを判断しアクションをとるための評価尺度。管理尺度と呼ばれることもある。結果系と要因系の項目に区別され、結果系の管理項目(例：製品出来高)＝管理点、要因系の管理項目(例：機器の設定温度)＝点検点と呼ぶ。 【管理項目例】 • 改善提案内容(問題解決のレベル向上のため) • チョコ停回数(設備トラブル削減のため)・販売提案件数(顧客提案力向上のため) • 安全衛生研修回数(安全確保のため) • クレーム処理費用(品質関連の苦情削減のため)
管理水準	管理項目の特性値の安定状態を客観的に判断する具体的な数値。結果が悪い場合だけでなく、良い場合においても設定し、さらなるプロセスの改善に結び付けることが重要である。
直行率	製造ラインに部材投入してから最終検査工程までトラブルなく順調に直行する割合。
インシデント	災害や事故につながる潜在的な出来事(ヒヤリハット)。
アクシデント	労働災害や事故(ヒヤリハットの顕在化)。

4 標準化

1）標準化とは

標準化とは、**効果的・効率的な組織運営等**(次ページ図参照)を目的として、

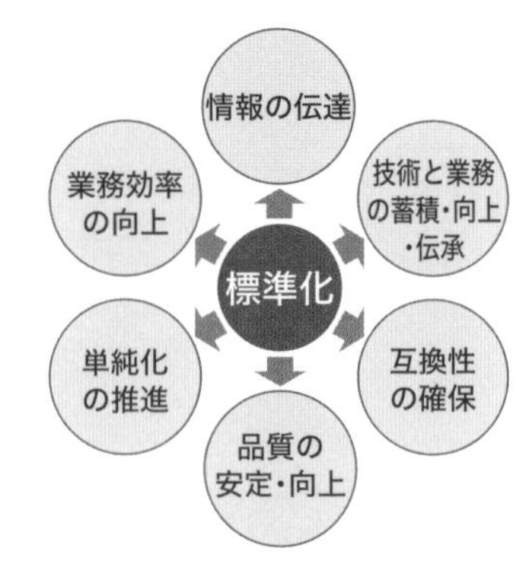

共通にかつ繰り返して使用するための標準類(文書など)を定めて活用する活動で、規格を作成し実施するプロセスから成ります。

規格は、次の表のとおり５つに分類することができます。

規格名称	概要、例
国際規格	国際的組織で制定され、国際的に適用される規格。 例)ＩＳＯ規格(国際標準化機構)、ＩＥＣ規格(国際電気標準会議)、 ＩＴＵ規格(国際電気通信連合)
地域規格	一定地域の利便のために、その地域内の標準化団体が制定する規格。 例)ＥＮ(欧州)規格
国家規格	国または国に認められた標準化機関によって制定され、主に国内で適用される規格。例)ＪＩＳ(日本産業)規格、ＡＮＳＩ(米国)規格
団体規格	事業活動の一つとして標準化を取り上げている団体、学会等が制定する規格、技術仕様書。
社内規格	単独の企業、事業所等が制定する規格。

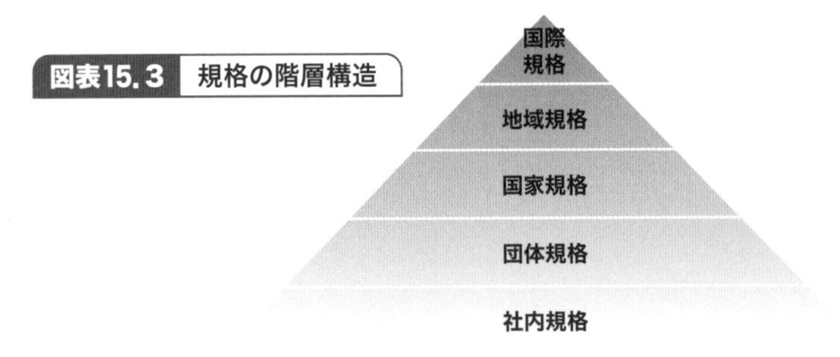

図表15.3 規格の階層構造

また、規格の内容の観点から右図のとおり整理できます。

製品規格
製品の形状、機能等
を規定

方法規格
試験・分析等の
方法、作業標準等を規定

基本規格
共通事項
(用語、記号、
単位、標準数)
を規定

2）産業標準化

日本国内の産業標準化制度は、産業標準化法に基づき、

- **日本産業規格**（ＪＩＳ）の制定
- **日本産業規格**（ＪＩＳ）との適合性に関する制度（ＪＩＳマーク表示制度及び試験所認定制度）

から成り立っています。

ＪＩＳマーク表示制度とは、**国により登録された民間の第三者機関（登録認証機関）**から認証を受けることによって、ＪＩＳマークを表示することができる制度です。取引の単純化、品質の向上ほか、鉱工業品等の互換性、安全・安心の確保および公共調達などに大きく寄与しています。

図表15.4　ＪＩＳマークの種類

鉱工業品、電磁的記録、役務

加工技術

特定側面

5　小集団活動

小集団活動とは、**第一線の職場で働く人々による、製品またはプロセスの継続的改善を行う自主的な小グループ**の活動です。**ＱＣサークル活動**とも呼ばれ、次の３つの基本理念を掲げています。

- 企業の体質改善・発展に寄与すること
- 人間性を尊重し、生きがいのある明るい職場をつくること
- 人間の能力を発揮し、無限の能力を引き出すこと

改善テーマを選定し、問題に関する事実を客観的なデータで把握し、層別を行って解析を進め、改善策を立案して、解決を図ります。

全社的に小集団活動を活発かつ継続的に行うには、推進事務局を組織内に設

け、上司の部課長が個の重要性を理解し関心をもち、必要に応じた助言を行う必要があります。メンバーにおいては、**QCストーリー**などの知識を習得し、小集団活動の全社発表会や相互啓発を行うことで、問題解決能力の向上および自己実現の促進を図ることができます。

自己実現においては、自分の中にある可能性を自身で認識・開発・発揮していくことが重要です。

メンバー一人一人の意識の変化により、行動が変化し、成果が出ます。これを上司が褒賞することで、さらに意識が向上し、結果として職場風土がレベルアップするといった好循環が期待できます。

図表15.5 小集団活動における役割

管理者	監督者	推進事務局
●小集団活動の必要性、活動方針、目標の明示 ●成果発表会や褒賞の場への参加等により、小集団活動の更なる盛り上げを図る	●身近な指導・支援者として、小集団リーダーへの運営アドバイス・指導 ●管理者や事務局とのコミュニケーション	●活動状況の把握 ●監督者、小集団への状況報告 ●管理者への必要な処置の進言

図表15.6 小集団活動におけるリーダーとメンバー

リーダー	●意見・考えをまとめて活動の方向付けを行う。 ●進捗状況を確認して指導する。 ●管理者や他の小集団とのコミュニケーションを行い、報告・連絡・相談を行う。
メンバー	●積極的な活動参加・発言、役割の実行。 ●チームワーク作りに貢献。

小集団活動においては、物事が因果関係に大きく影響されるという科学的な見地から、**プロセス重視のアプローチ**が重要です。

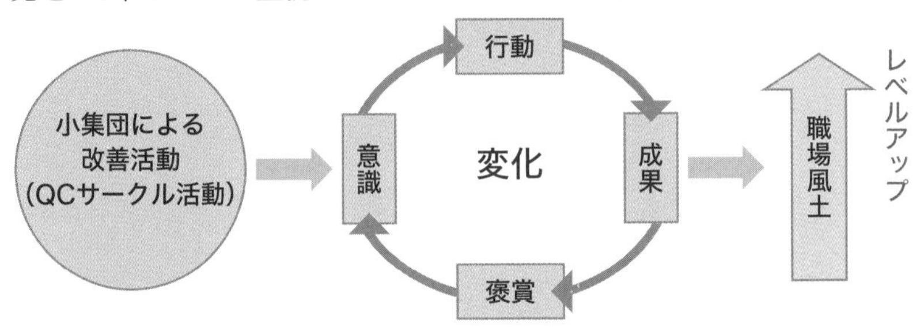

6 人材育成

人材育成とは、組織の経営戦略の実現のため、**貢献できる良質な人材を長期的な視点で能力向上させる**ことです。

人材育成に関する重要なキーワードは以下の通りです。

キーワード	概　要
ＯＪＴ	職場内訓練(On the Job Training)。実際の職場を教育訓練の場として、上司・先輩から部下・後輩への指導を通じて、必要な知識・技能・認識(態度)を身に付けていく方法。重要な技能伝承の場といえる。
ＯＦＦ－ＪＴ	職場外訓練(Off the Job Training)。実際の職場から離れて行う企業内集合教育、企業外での研修・セミナーへの参加によって個人の知識・スキルの習得を行う方法。
自己啓発	個人またはグループ単位で自主的に行う学習。自身で必要性を感じて行う自学自習や座学など。
相互啓発	ＱＣサークルなどの小集団活動への参加を通して、参加者が相互に見識と視野を広げ、意識を向上させていくもの。
ティーチング	上司と部下とのコミュニケーション技法で、部下の知識や経験が比較的低い段階で導入すると効果的である。答えやノウハウを部下に教える。新入社員教育に適している。
コーチング	上司と部下とのコミュニケーション技法で、部下がある程度経験を積み、自立性が育ってきた段階で導入すると効果的である。指導を受ける部下に気づきを与え、部下自らが答えを導き、自発的な行動を促すようにするもの。
階層別教育 (階層別研修)	役職や階級ごとに要求される知識や力量の教育(研修)。
分野別教育 (部門別研修)	各職場の業務・業種によって要求される知識や力量の教育(研修)。
コンプライアンス教育	社員全員を対象として、広く倫理観を育み、規範を守るための教育。

7 診断・監査

1）品質監査など

品質監査とは、品質活動およびその結果が監査基準を満たしているか、客観的証拠を収集し、客観的に評価するプロセスのことです。

監査基準とは、製品やプロセスの監査にあたって比較対照する方針・手順・要求事項です。

監査証拠とは、監査基準に基づく検証記録、事実の記述等を指し、定性的なものと定量的なものがあります。

内部監査とは、被監査者から独立した内部監査員によって実施される品質マネジメント監査です。内部監査の導入にあたり、内部監査員の継続的な(ロールプレイングを通じての)人材育成が必要となります。

なお、監査については次の３種類あります。

- **第一者監査**：組織自体または代理人が行う(内部監査とも呼ばれる)
- **第二者監査**：顧客やその組織の利害関係者またはその代理人が行う
- **第三者監査**：外部の独立した監査組織(政府機関等)が行う

2）トップ診断

トップ診断とは、**トップマネジメント**自らがマネジメントシステムの診断を行うことです。具体的には、方針管理や日常管理を評価し、方針が現場の第一線まで理解されているか、これを達成するための活動が行われているかを診断します。

8 品質マネジメントシステム

品質マネジメントシステムは、ISO 9001:2015で定められており、次の場合の要求事項について規定しています。

- 組織が、顧客要求事項や適用される法令・規制要求事項を満たした製品・サービスを**一貫して提供する能力を持つこと**を実証する必要がある場合
- 組織が、品質マネジメントシステムの改善のプロセスを含む、「システムの効果的な適用」ならびに「顧客要求事項や適用される法令・規制要求事項への適合の保証」を通して、**顧客満足の向上**を目指す場合

トップマネジメントが、下記のことを確実に行い、顧客重視に関するリーダーシップとコミットメントの実証を行うことを求めています。

- 顧客要求事項、適用される法令・規制要求事項を明確に理解し、一貫してこれを満たしていること
- 製品・サービスの適合、顧客満足を向上させる能力に影響を与え得るリスクと機会を決定し取り組んでいること
- 顧客満足の向上の重視が維持されていること

顧客満足度の評価において、マイナス評価だけが対象でなく、顧客の期待を超える評価も含まれます。また、苦情・クレームといったマイナス評価がなかったからといって、必ずしも顧客満足度が高いとは限らないという点にも留意が必要です。

ちなみに、マネジメントシステムという用語の定義は、ISO 9000:2015において、「方針及び目標、並びにその目標を達成するためのプロセスを確立するための、相互に関連する又は相互に作用する、組織の一連の要素」とされています。

品質マネジメントシステムに係る仕様書として、

- 品質マニュアル(組織)
- 品質計画書(個別の対象への適用)

があります。

なお、ISO9001とは顧客に対する品質保証を行うための国際規格です。1987年に開発され、2015年に改訂(第5版)されています。

図表15.7　ＩＳＯマネジメントシステムの７原則

原　則	内　容
顧客重視	品質マネジメントシステムの主眼は、顧客の要求事項を満たし、顧客の期待を超える努力をすることである。
リーダーシップ	全ての階層のリーダーは、目的と方向性を一致させ、人々が組織の品質目標を達成するために参加する状況を作り出す。
人々の積極的参加	組織内の全ての階層にいる、力量があり、権限が与えられ、積極的に参加する人々が、価値を創造し提供する組織の実現能力を向上させるために必要である。
プロセスアプローチ	活動を、首尾一貫したシステムとして機能する相互に関連するプロセス(＝インプットを使用して意図した結果であるアウトプットを生み出す一連の流れ)であると理解し、マネジメントすることによって、矛盾のない予測可能な結果がより効果的かつ効率的に達成できる。
改善	成功する組織は、改善に対して、継続してフォーカスを当てている。
客観的事実に基づく意思決定	データおよび情報の分析と評価に基づいた意思決定により、より望ましい結果を得ることができる。
関係性管理	持続的成功のために、組織は、供給者のような密接に関連する利害関係者との関係をマネジメントする。

なお、JIS Q9001:2015の品質マネジメントシステムにおいてもISO9001:2015と同じ７つの原則が挙げられています。リスクへの取り組みについては、リスクを回避すること、ある機会を追求するためにそのリスクを取ること、リスク源を除去すること、起こりやすさもしくは結果を変えること、リスクを共有すること、または情報に基づいた意思決定によってリスクを保有することが挙げられています。

JIS Q9001:2015の、8.3.4項(設計・開発の管理)において、設計・開発からのアウトプットが、インプットの要求事項を満たすことを確実にするために、検証活動を行うこと、及び、結果として得られる製品及びサービスが、指定された用途又は意図された用途に応じた要求事項を満たすことを確実にするために、妥当性確認活動を行うことが定められています。

図表15.8 ＩＳＯ9001の要求事項

原　則	内　容
4．組織の状況	1．組織およびその状況の理解 2．利害関係者のニーズおよび期待の理解 3．品質マネジメントシステムの適用範囲の決定 4．品質マネジメントシステムおよびそのプロセス
5．リーダーシップ	1．リーダーシップおよびコミットメント 2．方針 3．組織の役割、責任および権限
6．計画	1．リスクおよび機会への取り組み 2．品質目標およびそれを達成するための計画策定 3．変更の計画
7．支援	1．資源 2．力量 3．認識 4．コミュニケーション 5．文書化した情報
8．運用	1．運用の計画および管理 2．製品およびサービスに関する要求事項 3．製品およびサービスの設計・開発 4．外部から提供されるプロセス、製品およびサービスの管理 5．製造およびサービスの提供 6．製品およびサービスのリリース 7．不適合なアウトプットの管理
9．パフォーマンス評価	1．監視、測定、分析および評価 2．内部監査 3．マネジメントレビュー
10．改善	1．一般 2．不適合および是正処置 3．継続的改善

※原則の番号が４～10となっているが、割愛した１～３にはそれぞれ、１．適用範囲、２．引用規格、３．用語及び定義が記されている。

練習問題　赤シートで正解を隠して設問に答えてください（解説はP.238から）。

【問1】 方針管理に関する次の文章において、［　　］内に入る最も適切なものを下の選択肢からひとつ選べ。

方針管理を推進するには、［（1）］体制で行う必要があり、また、［（2）］管理が維持されていることが前提となる。現代においてはできるだけ［（3）］期間でのＰＤＣＡサイクルが求められていることから、方針管理は［（4）］策定するべきといえる。方針管理における方針は、一般的には、［（5）］、［（6）］、［（7）］で構成される。［（5）］は組織で展開すべき重要項目、［（6）］は［（5）］に関する到達基準または実現すべき成果、［（7）］は［（6）］達成のための具体的な活動内容である。

〈選択肢〉

ア．経営陣主体の　イ．全部門リーダー　ウ．全部門全員
エ．機能別　オ．日常　カ．長　キ．短
ク．毎年　ケ．３年毎に　コ．５年毎に　サ．目標
シ．重点課題　ス．方策

正解　（1）**ウ**　（2）**オ**　（3）**キ**　（4）**ク**
（5）**シ**　（6）**サ**　（7）**ス**

【問2】 日常管理に関する次の文章において、［　　］内に入る最も適切なものを下の選択肢からひとつ選べ。

日常管理において、［（1）］を支える［（2）］に変更が加えられると悪影響が生じることがある。よって、［（2）］の変更が予測・予定される場合は、これを［（3）］ととらえ、［（3）］管理を適切に行う必要がある。

また、製品の内容に関わる設計変更が生じるときも注意する必要がある。設計変更が生じる場合、［（4）］を行い、通常以上に詳細な品質チェック等を行う。重要な設計変更の場合は、［（5）］を設け、この時期に起こりがちな品質不具合を検出し解決を図る。

〈選択肢〉

ア．方針管理　イ．標準作業　ウ．特殊作業　エ．４Ｍ　オ．５Ｓ
カ．好機　キ．問題　ク．変化点　ケ．基準点　コ．初物検査
サ．標準化　シ．初期流動管理　ス 機能別管理

正解　（1）**イ**　（2）**エ**　（3）**ク**　（4）**コ**　（5）**シ**

【問３】 品質経営の要素に関する次の文章において、［　　］内に入る最も適切なものを下の選択肢からひとつ選べ。

［（1）］は、各実施部門が機能しやすいように、組織を横断的に管理する仕組みである。

［（2）］の目標を確実に達成するために、４Mを適切に管理することが求められる。このために製造作業標準等の標準書を作成し実施することを［（3）］という。

〈(１)～(３)の選択肢〉

ア. 方針管理　**イ**. 機能別管理　**ウ**. トップ診断　**エ**. ＱＣＤ
オ. ＰＳＭＥ　**カ**. 標準化　**キ**. 三現主義

正解　(１)**イ**　(２)**エ**　(３)**カ**

組織において、人材育成のための教育訓練活動として、組織が主体的に行うものと個人・グループが自主的に行うものがある。前者においては、［（4）］と［（5）］に区分され、［（4）］は職場内教育、［（5）］は職場外教育ともいわれる。後者においては、［（6）］があり、ＱＣサークル活動はこれに［（7）］。

〈(４)～(７)の選択肢〉

ア. 自己啓発・相互啓発　**イ**. ＯＦＦ-ＪＴ　**ウ**. ＯＪＴ
エ. 含まれる　**オ**. 含まれない

正解　(４)**ウ**　(５)**イ**　(６)**ア**　(７)**エ**

【問４】 診断・監査および品質マネジメントシステムに関する次の文章において、［　　］内に入る最も適切なものを下の選択肢からひとつ選べ。

品質監査は、ISO9000:2015を基に、JIS Q 9000:2015で定められており、［（1）］的証拠を集め、それを［（1）］的に評価するための、［（2）］的で独立し、［（3）］化されたプロセスである。

〈(１)～(３)の選択肢〉

ア. 主観　**イ**. 体系　**ウ**. 総合　**エ**. 客観　**オ**. 文書　**カ**. 簡略

正解　(１)**エ**　(２)**イ**　(３)**オ**

また、プロセスアプローチについては、活動を［（4）］したシステムとして機能する相互に関連するプロセスであると理解し、［（5）］することによって、矛盾のない［（6）］な結果がより効果的かつ効率的に達成できるものとしている。

〈(4)～(6)の選択肢〉

ア. 首尾一貫　**イ**. 予測可能　**ウ**. 予測不可能　**エ**. マネジメント
オ. 問題解決　**カ**. アレンジ　**キ**. 評価

正解　(4) **ア**　(5) **エ**　(6) **イ**

解答・解説

【問1】 **方針管理**

(1) **ウ**　(2) **オ**　(3) **キ**　(4) **ク**　(5) **シ**　(6) **サ**　(7) **ス**

方針管理についてはP.224参照。この設問が「まとめ」になっているので覚えてきたい。

【問2】 **日常管理**

(1) **イ**　(2) **エ**　(3) **ク**　(4) **コ**　(5) **シ**

日常管理において、標準作業を支える4Mに変更が加えられると異常や不適合の原因となることが多い。4Mの変更が予測される場合は変化点管理を適切に行う必要がある。その他、日常管理についてはP.225参照。

【問3】 **品質経営の要素（総合問題）**

(1) **イ**　(2) **エ**　(3) **カ**　(4) **ウ**　(5) **イ**　(6) **ア**　(7) **エ**

ＱＣサークル活動は、全社的品質管理活動の一環として、自己啓発・相互啓発を行い、ＱＣ手法を活用して職場の管理・改善を継続的に全員参加で行う。

【問4】 **診断・監査、品質マネジメントシステム**

(1) **エ**　(2) **イ**　(3) **オ**　(4) **ア**　(5) **エ**　(6) **イ**

診断・監査を含め、この設問が「まとめ」になっているので覚えておきたい。

第16章

倫理・社会的責任

合格のポイント

➡ 企業の社会的責任、品質の概念および品質保証に関する知識・考え方の理解（格言や経営者の経営哲学を含む）

1 倫理・社会的責任とは

倫理とは、一般的に、人として守るべき道、道徳、モラルという意味があり、「品質管理技術者として守るべき道」といえます。

ＣＳＲ（企業の社会的責任）とは、Corporate Social Responsibilityの略で、企業においても社会の一員である認識を持ち、利益追求のみならず、組織活動が社会に与える影響に責任を持ち、**すべてのステークホルダー（利害関係者）からの多様な要求に対して適切な対応をとる責任**のことです。

また、**ＳＲ（社会的責任）**とは、Social Responsibilityの略で、組織の決定および活動が社会および環境に及ぼす影響に対して、次のような**透明かつ倫理的な行動を通じて組織が担う責任**のことで、以下の内容が含まれます。
—健康および社会の福祉を含む持続可能な発展に貢献する
—ステークホルダーの期待に配慮する
—関係法令を順守し、国際行動規範と整合している
—その組織全体に統合され、その組織の関係の中で実践される

なお、**ＳＲ**における活動は以下の２つの側面を持っています。
- リスクマネジメントを行う活動
- 環境・労働問題に取り組む活動

ISO26000（社会的責任に関する手引）において、**社会的責任**の７つの原則が定められています。

原則１　説明責任
　組織の活動によって外部に与える影響を説明する。

原則２　透明性
　組織の意思決定や活動の透明性を保つ。

原則３　倫理的な行動
　公平性や誠実であることなど倫理観に基づいて行動する。

原則４　ステークホルダーの利害の尊重

さまざまなステークホルダー（利害関係者）へ配慮して対応する。

原則５　法の支配の尊重

各国の法令を尊重し順守する。

原則６　国際行動規範の尊重

法律だけでなく、国際的に通用している規範を尊重する。

原則７　人権の尊重

重要かつ普遍的である人権を尊重する。

企業は**ＳＲレポート**などを通して、社会的責任に関する事項について情報開示することが求められています。企業内外に組織の行動規範を示したり、利害関係者への情報開示を行ったりしています。

近江商人の言い伝えとして「三方よし」があります。三方とは、顧客満足、従業員満足、社会満足のことであり、現代の企業などにおいても、この３つのバランスに配慮する必要があるといえます。

また、松下幸之助の語録に「企業は社会の公器である」があります。社会に必要とされる製品・サービスの提供を誠実に行うことで、社会に必要とされる企業となり得るということです。

ちなみに、この「倫理・社会的責任」については、２級試験レベルでは、言葉として知っておく程度でよいでしょう。最近、新たに出題されるようになった項目です。

練習問題 赤シートで正解を隠して設問に答えてください(解説はP.244から)。

【問1】 倫理・社会的責任に関する次の文章において、正しいものに○、正しくないものには×をマークせよ。

①ＣＳＲとは、企業においても社会の一員としての認識を持ち、組織活動が社会に与える影響に対して、企業利益を最優先しつつ、可能な範囲で取り組むものである。

②社会的責任の７つの原則は、ＩＳＯに定められており、その一つである、透明性の原則とは、組織は社会および環境に影響を与える自らの活動および活動に対して透明であるべきというものである。

③社会的責任において、積極的に慈善活動を行うことがとくに重視される。

④組織の社会的責任に関する国家規格として、ISO26000が定められており、企業だけでなくすべての組織を対象として、先進国を中心に国際的な場で複数のステークホルダー間で議論されて開発されたものである。

正解 ① × ② ○ ③ × ④ ×

【問2】 **倫理・社会的責任に関する次の文章において、[　　]内に入る最も適切なものを下の選択肢からひとつ選べ。**

ISO26000(社会的責任に関する手引)において、社会的責任の7つの原則が定められている。7つの原則とは以下のとおりである。なお、ISO26000のそれと順番を入れ替えている。

- [(1)]的な行動：公平性や誠実であることなど[(1)]観に基づいて行動する。
- 法の支配の[(2)]：各国の法令を[(2)]し順守する。
- 人権の[(2)]：重要かつ[(3)]的である人権を[(2)]する。
- 説明責任：組織の活動によって[(4)]に与える影響を説明する。
- [(5)]行動規範の[(2)]：法律だけでなく、[(5)]的に通用している規範を[(2)]する。
- [(6)]性：組織の意思決定や活動の[(6)]性を保つ。
- ステークホルダーの[(7)]の[(2)]：さまざまなステークホルダーへ配慮して対応する。

〈選択肢〉

ア. 支援　イ. 尊重　ウ. 遂行　エ. 利害　オ. 損失
カ. 倫理　キ. 合理　ク. 国際　ケ. 地域　コ. 透明
サ. 収益　シ. 外部　ス. 環境　セ. 普遍

正解　(1) カ　(2) イ　(3) セ　(4) シ
　　　(5) ク　(6) コ　(7) エ

解答・解説

【問1】 倫理・社会的責任

× ①利益追求のみではなく、適切な対応をとる責任がある。

○ ②問題文の通り。

× ③慈善活動も含まれるが、必ずしもこればかりではなく、とくに重視されるわけでない。

× ④ISO26000は国家規格ではなく「国際」規格である。また、先進国を中心ではなく、先進国から発展途上国まで含めたものである。

【問2】 倫理・社会的責任

（1）**カ**　（2）**イ**　（3）**セ**　（4）**シ**　（5）**ク**
（6）**コ**　（7）**エ**

〈社会的責任の７つの原則（ISO26000のそれと順番を入れ替えている）〉

- **(1)カ．倫理**的な行動：公平性や誠実であることなど**カ．倫理**観に基づいて行動する。
- 法の支配の**(2)イ．尊重**：各国の法令を**イ．尊重**し順守する。
- 人権の**イ．尊重**：重要かつ**(3)セ．普遍**的である人権を**イ．尊重**する。
- 説明責任：組織の活動によって**(4)シ．外部**に与える影響を説明する。
- **(5)ク．国際**行動規範の**イ．尊重**：法律だけでなく、**ク．国際**的に通用している規範を**イ．尊重**する。
- **(6)コ．透明**性：組織の意思決定や活動の**コ．透明**性を保つ。
- ステークホルダーの**(7)エ．利害**の**イ．尊重**：さまざまなステークホルダーへ配慮して対応する。

II 実践編

第17章
品質管理周辺の実践活動

合格のポイント

➡ 商品企画七つ道具および生産管理に関連した作業研究に関する理解

1 商品企画七つ道具

商品企画七つ道具とは、1995年に**商品企画のシステム化を目的に考案された手法**です。ＴＱＣ(**総合的品質管理**)のパラダイム構築により、真の消費者が望む商品ニーズをとらえ、そこから優れたヒット商品を開発する手法を構築することを目標として、(一財)日本科学技術連盟が、ＱＣ七つ道具に匹敵する手法を整理したものです。ここでは、顧客に感動を与える商品を提供するには**「確実な調査」「ユニークな発想」「最適なコンセプトの構築」「技術への橋渡し」**の四つの活動(ステップ)が必須である、としています。

図表17.1 商品企画七つ道具の概要

ステップ	感動商品の探索		感動商品の決定	
	確実な調査	ユニークな発想	最適化(最適なコンセプトの構築)	リンク(技術への橋渡し)
商品企画七つ道具	①インタビュー調査 ②アンケート調査 ③ポジショニング分析	④アイデア発想法 ⑤アイデア選択法	⑥コンジョイント分析	⑦品質表
狙い	潜在ニーズの発見・確認	創造的コンセプトへの変換	最適なコンセプトの決定	研究・設計へのリンク

図表17.2 商品企画七つ道具

手法名	概要
インタビュー調査	定性的な情報を調査・分析し、顧客の潜在ニーズについて新たな仮説を発見するための手法。 評価グリッド法等のツールを用いる。

アンケート調査	仮説検証を目的に、多数の顧客を対象として事前に用意した調査用紙に回答を記入してもらう方法。
ポジショニング分析	適当な軸を取って、商品の位置関係を図示して、商品企画の方向付けをする手法。
アイデア発想法	ニーズを実現するために、画期的なアイデアを数多く効率的に創出する手法。 焦点発想法、アナロジー発想法、チェックリスト発想法、シーズ発想法などのツールを用いる。
アイデア選択法	創出された多数のアイデアから良質かつ使用可能なアイデアを客観的に絞り込む手法。 重み付け評価法と一対比較評価法（ＡＨＰ）などのツールを用いる。
コンジョイント分析	品質、デザイン、価格などの組み合わせを評価し、最適なコンセプトを探求する手法。
品質表	要求品質と品質特性とをマトリックス表にまとめたもの。技術者が設計に利用する。

2 ＩＥとＶＥ

ＩＥはIndustrial Engineeringの略で、**生産工学**のことです。人・モノ・設備の総合されたシステムの設計・改善・確立に関するもので、そのシステムから得られる結果を明確にし、予測し、かつ評価するために、工学的な解析・設計の原理や方法とともに、数学・物理学・社会科学の専門知識と技術とを利用するものです。

一方、ＶＥはValue Engineeringの略で、**価値工学**のことです。製品やサービスの「価値（Value）」を「機能（Function）」と「コスト（Cost）」との関係（次ページの式）でとらえ、価値を高める手法です。

$$価値(Value)=\frac{機能(Function)}{コスト(Cost)}$$

価値(Value)が向上するパターンは４つあります(下表参照)。

図表17.3　価値向上の４パターン

パターン	機能向上	原価低減	拡大成長	革新製品
機能(Function)	⬆	➡	⬆⬆	⬆
コスト(Cost)	➡	⬇	⬆	⬇

〈凡例〉⬆：上昇、➡：現状維持、⬇：減少

また、価値の向上は以下の手順で進められます。**「1．機能定義→2．機能評価→3．代替案作成」**の手順を、**ＶＥ基本３ステップ**といいます。1．で機能を定義し、2．でその機能のコストと価値を評価し、3．で代替案を作成・具体化し、そのコストや機能を評価します。**①ＶＥ対象の情報収集〜⑩詳細評価**を**ＶＥ詳細10ステップ**といいます。

図表17.4　価値向上の手順

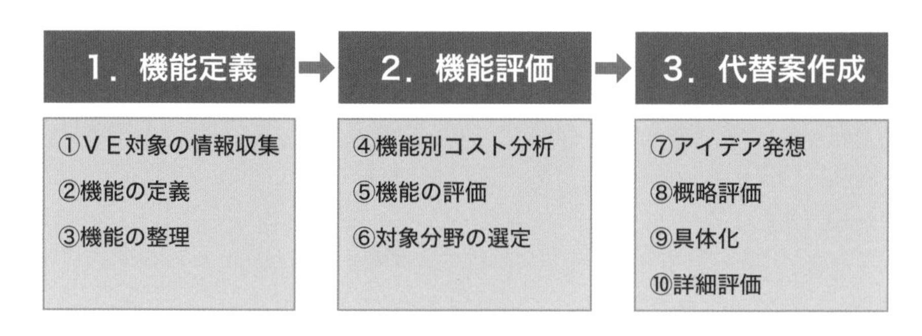

ＩＥは作業のムダ排除、ＶＥは製品のコストダウン等を行うことができ、ＱＣとともに、日本のものづくりを支えてきた管理技術といえます。

3 設備管理、資材管理、生産における物流・量管理

図表17.5 保全活動の体系図

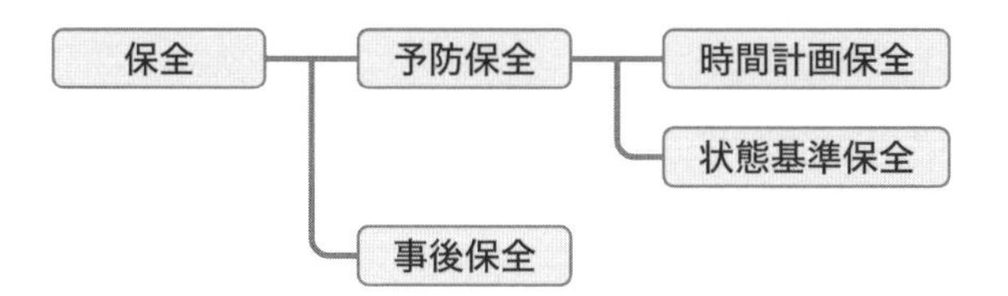

設備管理とは、**企業が所有する設備のライフサイクル管理**(計画・設計・製作・保全・更新等)のことです。

保全においては、**維持活動**と**改善活動**に大きく区分されます(下表参照)。また、予防保全は時間計画保全と状態基準保全に分けられ、時間計画保全は下表に示す**定期保全**と**予知保全**からなります。

図表17.6 設備管理の維持活動と改善活動

	種　類		概　要
維持活動	予防保全		故障に至る前に設備寿命を推定して、故障を未然に防止する保全活動。
		定期保全	従来の故障記録等を基に周期を定め、周期ごとに行う、時間軸を基準とした保全活動。
		予知保全	設備の劣化傾向を診断管理し、故障に至る前の最適な時期に最善の対策を行う保全活動。
	事後保全		設備に故障が発生した時点で補修する保全活動。
改善活動	改良保全		故障の発生確率の低減、もしくは性能向上を図る保全活動。
	保全予防		過去の保全実績などを踏まえ、計画・設計段階から故障の予知・予測を行い、故障を排除する対策を行う保全活動。

資材管理とは、定められた資材の調達に関する**QCD（品質・コスト・納期）**に係る管理といえます。資材計画、購買管理、外注管理、在庫管理、包装管理、物流管理などを的確に推進します。

物流・量管理とは、顧客が製品・サービスの提供を受けてから廃棄に至るまでのトータルプロセスにおいて、製品・サービスの価値を最大化するとともに、ライフサイクルコストや環境負荷・安全リスクを最小化するために製品・サービスの提供とその情報のタイミングを最適化することです。

練習問題

赤シートで正解を隠して設問に答えてください（解説はP.252から）。

【問1】 品質管理周辺の実践活動に関する次の文章において、［　　］内に入る最も適切なものを下の選択肢からひとつ選べ。

商品企画七つ道具は、1995年に開発・提唱された商品企画のための体系的な手法で、顧客に［（1）］を与える商品を提供するには、［（2）］な調査、［（3）］な発想、最適な［（4）］の構築、技術への［（5）］の四つの活動が必須としている。

商品企画七つ道具において、［（2）］な調査に用いるもののうちの一つは［（6）］分析である。［（3）］な発想に用いるものは、［（7）］発想法および［（7）］選択法である。最適な［（4）］の構築に用いるものは、［（8）］分析である。

〈選択肢〉

ア．利得	**イ**．感動	**ウ**．確実	**エ**．効率的
オ．ユニーク	**カ**．柔軟	**キ**．コンセプト	**ク**．マネジメント
ケ．アイデア	**コ**．ヘドニック	**サ**．コンジョイント	**シ**．ポジショニング
ス．回帰	**セ**．橋渡し		

正解　（1）**イ**　（2）**ウ**　（3）**オ**　（4）**キ**
（5）**セ**　（6）**シ**　（7）**ケ**　（8）**サ**

【問2】 ＩＥ、ＶＥに関する次の文章において、正しいものに○、正しくないものには×をマークせよ。

①ＩＥとはInformation Engineeringのことで、得られた情報を活用して製品・サービスの提供を効果的に行うものである。
②ＶＥとは価値工学であり、価値をコストで割ることにより、機能を評価する。
③ＶＥにおいて、まず機能を定義し、機能を評価したうえで、代替案の作成を行う。
④ＩＥは製品のコストダウン、ＶＥは作業のムダ排除を行うことができる。

正解　① ×　② ×　③ ○　④ ×

【問3】 設備管理の維持活動と改善活動に関する次の文章において、［　　］内に入る最も適切なものを下の選択肢からひとつ選べ。

設備管理の維持活動は［（1）］と［（2）］の２つに分けることができ、［（1）］は故障発生前に設備寿命を推定して、故障を未然に防止するものである。一方、［（2）］は故障発生後に補修するものである。

また、改善活動も、［（3）］と［（4）］の２つに分けられ、［（3）］は故障の発生確率を低減するものである。一方、［（4）］は計画・設計段階から故障の予知・予測を行い、故障の排除を図るものである。

〈選択肢〉
ア. 事後保全　**イ**. 改良保全　**ウ**. 予防保全　**エ**. 保全予防

正解　（1）**ウ**　（2）**ア**　（3）**イ**　（4）**エ**

解答・解説

【問1】 商品企画七つ道具

（1）イ　（2）ウ　（3）オ　（4）キ　（5）セ　（6）シ　（7）ケ　（8）サ

商品企画七つ道具では、顧客に**（1）イ．感動**を与える商品を提供するには、**（2）ウ．確実**な調査、**（3）オ．ユニーク**な発想、最適な**（4）キ．コンセプト**の構築、技術への**（5）セ．橋渡し**の四つの活動が必須としている。

商品企画七つ道具において、**確実**な調査に用いるものの一つは**（6）シ．ポジショニング**分析、**ユニーク**な発想に用いるものは**（7）ケ．アイデア**発想法と**アイデア**選択法、最適な**コンセプト**の構築に用いるのは**（8）サ．コンジョイント**分析である。コンジョイント分析を行えば、開発中の製品を評価してもらい、製品の各要素が製品全体の評価にどの程度関わっているかを分析することができる。

【問2】 IEとVE

①×　②×　③○　④×

①Industrial Engineering。生産工学のことである。
②機能をコストで割ることにより価値を算出する。
③まず機能を定義し、機能を評価して、代替案の作成を行う。
④ＩＥは作業のムダ排除、ＶＥは製品のコストダウンを行うことができる。

【問3】 設備管理、資材管理、生産における物流・量管理

（1）ウ　（2）ア　（3）イ　（4）エ

設備管理の維持活動の、**（1）ウ．予防保全**と**（2）ア．事後保全**は保全を行うタイミングが異なるが、現状を維持する保全といえる。一方、改善活動の**（3）イ．改良保全**と**（4）エ．保全予防**は、いずれも保全のあり方を改善するものである。

III

第18章

模擬試験

受検のポイント

- ➡ 実際の２級では、大問14～17問が出題される。試験時間は90分
- ➡ 本書の模擬試験では、学習の参考にしやすいよう、それぞれの大問の脇に単元名を記載している。分野内での順番はこの模擬試験と若干前後するが、「手法分野」「実践分野」の順番で出題される
- ➡ 模擬試験に挑む際は、P.282の解答記入欄をコピーして使うこと。なお、実際の試験は、マークシートに記入する形式になっている

【問1】 データの取り方とまとめ方

次に示す説明文が、どのサンプリング法に該当するか。もっとも適切なものを下記の選択肢からひとつ選び、その記号を解答欄にマークせよ。ただし、各選択肢を複数回用いることはない。

①母集団をあらかじめ複数のグループに分け、各グループから抽出する手法。母集団の構成比率を維持したまま調査を行うことができる。
②階層を分けて、段階的にサンプルを抜き取る方法。母集団の数が膨大な場合に用いられることが多い。
③母集団から作為なく単純にサンプルを抜き取る抽出方法。
④サンプルに通し番号を付け、一定番号ごとに抽出する手法。

【選択肢】
ア．単純ランダムサンプリング
イ．多段サンプリング
ウ．系統サンプリング
エ．層別サンプリング
オ．集落サンプリング

【問2】 新QC七つ道具

新QC七つ道具に関する次の文章において、□内に入るもっとも適切なものを下のそれぞれの選択肢からひとつ選び、その記号を解答欄にマークせよ。ただし、各選択肢を複数回用いることはない。

①以下の記述について、親和図法にあてはまるものは、(1)、(2)である。
②以下の記述について、連関図法にあてはまるものは、(3)、(4)である。
③以下の記述について、系統図法にあてはまるものは、(5)、(6)である。
④以下の記述について、マトリックス図法にあてはまるものは、(7)、(8)である。

【選択肢】

ア．問題としている事象の中から、対になる要素を見つけ出して、これらを行と列に配置し、その2次元の交点に各要素の関連の有無・度合いを表示することで、問題解決を効果的に進める。
イ．構成要素展開型と方策展開型の2種類がある。
ウ．ＫＪ法とほぼ同等であり、作図プロセスを通じて、問題の構造を理解しやすくできる。
エ．原因と結果、目的と手段等が複雑に絡み合っている場合に、図を用いてこれらの相互関係を明らかにする。
オ．原因の掘り下げに際しては、特性要因図の大骨、中骨、小骨を活用するとよい。
カ．混沌とした問題に対して、事実や意見、発想を言語データでとらえ、解決すべき問題を明確にした図である。
キ．目的を設定し、この目的を達成する手段を展開した図である。
ク．関連度の度合いを数値化し、集計した値の大きい要素に着眼する方法を用いることもある。

【問3】 統計的方法の基礎

確率分布に関する次の文章において、［　　］内に入るもっとも適切なものを下のそれぞれの選択肢からひとつ選び、その記号を解答欄にマークせよ。ただし、各選択肢を複数回用いてもよい。

①正規分布は、その分布の［(1)］と［(2)］で決まることから、N(［(1)］, ［(2)］^{2})で表される。

正規分布の確率を計算するために、まず得られたデータを［(3)］化し、［(3)］正規分布N(［(4)］, ［(5)］^{2})とする。［(3)］化とは、確率変数xから［(6)］を引いて、［(7)］で割ることである。

【(1)～(7)の選択肢】

ア．平均値$\bar{x}$　イ．中央値$\tilde{x}$　ウ．平方和S　エ．標準偏差σ
オ．分散V　カ．標準　キ．単純　ク．0　ケ．1
コ．2　サ．10　シ．母集団　ス．母平均

②2つの確率変数X、Y(X、Yは互いに無相関)の期待値を$E(X)$、$E(Y)$とし、a、bを定数とすると、

$E(X+aY)=$［(8)］

$E(aX+Y+b)=$［(9)］

が成立する。

また、$E(X)=\mu$とし、Xの分散を$V(X)$とすると、

$V(X)=E\{($［(10)］$)^2\}=$［(11)］と展開される。

さらに、

$V(X+aY)=$［(12)］

$V(aX+Y+b)=$［(13)］

が成立する。

【(8)～(13)の選択肢】

ア．$aE(Y)$　イ．$E(X)$　ウ．$E(X)+aE(Y)$
エ．$aE(X)+E(Y)$　オ．$aE(X)+E(Y)+b$
カ．$X+\mu$　キ．$X-\mu$　ク．$E(X^2)+\mu^2$
ケ．$E(X^2)-\mu^2$　コ．$E(X^2)$　サ．$V(X)+aV(Y)$
シ．$V(X)+a^2V(Y)$　ス．$aV(X)+V(Y)+b$
セ．$a^2V(X)+V(Y)$　ソ．$a^2V(X)+V(Y)+b$

【問４】（計量値データに基づく検定と推定）

検定に関する次の文章において、［　］内に入るもっとも適切なものを下のそれぞれの選択肢からひとつ選び、その記号を解答欄にマークせよ。ただし、各選択肢を複数回用いることはない。なお、解答にあたって必要であれば巻末の付表を用いよ。

あるプレキャストコンクリート製品Aを製造している工場がある。製品Aの圧縮強度の従来の母平均は$\mu_0=25$(kN/m²)である。最近、新たな材料を用いて製造を行い、強度測定を行ったところ、サンプルサイズ$n=20$において、平均値$\bar{x}=29$、標準偏差$s=10$であった。新しい材料を用いて得られた圧縮強度の母平均が従来の母平均$\mu_0=25$を上回っているかどうか検定を行うことになった。

手順１：仮説を立てる。

一つ目の仮説は［(1)］といい、H_0：μ［(2)］μ_0　($\mu_0=25$)

二つ目の仮説は［(3)］といい、H_1：μ［(4)］μ_0

とする。

【(1)～(4)の選択肢】

ア．対立仮説　　イ．帰無仮説　　ウ．<　　エ．>　　オ．＝　　カ．≠

手順２：有意水準の決定

有意水準$\alpha=0.05$とする。H_0が正しくないのに正しいと判断してしまう誤りを［(5)］または［(6)］という。一方、H_0が正しいのに正しくないと判断してしまう誤りを［(7)］または［(8)］という。

【(5)～(8)の選択肢】

ア．第１種の誤り　　イ．第２種の誤り　　ウ．ぼんやりものの誤り
エ．あわてものの誤り　　オ．うっかりものの誤り

手順３：検定統計量の計算

検定統計量を求める計算式は$t_0=$［(9)］である。これを用いて計算すると、$t_0=$［(10)］となる。

【(9)～(10)の選択肢】

ア．$\dfrac{\bar{x}-\mu_0}{\sqrt{s^2/n}}$　イ．$\dfrac{\bar{x}-\mu_0}{\sqrt{s/n}}$　ウ．$\dfrac{\bar{x}-\mu_0}{\sqrt{s^2}}$　エ．$\dfrac{\bar{x}-\mu_0}{\sqrt{s}}$

オ．0.20　カ．0.63　キ．0.89　ク．1.79

手順４：検定

手順３で求めた検定統計量の値と、確率分布表(t 表)から求めた棄却限界値 $t(\phi,\ P)=$ [(11)] とを比較すると、t_0 [(12)] $t(\phi,\ P)$ となり、H_0 は [(13)]。よって、新しい材料により圧縮強度の母平均は従来に比べて [(14)] といえる。

【(11)～(14)の選択肢】

ア．1.725　イ．1.729　ウ．2.131　エ．2.145

オ．＜　カ．＞　キ．棄却される　ク．棄却されない

ケ．上回っている　コ．上回っていない

【問5】 (計数値データに基づく検定と推定)

計数値データに基づく検定と推定に関する次の文章において[　　]内に入るもっとも適切なものを下のそれぞれの選択肢からひとつ選び、その記号を解答欄にマークせよ。ただし、各選択肢を複数回用いることはない。なお、解答にあたって必要であれば巻末の付表を用いよ。

照明部品Ｚの製造方法にはＡ、Ｂ、Ｃの３種類があり、この方法を用いて製造した結果は下表のとおりである。

表１　実測データ

	A	B	C	計
適合品数	18	28	44	90
不適合品数	2	2	6	10
検査個数	20	30	50	100

表１のデータを用いて、製造方法による不適合品率の有意差があるか否かを検定する。

[（1）]仮説を、「製造方法による不適合品の発生頻度は同じである」として、期待度数を計算すると表２のとおりとなる。なお、一部の表記を省略している。

表２　期待度数

	A	B	C	計
適合品数		[（3）]		90.0
不適合品数	[（2）]		[（4）]	10.0
検査個数	20.0	30.0	50.0	100.0

【（1）～（4）の選択肢】

ア．対立　イ．帰無　ウ．1.0　エ．2.0　オ．3.0
カ．4.0　キ．5.0　ク．18.0　ケ．27.0　コ．36.0

次に、実測値と期待度数の偏差を計算すると表3が得られる。なお、一部の表記を省略している。

表3

	A	B	C	計
適合品数	(5)	(6)	(7)	0.0
不適合品数				0.0
計	0.0	0.0	0.0	0.0

表2、3により、検定統計量を計算すると、(8)となり、有意水準$\alpha = 0.05$において(1)仮説は(9)。

【(5)～(9)の選択肢】

ア．－2.0　イ．－1.0　ウ．0.0　エ．0.59
オ．1.0　カ．2.0　キ．3.0　ク．1.48
ケ．棄却される　コ．棄却されない

【問6】 (管理図)

管理図に関する次の文章で正しいものに○、正しくないものには×を選び、解答欄にマークせよ。

①管理図とは、工程が安定な状態にあるか否かを調べるとともに、工程を安定な状態に保持するために用いられる。

②$\overline{X}-R$管理図とは、計数値の工程管理を行う際に用いられる。抽出したデータの平均値と標準偏差を求めて、$\overline{X}$管理図およびR管理図にそれぞれ打点(プロット)する。

③p管理図とは、不適合品率を対象とした管理図である。検査対象個数が異なる場合であっても使用することができる。

④np管理図とは、不適合品数を対象とした管理図である。検査対象個数が一定である必要がある。

⑤u管理図とは、単位当たりの不適合数を対象とした管理図である。対象群の大きさが一定でない場合に用いる。

【問7】 実験計画法

実験計画法に関する次の文章において、[　　]内に入るもっとも適切なものを下のそれぞれの選択肢からひとつ選び、その記号を解答欄にマークせよ。ただし、各選択肢を複数回用いることはない。なお、解答にあたって必要であれば巻末の付表を用いよ。

製品Xの品質特性の調査のため、品質に影響すると考えられる因子Aについて調べることになった。因子Aを3水準設定し、繰り返し2回で計6回の実験をランダムに行ったところ、下表の結果を得た。

表

因子A	A_1	A_2	A_3
データ	5.5	4.9	7.6
	5.7	4.5	6.9
合計	11.2	9.4	14.5
合計の2乗	125.44	88.36	210.25
個々のデータの2乗和	62.74	44.26	105.37

①得られたデータを用いて、分散分析表を作成すると下表のとおりとなる。

要因	平方和S	自由度ϕ	平均平方V	分散比F_0
因子A	[(1)]	[(3)]	[(5)]	[(7)]
誤差e	[(2)]	[(4)]	[(6)]	
計	7.04	5		

【(1)～(7)の選択肢】

ア. 0.12　　イ. 0.35　　ウ. 3.35　　エ. 6.69　　オ. 29.09

カ. 1　　キ. 2　　ク. 3　　ケ. 4

②分散分析表およびF分布表より、品質は[(8)]。また、データの数値が大きいほど望ましいとすると、もっとも望ましい数値は[(9)]のときである。

【(8)～(9)の選択肢】

ア. 有意でない　　イ. 有意である　　ウ. A_1　　エ. A_2　　オ. A_3

【問8】 単回帰分析

単回帰分析に関する次の文章において、[　　]内に入るもっとも適切なものを下のそれぞれの選択肢からひとつ選び、その記号を解答欄にマークせよ。ただし、各選択肢を複数回用いてもよい。

ある工程の要因 x と品質特性 y に関する対のあるデータを10組観測した結果、次の統計量の値を得た。

x の平均値：$\bar{x}=6.4$、y の平均値：$\bar{y}=8.4$、x の偏差平方和：$S_{xx}=66.21$、y の偏差平方和：$S_{yy}=21.43$、x と y の偏差積和：$S_{xy}=34.56$

①要因 x と品質特性 y の相関係数 r は、[(1)]となる。
②x を説明変数とし、y を目的変数として回帰式($y=a+bx$)を推定すると、回帰係数 $b=$[(2)]となる。
③②の推定された回帰式について分散分析表を作成すると下表のとおりとなる。

要因	平方和 S	自由度 ϕ	平均平方 V	分散比 F_0
回帰	[(3)]	[(5)]	[(7)]	[(9)]
残差	[(4)]	[(6)]	[(8)]	
計	21.43	9		

【(1)～(9)の選択肢】
ア. 0.42　イ. 0.52　ウ. 0.92　エ. 3.39　オ. 18.04
カ. 42.95　キ. 1　ク. 2　ケ. 7　コ. 8

F表より、$F(\phi_R, \phi_e; 0.05)=$[(10)]なので、回帰は[(11)]。

【(10)～(11)の選択肢】
ア. 有意でない　イ. 有意である　ウ. 4.74　エ. 5.32

【問９】 品質の概念

品質の概念に関する次の文章で正しいものに○、正しくないものには×を選び、解答欄にマークせよ。

①品質の要素とは、品質展開された個々の性質、性能のことであり、具体的には、機能性、性能、意匠性、互換性、経済性、入手可能性、信頼性、安全性に分類される。
②機能とは、形容詞と動詞で表される働きのことである。
③ねらいの品質とは、製造した製品の実際の品質のことである。
④当たり前品質とは、充足されていると満足と感じ、充足されていなくても不満を感じず仕方ないと感じる品質のことである。
⑤充足していても充足していなくても満足度に影響を与えない品質のことを逆品質という。

【問10】 管理の方法

ＱＣストーリーに関する次の図表において、＿＿内に入るもっとも適切なものを下のそれぞれの選択肢からひとつ選び、その記号を解答欄にマークせよ。ただし、各選択肢を複数回用いることはない。

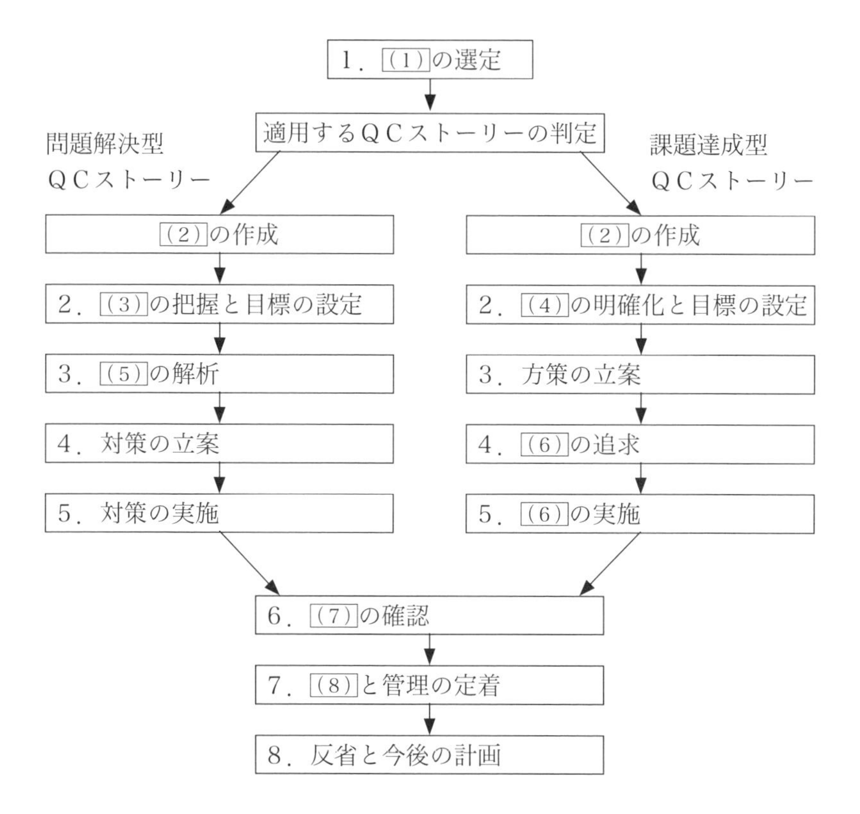

【選択肢】

ア．テーマ　イ．活動計画　ウ．経営方針　エ．工程　オ．管理図
カ．課題　キ．現状　ク．要因　ケ．最適策　コ．実現策
サ．効果　シ．検査　ス．歯止め(標準化)

【問11】 (方針管理)

方針管理に関する次の文章において、[　　]内に入るもっとも適切なものを下のそれぞれの選択肢からひとつ選び、その記号を解答欄にマークせよ。

①事業目的を達成するためには、従来の延長にない取り組みが必要な場合が多い。これらの取り組みを多数の人から構成される組織において効果的・効率的に行うための活動が[(1)]である。
[(2)]、[(3)]および[(1)]は密接に関係するため、混同される場合が多い。ここで言う[(2)]とは、事業目的を達成するために組織として行うべき活動に関するすべての計画であり、中長期経営計画、それを達成するための事業戦略、年度事業計画、各部門がそれぞれの日常の業務を行うための実行計画なども含まれる。組織においては、[(2)]に関する[(4)]サイクルを確実に回すことが必要となる。[(2)]、[(3)]および[(1)]の3つの関係については、[(2)]を実現するための活動が[(3)]と[(1)]であると考えるのがよい。

【(1)～(4)の選択肢】

ア．日常管理　イ．機能別管理　ウ．事業計画　エ．経営計画
オ．方針管理　カ．ＳＤＣＡ　キ．ＰＤＣＡ

②方針管理とは、方針を、全部門・全階層の参画のもとで、ベクトルを合わせて[(5)]で達成していく活動である。方針とは、[(6)]によって正式に表明された、組織の使命、理念およびビジョン、または中長期経営計画の達成に関する、組織の全体的な意図および方向付けである。
方針には、一般的に、次の3つの要素が含まれる。ただし、組織によってはこれらの一部を方針に含めず、別に定義している場合もある。

a)[(7)]：組織として優先順位の高いものに絞って取り組み、達成すべき事項
b)[(8)]：目的を達成するための取り組みにおいて、追求し、目指す到達点
c)[(9)]：[(8)]を達成するために、選ばれる手段

【(5)～(9)の選択肢】

ア．マーケットイン　イ．プロダクトアウト　ウ．重点指向
エ．トップマネジメント　オ．ＱＣサークル　カ．方策　キ．目標
ク．重点課題　ケ．問題点　コ．管理項目

【問12】 (標準化)

標準化に関する次の文章において、[　　]内に入るもっとも適切なものを下のそれぞれの選択肢からひとつ選び、その記号を解答欄にマークせよ。ただし、各選択肢を複数回用いてもよい。

①規格には階層構造があり、全世界で最上位に位置するのは[（1）]である。[（1）]への格上げを目指して、各分野において国や地域などで戦略が立てられている。ちなみに、ＡＮＳＩ規格は[（2）]に、ＥＮ規格は[（3）]に、ＩＴＵ規格は[（4）]にそれぞれ該当する。

②日本産業規格（ＪＩＳ）とは、産業標準化法に基づく[（5）]。[（6）]に登録された民間の登録認証機関から認証を受けた事業者（認証製造事業者など）が、認証を受けた製品やその包装などに「ＪＩＳマーク」を表示することができる制度。前身の日本工業規格が対象としていた鉱工業製品のほかに、データ、サービス（役務）、経営管理等も[（7）]の対象としている。

ＪＩＳは、以下の３つの規格に分類される。

[（8）]：製品の形状、機能等を規定する。

[（9）]：試験・分析等の方法、作業標準等を規定する。

[（10）]：共通事項（用語、記号、単位、標準数）を規定する。

【選択肢】

ア．社内規格　　イ．団体規格　　ウ．国家規格　　エ．地域規格
オ．国際規格　　カ．国際機関　　キ．国　　　　　ク．地域
ケ．基本規格　　コ．製品規格　　サ．方法規格　　シ．標準化　　ス．調査

【問13】（小集団活動）

小集団活動に関する次の文章において、管理者、監督者、推進事務局のうち、誰の役割に該当するかを下の選択肢からひとつ選び、その記号を解答欄にマークせよ。ただし、各選択肢を複数回用いてもよい。

小集団活動は、第一線の職場で働く人々による、製品またはプロセスの継続的改善を行う自主的な小グループの活動であり、管理者と監督者、推進事務局の連携が重要である。以下に挙げる各役割について、

①小集団のリーダーの活動運営に関する悩みや相談を聞き、具体的な指示やアドバイスを行うのは［（1）］である。
②小集団活動の状況を把握し、必要に応じて管理者への進言を行うのは［（2）］である。
③小集団活動の必要性、活動方針、目標を明示するのは［（3）］である。
④小集団活動の成果発表会や褒賞の場等で、率先垂範する姿勢を見せるのは［（4）］である。
⑤小集団活動のメンバーの身近な存在であり、指導・支援を行うのは［（5）］である。

【選択肢】
ア．管理者　　イ．監督者　　ウ．推進事務局　　エ．該当者なし

【問14】 品質マネジメントシステム

品質マネジメントシステムに関する次の文章において、[　　]内に入るもっとも適切なものを下のそれぞれの選択肢からひとつ選び、その記号を解答欄にマークせよ。ただし、各選択肢を複数回用いることはない。

ＩＳＯマネジメントシステムの７原則について、

- [（1）]重視……品質マネジメントシステムの主眼は、[（1）]の要求事項を満たし、[（1）]の期待を超える努力をすることである。
- リーダーシップ……すべての階層のリーダーは、[（2）]と[（3）]を一致させ、人々が組織の品質目標を達成するために参加する状況を作り出す。
- 人々の積極的参加……組織内のすべての階層にいる、[（4）]があり、権限が与えられ、積極的に参加する人々が、[（5）]を創造し提供する組織の実現能力を向上させるために必要である。
- プロセスアプローチ……活動を、首尾一貫したシステムとして機能する相互に関連するプロセスであると理解し、[（6）]することによって、矛盾のない予測可能な結果がより効果的かつ効率的に達成できる。
- 改善……成功する組織は、改善に対して、[（7）]してフォーカスを当てている。
- [（8）]的事実に基づく意思決定……データおよび情報の分析と評価に基づいた意思決定により、より望ましい結果を得ることができる。
- 関係性管理……持続的成功のために、組織は、供給者のような密接に関連する[（9）]関係者との関係をマネジメントする。

【選択肢】

ア．経営者	イ．従業員	ウ．顧客	エ．課題	オ．方策
カ．目的	キ．方向性	ク．力量	ケ．責任	コ．経験
サ．機能	シ．価値	ス．マネジメント		セ．評価
ソ．継続	タ．主観	チ．客観	ツ．社内	テ．社外
ト．利害				

【問15】 品質管理周辺の実践活動

品質管理周辺の実践活動に関する次の文章において、［　　］内に入るもっとも適切なものを下のそれぞれの選択肢からひとつ選び、その記号を解答欄にマークせよ。ただし、各選択肢を複数回用いることはない。

①商品企画七つ道具とは、商品企画の［（1）］化を目的に考案された手法であり、真の消費者が望む商品ニーズをとらえ、そこから優れたヒット商品を開発する手法を構築することを目標としている。
商品企画七つ道具は4つのステップに分けて活用され、この4つのステップは、［（2）］→［（3）］→［（4）］→［（5）］の順である。

【(1)～(5)の選択肢】

ア．システム　　イ．マネジメント　　ウ．調査　　エ．最適化
オ．リンク　　カ．発想

②①で挙げた各ステップにおいて、用いる商品企画七つ道具は
［（2）］においては、［（6）］、［（7）］、［（8）］
［（3）］においては、［（9）］、［（10）］
［（4）］においては、［（11）］
［（5）］においては、［（12）］
となる。

【(6)～(12)の選択肢】

ア．ポジショニング分析　　イ．アイデア選択法　　ウ．成功シナリオ分析
エ．コンジョイント分析　　オ．品質表　　カ．ヘドニック分析
キ．ブレーンストーミング　　ク．アンケート調査　　ケ．アイデア発想法
コ．インタビュー調査

模擬試験の解答・解説

【問1】データの取りまとめ方

【正解】

(1) エ　(2) イ　(3) ア　(4) ウ

【解説】

①母集団を層別して、各層から1つ以上のサンプリング単位をランダムにとることから、**エ．層別サンプリング**に該当する。

②母集団をいくつかの階層に分け、段階的にサンプリングを行うことから、**イ．多段サンプリング**に該当する。

③母集団から、あるサンプルサイズのサンプリング単位をランダムに取り出していることから、**ア．単純ランダムサンプリング**に該当する(**ランダム**：偶然に任せること。無作為)。

④母集団のサンプリング単位が何らかの順序で並んでいるときに一定の間隔でサンプリング単位をとることから、**ウ．系統サンプリング**に該当する。最初の一つを選ぶと、残りは機械的に選ばれることから、サンプル選定の手間を省くことができ、日常的な品質確認に用いられることが多い。

【問2】新QC七つ道具

【正解】

(1) ウ　(2) カ　(3) エ　(4) オ

(5) イ　(6) キ　(7) ア　(8) ク

※(1)(2)、(3)(4)、(5)(6)、(7)(8)はそれぞれ逆でも可。

【解説】

①親和図法は、**混沌とした複数の問題**を言語データとしてわかりやすくまとめる機能がある。あてはまるのは(**ウ**)(**カ**)。

②連関図法は、**因果関係**などを明らかにして問題解決を図る手法である。あてはまるのは(**エ**)(**オ**)。

③系統図法は、**目的・目標を達成**するための手段・方策を系統的に展開していく手法である。あてはまるのは(**イ**)(**キ**)。

④マトリックス図法は、問題としている事象の中から、**対となる要素**を見つけ出して、**行と列**に配置する手法である。あてはまるのは(**ア**)(**ク**)。

【問３】 統計的方法の基礎

【正解】

(1) ア　(2) エ　(3) カ　(4) ク　(5) ケ
(6) ス　(7) エ　(8) ウ　(9) オ　(10) キ
(11) ケ　(12) シ　(13) セ

【解説】

①正規分布とは、横軸に確率変数、縦軸に確率度数をとるときに、平均値を中心に左右対称な釣鐘状になる分布のことで、**ア．平均値**とばらつき(**エ．標準偏差**)で分布の形状が定まる。確率の計算をするために、データの**カ．標準化**(平均値＝**ク．０**、標準偏差＝**ケ．１**^{2})を行う。

②期待値と分散の加法性に関する問題である。

２つの確率変数X、Yの期待値を$E(X)$、$E(Y)$とし、a、bを定数とすると、

$E(X+aY)=$**ウ．**$\boldsymbol{E(X)+aE(Y)}$、

$E(aX+Y+b)=$**オ．**$\boldsymbol{aE(X)+E(Y)+b}$

が成立する。

$V(X)=E\{($**キ．**$\boldsymbol{X-\mu})^2\}$において、$(X-\mu)^2$を展開する。

$(X-\mu)^2=X^2-2\mu X+\mu^2$となる。

$V(X)=E\{(X-\mu)^2\}=E(X^2-2\mu X+\mu^2)$

$=E(X^2)-2\mu E(X)+E(\mu^2)=E(X^2)-2\mu E(X)+\mu^2$　※μ^2は定数

ここで、$E(X)=\mu$であることから、$E(X)$をμに置き換えると、

$E(X^2)-2\mu E(X)+\mu^2=E(X^2)-2\mu^2+\mu^2=$**ケ．**$\boldsymbol{E(X^2)-\mu^2}$

となる。さらに、

$V(X+aY)=$**シ．**$\boldsymbol{V(X)+a^2V(Y)}$、

$V(aX+Y+b)=$**セ．**$\boldsymbol{a^2V(X)+V(Y)}$

が成立する。

【問4】 (計量値データに基づく検定と推定)

【正解】

(1) イ　(2) オ　(3) ア　(4) エ　(5) イ
(6) ウ　(7) ア　(8) エ　(9) ア　(10) ク
(11) イ　(12) カ　(13) キ　(14) ケ

※(5)(6)、(7)(8) はそれぞれ逆でも可。

【解説】

イ．帰無仮説(H_0)とは、改善の前後で有意な**変化はない**という仮説である。つまり、改善の前後で平均値は変わらないということで、μ**オ．**$= \mu_0$となる。

ア．対立仮説(H_1)とは、改善の前後で有意な**変化がある**という仮説である。この場合、問題文に「母平均が従来の母平均を上回っているかどうか」とあるので、μ**エ．**$> \mu_0$となる。

H_0が正しくないのに正しいと判断してしまう誤りを**イ．第2種の誤り**または**ウ．ぼんやりものの誤り**という。H_0が正しいのに正しくないと判断してしまう誤りを**ア．第1種の誤り**または**エ．あわてものの誤り**という。

手順3において、検定統計量を求める計算式については記憶しておく必要がある。

$$t_0 = \text{ア．} \frac{\bar{x} - \mu_0}{\sqrt{s^2/n}} = \frac{29.0 - 25.0}{\sqrt{10^2/20}} = \frac{4.00}{\sqrt{5}} \fallingdotseq \text{ク．} 1.79 \qquad ※ s^2 = V$$

手順4において、巻末の付表2(t表)より、$\phi = 20 - 1 = 19$、$P = 0.10$(有意水準5％だが、片側検定のため、0.10となる)の交点にある数値(**イ．1.729**)を得る。t_0**カ．**$> t(\phi,\ P)$となり、H_0は**キ．棄却される**。よって、新しい材料により圧縮強度の母平均は従来に比べて**ケ．上回っている**といえる。

【問5】 (計数値データに基づく検定と推定)

【正解】

(1) イ　(2) エ　(3) ケ　(4) キ　(5) ウ
(6) オ　(7) イ　(8) エ　(9) コ

【解説】

(1)について、帰無仮説と対立仮説の定義を理解しておくことが重要。

イ． 帰無仮説は、有意差が**ない**＝以前と変わらないというスタンス、
対立仮説は、有意差が**ある**＝以前と変わっているというスタンスである。

（2）～（4）について、表2における計欄の割合（適合品数：不適合品数＝0.9：0.1）に従って、A、BおよびCの検査個数における（適合品数と不適合品数の）割合を算出すればよい。

（2）：Aの検査個数20.0×不適合品数の割合0.1＝**エ．2.0**となる。

（3）：Bの検査個数30.0×適合品数の割合0.9＝**ケ．27.0**となる。

（4）：Cの検査個数50.0×不適合品数の割合0.1＝**キ．5.0**となる。

（5）～（7）について、表1と表2の差を求めればよい。

（5）：18（表1）－18（表2）＝**ウ．0.0**

（6）：28（表1）－27（表2）＝**オ．1.0**

（7）：44（表1）－45（表2）＝**イ．－1.0**

参考までに、表2、表3を完成させると下表のとおり。

表2　期待度数

	A	B	C	計
適合品数	18.0	**27.0**	45.0	90.0
不適合品数	**2.0**	3.0	**5.0**	10.0
検査個数	20.0	30.0	50.0	100.0

表3

	A	B	C	計
適合品数	**0.0**	**1.0**	**－1.0**	0.0
不適合品数	0.0	－1.0	1.0	0.0
計	0.0	0.0	0.0	0.0

（8）について、検定統計量χ_0^2は以下の式で算出する。なお、x_{ij}は表1（実測データ）、t_{ij}は表2（期待度数）から得られる数値である。

$$\chi_0^2=\sum_{i=1}^{2}\sum_{j=1}^{3}\frac{(x_{ij}-t_{ij})^2}{t_{ij}}=\frac{(18-18)^2}{18}+\frac{(28-27)^2}{27}+\frac{(44-45)^2}{45}+$$

$$\frac{(2-2)^2}{2}+\frac{(2-3)^2}{3}+\frac{(6-5)^2}{5}=\frac{0}{18}+\frac{1}{27}+\frac{1}{45}+\frac{0}{2}+\frac{1}{3}+\frac{1}{5}$$

$$=\frac{1}{27}+\frac{1}{45}+\frac{1}{3}+\frac{1}{5}=\frac{5+3+45+27}{135}=\frac{80}{135}\fallingdotseq$$ **エ．0.59**

（9）について、χ_0^2は帰無仮説の下で、自由度＝（2－1）（3－1）＝2のχ^2分布に近似的に従う。巻末の付表より、有意水準$\alpha=0.05$での棄却域Rは、$\chi^2(2, 0.05)=5.99$となり、χ_0^2（＝**0.59**）$\leqq \chi^2$（＝5.99）となるため、有意ではなく、**帰無仮説はコ．棄却されない。**

【問6】（管理図）

【正解】

①○　②×　③○　④○　⑤○

【解説】

①問題文の通り。

②$\overline{X}-R$管理図は、計数値ではなく、計量値に用いられる。

③～⑤問題文の通り。p管理図、np管理図、u管理図は計数値に用いられる。

【問7】（実験計画法）

【正解】

（1）エ　（2）イ　（3）キ　（4）ク　（5）ウ

（6）ア　（7）オ　（8）イ　（9）オ

【解説】

手順1 データの合計表およびデータの二乗表の作成

手順2 修正項（CT）の計算

$$CT=\frac{(\text{データの合計})^2}{\text{データ数}}=\frac{35.1^2}{6}=205.335$$

手順3 分散分析表の作成（平方和、自由度、平均平方、分散比の計算）

まず、各平方和を計算する。

$$S_T=\Sigma(\text{データの二乗})-CT=(62.74+44.26+105.37)-205.335=7.035$$

$$S_A=\Sigma\left(\frac{(A_i\text{のデータの合計})^2}{A_i\text{のデータ数}}\right)-CT=\frac{11.2^2}{2}+\frac{9.4^2}{2}+\frac{14.5^2}{2}-205.335$$

III 第18章 模擬試験

$=212.025-205.335=$ **エ. 6.69**

$S_e = S_T - S_A = 7.035-6.69=0.345 \fallingdotseq$ **イ. 0.35**

次に、各自由度を計算する。

ϕ_T ＝総データ数－1＝6－1＝5

ϕ_A ＝水準数－1＝3－1＝**キ. 2**

$\phi_e = \phi_T - \phi_A = 5-2=$ **ク. 3**

続いて、平均平方、分散比を計算する。

$V_A = S_A / \phi_A = 6.69/2 = 3.345 \fallingdotseq$ **ウ. 3.35**

$V_e = S_e / \phi_e = 0.345/3 = 0.115 \fallingdotseq$ **ア. 0.12**

これにより、分散比は、$F_0 = V_A / V_e = 3.345/0.115 \fallingdotseq$ **オ. 29.09**

よって、分散分析表は下表のとおりとなる。

要因	平方和 S	自由度 ϕ	平均平方 V	分散比 F_0
因子A	(1) 6.69	(3) 2	(5) 3.35	(7) 29.09
誤差e	(2) 0.35	(4) 3	(6) 0.12	
合計	7.04	5		

手順4 分散分析結果の判定

手順3で得た分散比$F_0=29.09$とF表の$F(\phi_A, \phi_e; \alpha)=F(2, 3; 0.05)=9.55$を比較すると、$F_0 > F(2, 3; 0.05)$となるので、**イ. 有意である**(有意な差がある)と判定できる。

データが大きいほど望ましいので、数値は**オ. A_3**(＝7.6)となる。

【問8】 単回帰分析

【正解】

(1) ウ　(2) イ　(3) オ　(4) エ　(5) キ

(6) コ　(7) オ　(8) ア　(9) カ　(10) エ　(11) イ

【解説】

①相関係数rは、$r=\dfrac{S_{xy}}{\sqrt{S_{xx}S_{yy}}}=\dfrac{34.56}{\sqrt{66.21\times 21.43}} \fallingdotseq$ **ウ. 0.92**

回帰式$y=a+bx$における回帰係数bを求める。

②回帰係数$b=\dfrac{S_{xy}}{S_{xx}}=\dfrac{34.56}{66.21} \fallingdotseq$ **イ. 0.52**

※回帰係数$a=\bar{y}-b\bar{x}$、$b=S_{xy}/S_{xx}$(相関係数はP.107、回帰係数はP.112〜参照)

③分散分析表の各計算式と数値は下表のとおりとなる。

要因	平方和 S	自由度 ϕ	平均平方 V	分散比 F_0
回帰	$S_R=18.04$	$\phi_R=1$	$V_R=S_R/\phi_R=18.04$	$F_0=V_R/V_e=$ 42.95
残差	$S_e=3.39$	$\phi_e=n-2=8$	$V_e=S_e/\phi_e=0.42$	
合計	$S_T=S_{yy}=21.43$	$\phi_T=n-1=9$	－	

回帰平方和 $S_R=\dfrac{(S_{xy})^2}{S_{xx}}=\dfrac{34.56^2}{66.21}\fallingdotseq$ **オ. 18.04**

残差平方和 $S_e=S_{yy}-S_R=21.43-18.04=$ **エ. 3.39**

自由度 $\phi_T=n-1=10-1=9$、$\phi_R=$ **キ. 1**、

$\phi_e=n-2=10-2=$ **コ. 8**

平均平方 $V_R=\dfrac{S_R}{\phi_R}=\dfrac{18.04}{1}=$ **オ. 18.04**、$V_e=\dfrac{S_e}{\phi_e}=\dfrac{3.39}{8}\fallingdotseq$ **ア. 0.42**

分散比 $F_0=\dfrac{V_R}{V_e}=\dfrac{18.04}{0.42}\fallingdotseq$ **カ. 42.95**

F表より、$F(\phi_R, \phi_e; 0.05)=F(1, 8; 0.05)=$ **エ. 5.32**が得られ、$F_0=42.95>F(1, 8; 0.05)=$ **5.32**となるので、回帰は**イ. 有意である**といえる。

【問9】（品質の概念）

【正解】

① ○　② ×　③ ×　④ ×　⑤ ×

【解説】

①問題文の通り。

②機能とは、**名詞**と動詞で表される働きのことである。

③ねらいの品質ではなく、**できばえ**の品質の説明である。

④当たり前品質ではなく、**魅力的**品質の説明である。

⑤逆品質ではなく、**無関心**品質の説明である。

【問10】（管理の方法）

【正解】

(1) ア　(2) イ　(3) キ　(4) カ　(5) ク

(6) ケ　(7) サ　(8) ス

【解説】

問題解決型と課題達成型の２つのＱＣストーリーの違いを理解しておくこと。

問題解決型ＱＣストーリーでは、目標と**現状**とのギャップを問題としてとらえ、その**真の原因**を追究することを重視する。一方、課題達成型ＱＣストーリーでは、**新しい方策・手段**を追究して新しいやり方を創出することを重視する。

【問11】 方針管理

【正解】

（1）オ　（2）ウ　（3）ア　（4）キ　（5）ウ
（6）エ　（7）ク　（8）キ　（9）カ

【解説】

①方針管理と日常管理は品質管理の（車の）両輪である。なお、日常管理においてはＳＤＣＡサイクルを回す。

②方針管理はトップマネジメントにより正式表明され、重点指向で達成していく活動である。重点課題→目標→方策の順で展開される。

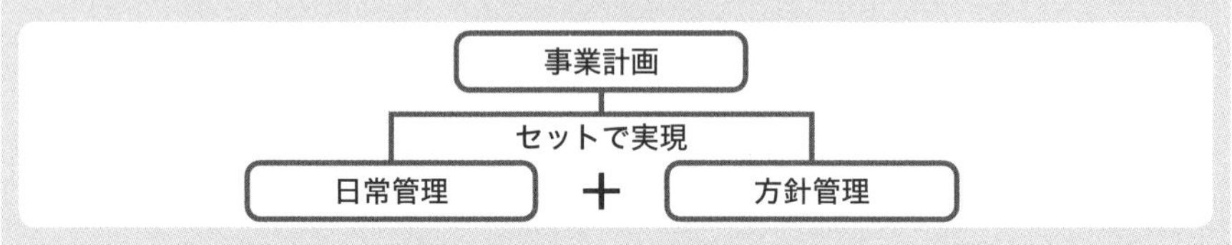

（出典）日本品質管理学会規格「方針管理の指針」

【問12】 標準化

【正解】

（1）オ　（2）ウ　（3）エ　（4）オ　（5）ウ
（6）キ　（7）シ　（8）コ　（9）サ　（10）ケ

【解説】

①規格は次ページの図のとおり、階層構造となっている。設問にあるＡＮＳＩ（American National Standards Institute）規格とは、米国国家規格のこと

であり、アメリカ合衆国の国内における工業分野の**国家規格**である。ＥＮ(European Norm)規格とは、ＥＵ(ヨーロッパ連合)域内における統一規格であり、ＥＵ加盟国間での貿易円滑化と産業水準の統一を目的とする**地域規格**である。ＩＴＵ(International Telecommunication Union)規格とは、国際電気通信連合での**国際規格**である。

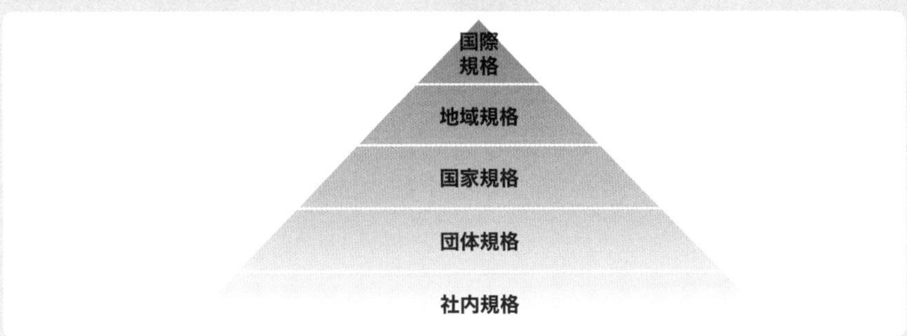

②日本産業規格（ＪＩＳ）とは、産業標準化法に基づく**国家規格。国**に登録された民間の登録認証機関から認証を受けた事業者(認証製造事業者など)が、認証を受けた製品やその包装などに「**ＪＩＳマーク**」を表示することができる制度。前身の日本工業規格が対象としていた鉱工業製品のほかに、データ、サービス(役務)、経営管理等も**標準化**の対象としている。**製品**規格、**方法**規格、**基本**規格に分類される。

【問13】 (小集団活動)

【正解】

①イ　②ウ　③ア　④ア　⑤イ

【解説】

小集団活動とは、方針管理・日常管理を通じて明らかになった課題・問題に対して、少人数によるチームで、コミュニケーションを取りながら改善を行う、スピード感を持った取り組みのことである。ＱＣサークル活動もこれに含まれる。次の図のように、推進責任者(**ア．管理者**)、**ウ．推進事務局**、**イ．監督者**と連携しながら活動する。

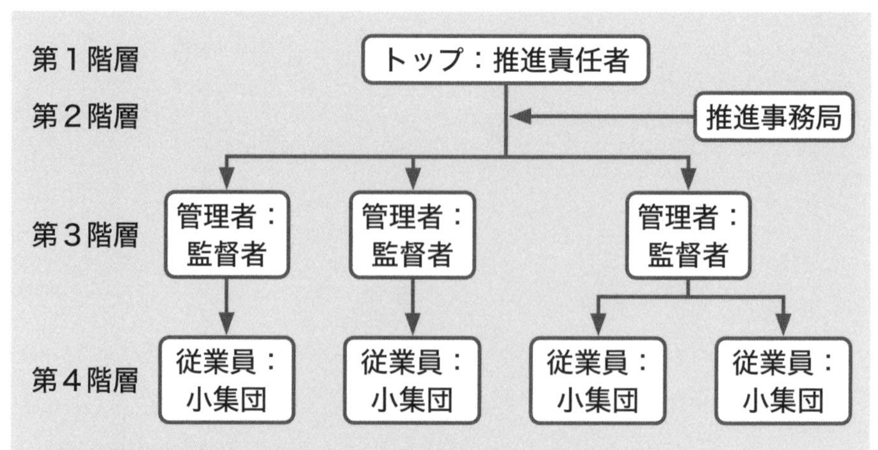

（出典）小集団改善活動（ＱＣサークル活動）を推進するために必要な知識と着眼点
（一般社団法人日本科学技術連盟）

【問14】 品質マネジメントシステム

【正解】

（1）ウ　（2）カ　（3）キ　（4）ク　（5）シ
（6）ス　（7）ソ　（8）チ　（9）ト

※（2）と（3）は順不同。

【解説】

〈ＩＳＯマネジメントシステムの７原則〉

- **ウ．顧客重視**
  品質マネジメントシステムの主眼は、**顧客**の要求事項を満たし、**顧客**の期待を超える努力をすることである。
- **リーダーシップ**
  すべての階層のリーダーは、**カ．目的**と**キ．方向性**を一致させ、人々が組織の品質目標を達成するために参加する状況を作り出す。
- **人々の積極的参加**
  組織内の全ての階層にいる、**ク．力量**があり、権限が与えられ、積極的に参加する人々が、**シ．価値**を創造し提供する組織の実現能力を向上させるために必要である。

● **プロセスアプローチ**

活動を、首尾一貫したシステムとして機能する相互に関連するプロセスであると理解し、**ス．マネジメント**することによって、矛盾のない予測可能な結果が、より効果的かつ効率的に達成できる。

● **改善**

成功する組織は、改善に対して、**ソ．継続**してフォーカスを当てている。

● **チ．客観的事実に基づく意思決定**

データおよび情報の分析と評価に基づいた意思決定により、より望ましい結果を得ることができる。

● **関係性管理**

持続的成功のために、組織は、供給者のような密接に関連する**ト．利害**関係者との関係をマネジメントする。

【問15】（品質管理周辺の実践活動）

【正解】

(1) ア　(2) ウ　(3) カ　(4) エ　(5) オ　(6) コ
(7) ク　(8) ア　(9) ケ　(10) イ　(11) エ　(12) オ

※(6)(7)(8)は順不同。(9)と(10)は順不同。

【解説】

①商品企画七つ道具とは、商品企画の**ア．システム**化を目的に考案された手法であり、真の消費者が望む商品ニーズをとらえ、そこから優れたヒット商品を開発する手法を構築することを目標としている。

商品企画七つ道具は４つのステップに分けて活用され、この４つのステップは、確実な**ウ．調査**→ユニークな**カ．発想**→**エ．最適化**(最適コンセプトの構築)→**オ．リンク**(技術への橋渡し)の順である。

②①で挙げた各ステップにおいて、用いる商品企画七つ道具は

調査においては、**コ．インタビュー調査**、**ク．アンケート調査**、**ア．ポジショニング分析**

発想においては、**ケ．アイデア発想法**、**イ．アイデア選択法**

最適化においては、**エ．コンジョイント分析**

リンクにおいては、**オ．品質表**　となる。

解答記入欄

問1	①	
	②	
	③	
	④	
問2	[1]	
	[2]	
	[3]	
	[4]	
	[5]	
	[6]	
	[7]	
	[8]	
問3	[1]	
	[2]	
	[3]	
	[4]	
	[5]	
	[6]	
	[7]	
	[8]	
	[9]	
	[10]	
	[11]	
	[12]	
	[13]	
問4	[1]	
	[2]	
	[3]	
	[4]	
	[5]	
	[6]	
	[7]	
	[8]	
	[9]	
	[10]	
	[11]	
	[12]	
	[13]	
	[14]	
問5	[1]	
	[2]	
	[3]	
	[4]	
	[5]	
	[6]	
	[7]	
	[8]	
	[9]	
問6	①	
	②	
	③	
	④	
	⑤	
問7	[1]	
	[2]	
	[3]	
	[4]	
	[5]	
	[6]	
	[7]	
	[8]	
	[9]	
問8	[1]	
	[2]	
	[3]	
	[4]	
	[5]	
	[6]	
	[7]	
	[8]	
	[9]	
	[10]	
	[11]	
問9	①	
	②	
	③	
	④	
	⑤	
問10	[1]	
	[2]	
	[3]	
	[4]	
	[5]	
	[6]	
	[7]	
	[8]	
問11	[1]	
	[2]	
	[3]	
	[4]	
	[5]	
	[6]	
	[7]	
	[8]	
	[9]	
問12	[1]	
	[2]	
	[3]	
	[4]	
	[5]	
	[6]	
	[7]	
	[8]	
	[9]	
	[10]	
問13	①	
	②	
	③	
	④	
	⑤	
問14	[1]	
	[2]	
	[3]	
	[4]	
	[5]	
	[6]	
	[7]	
	[8]	
	[9]	
問15	[1]	
	[2]	
	[3]	
	[4]	
	[5]	
	[6]	
	[7]	
	[8]	
	[9]	
	[10]	
	[11]	
	[12]	

合格基準は、手法分野と実践分野の得点がそれぞれ概ね50%以上、合わせて概ね70%以上と発表されています。

- 手法分野：問1～8の73問
- 実践分野：問9～15の58問
- 合　　計：問1～15の131問

※実際の試験は、マークシートに記入する形式になっている

巻末

付表／さくいん

付表1．正規分布表

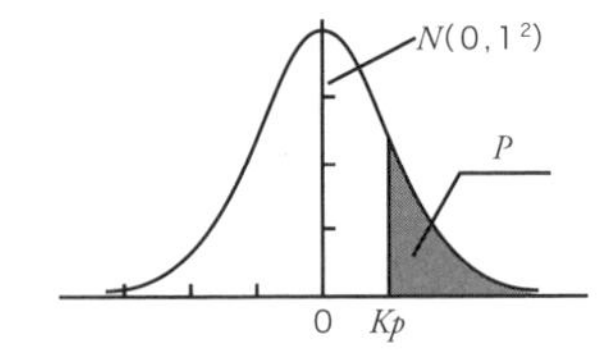

(Ⅰ) K_PからPを求める表

K_P	0.00	0.01	0.02	0.03	0.04	0.05	0.06
0.0	.50000	.49601	.49202	.48803	.48405	.48006	.47608
0.1	.46017	.45620	.45224	.44828	.44433	.44038	.43644
0.2	.42074	.41683	.41294	.40905	.40517	.40129	.39743
0.3	.38209	.37828	.37448	.37070	.36693	.36317	.35942
0.4	.34458	.34090	.33724	.33360	.32997	.32636	.32276
0.5	.30854	.30503	.30153	.29806	.29460	.29116	.28774
0.6	.27425	.27093	.26763	.26435	.26109	.25785	.25463
0.7	.24296	.23885	.23576	.23270	.22965	.22663	.22363
0.8	.21186	.20997	.20611	.20327	.20045	.19776	.19489
0.9	.18406	.18141	.17879	.17619	.17361	.17106	.16853
1.0	.15866	.15625	.15386	.15151	.14917	.14686	.14457
1.1	.13567	.13350	.13136	.12924	.12714	.12507	.12302
1.2	.11507	.11314	.11123	.10935	.10749	.10565	.10383
1.3	.096800	.095098	.093418	.091759	.090123	.088508	.086915
1.4	.080757	.079270	.077804	.076359	.074934	.073529	.072145
1.5	.066807	.065522	.064255	.063008	.061780	.060571	.059380
1.6	.054799	.053699	.052616	.051551	.050503	.049471	.048457
1.7	.044565	.043633	.042716	.041815	.040930	.040059	.039204
1.8	.035930	.035148	.034380	.033625	.032884	.032157	.031443
1.9	.028717	.028067	.027429	.026803	.026190	.025588	.024998
2.0	.022750	.022216	.021692	.021178	.020675	.020182	.019699
2.1	.017864	.017429	.017003	.016586	.016177	.015778	.015386
2.2	.013903	.013553	.013209	.012874	.012545	.012224	.011911
2.3	.010724	.010444	.010170	.0099031	.0096419	.0093867	.0091375
2.4	.0081975	.0079763	.0077603	.0075494	.0073436	.0071428	.0069469
2.5	.0062097	.0060366	.0058677	.0057031	.0055426	.0053861	.0052336
2.6	.0046621	.0045271	.0043956	.0042692	.0041453	.0040246	.0039070
2.7	.0034670	.0033642	.0032641	.0031667	.0030720	.0029798	.0028901
2.8	.0025551	.0024771	.0020412	.0023274	.0022557	.0021860	.0021182
2.9	.0018658	.0018071	.0017502	.0016948	.0016411	.0015889	.0015382
3.0	.0013499	.0013062	.0012639	.0012228	.0011829	.0011442	.0011067

(Ⅱ) PからK_Pを求める表

P	0.001	0.005	0.010	0.025	0.050	0.100	0.200	0.300	0.400
K_P	3.090	2.576	2.326	1.960	1.645	1.282	0.842	0.524	0.253

0.07	0.08	0.09
.47210	.46812	.46414
.43251	.42858	.42465
.39358	.38974	.38591
.35569	.35297	.34827
.31918	.31561	.31207
.28434	.28196	.27760
.25143	.24825	.24510
.22065	.21770	.21476
.19215	.18943	.18673
.16602	.16354	.16109
.14231	.14007	.13786
.12100	.11900	.11702
.10204	.10027	.098525
.085343	.083793	.082264
.070781	.069437	.068112
.058208	.057053	.055917
.047460	.046479	.045514
.038364	.037538	.036727
.030742	.030054	.029379
.024419	.023852	.023295
.019226	.018763	.018309
.015003	.014629	.014262
.011604	.011304	.011011
.0088940	.0086563	.0084242
.0067557	.0065691	.0063872
.0050849	.0049400	.0047988
.0037926	.0036811	.0035726
.0028028	.0027179	.0026354
.0020524	.0019884	.0019262
.0014890	.0014412	.0013949
.0010703	.0010350	.0010008

付表2. t 表

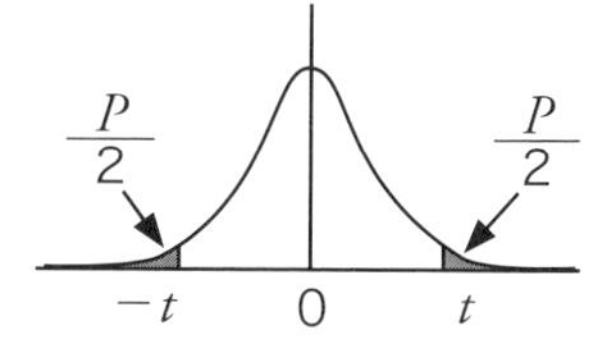

ϕ \ P	0.10	0.05	0.02	0.01
1	6.314	12.706	31.821	63.657
2	2.920	4.303	6.965	9.925
3	2.353	3.182	4.541	5.841
4	2.132	2.776	3.747	4.604
5	2.015	2.571	3.365	4.032
6	1.943	2.447	3.143	3.707
7	1.895	2.365	2.998	3.499
8	1.860	2.306	2.896	3.355
9	1.833	2.262	2.821	3.250
10	1.812	2.228	2.764	3.169
11	1.796	2.201	2.718	3.106
12	1.782	2.179	2.681	3.055
13	1.771	2.160	2.650	3.012
14	1.761	2.145	2.624	2.977
15	1.753	2.131	2.602	2.947
16	1.746	2.120	2.583	2.921
17	1.740	2.110	2.567	2.898
18	1.734	2.101	2.552	2.878
19	1.729	2.093	2.539	2.861
20	1.725	2.086	2.528	2.845
21	1.721	2.080	2.518	2.831
22	1.717	2.074	2.508	2.819
23	1.714	2.069	2.500	2.807
24	1.711	2.064	2.492	2.797
25	1.708	2.060	2.485	2.787
26	1.706	2.056	2.479	2.779
27	1.703	2.052	2.473	2.771
28	1.701	2.048	2.467	2.763
29	1.699	2.045	2.462	2.756
30	1.697	2.042	2.457	2.750
40	1.684	2.021	2.423	2.704
60	1.671	2.000	2.390	2.660
120	1.658	1.980	2.358	2.617
∞	1.645	1.960	2.326	2.576

付表3．χ^2(カイの２乗)表

ϕ \ P	0.995	0.990	0.985	0.975	0.970	0.950
1	0.00003927	0.0001571	0.0003535	0.0009821	0.001414	0.003932
2	0.010025	0.020101	0.030227	0.050636	0.060918	0.102587
3	0.071722	0.114832	0.151574	0.215795	0.245795	0.351846
4	0.206989	0.297109	0.368157	0.484419	0.535054	0.710723
5	0.411742	0.554298	0.661785	0.831212	0.903056	1.14548
6	0.675727	0.872090	1.01596	1.23734	1.32961	1.63538
7	0.989256	1.23904	1.41843	1.68987	1.80163	2.16735
8	1.34441	1.64650	1.86027	2.17973	2.31007	2.73264
9	1.73493	2.08790	2.33486	2.70039	2.84849	3.325116
10	2.15586	2.55821	2.83719	3.24697	3.41207	3.94030
11	2.60322	3.05348	3.36338	3.81575	3.99716	4.57481
12	3.07382	3.57057	3.91037	4.40379	4.60090	5.22603
13	3.56503	4.10692	4.47566	5.00875	5.22101	5.89186
14	4.07467	4.66043	5.05724	5.62873	5.85563	6.57063
15	4.60092	5.22935	5.65342	6.26214	6.50322	7.26094
16	5.14221	5.81221	6.26280	6.90766	7.16251	7.96165
17	5.69722	6.40776	6.88415	7.56419	7.83241	8.67176
18	6.26480	7.01491	7.51646	8.23075	8.51199	9.39046
19	6.84397	7.63273	8.15884	8.90652	9.20044	10.1170
20	7.43384	8.26040	8.81050	9.59078	9.89708	10.8508
21	8.03365	8.89720	9.47076	10.2829	10.6013	11.5913
22	8.64272	9.54249	10.1390	10.9823	11.3125	12.3380
23	9.26042	10.1957	10.8147	11.6886	12.0303	13.0905
24	9.88623	10.8564	11.4974	12.4012	12.7543	13.8484
25	10.5197	11.5240	12.1867	13.1197	13.4840	14.6114
26	11.1602	12.1981	12.8821	13.8439	14.2190	15.3792
27	11.8076	12.8785	13.5833	14.5734	14.9592	16.1514
28	12.4613	13.5647	14.2900	15.3079	15.7042	16.9279
29	13.1211	14.2565	15.0019	16.0471	16.4538	17.7084
30	13.7867	14.9535	15.7188	16.7908	17.2076	18.4927
35	17.1918	18.5089	19.3691	20.5694	21.0348	22.4650
40	20.7065	22.1643	23.1130	24.4330	24.9437	26.5093
45	24.3110	25.9013	26.9335	28.3662	28.9194	30.6123
50	27.9907	29.7067	30.8180	32.3574	32.9509	34.7643
60	35.5345	37.4849	38.7435	40.4817	41.1504	43.1880
70	43.2752	45.4417	46.8362	48.7576	49.4953	51.7393
80	51.1719	53.5401	55.0612	57.1532	57.9553	60.3915
90	59.1963	61.7541	63.3942	65.6466	66.5093	69.1260
100	67.3276	70.0649	71.8177	74.2219	75.1419	77.9295
120	83.8516	86.9233	88.8859	91.5726	92.5991	95.7046
150	109.142	112.668	114.915	117.985	119.155	122.692
200	152.241	156.432	159.096	162.728	164.111	168.279
250	196.161	200.939	203.971	208.098	209.667	214.392

0.050	0.030	0.025	0.015	0.010	0.000
3.84146	4.70929	5.02389	5.91647	6.63490	7.8794
5.99146	7.01312	7.37776	8.39941	9.21034	10.596
7.81473	8.94729	9.34840	10.4650	11.3449	12.838
9.48773	10.7119	11.1433	12.3391	13.2767	14.860
11.0705	12.3746	12.8325	14.0978	15.0863	16.749
12.5916	13.9676	14.4494	15.7774	16.8119	18.547
14.0671	15.5091	16.0128	17.3984	18.4753	20.277
15.5073	17.0105	17.5345	18.9739	20.0902	21.955
16.9190	18.4796	19.0228	20.5125	21.6660	23.589
18.3070	19.9219	20.4832	22.0206	23.2093	25.188
19.6751	21.3416	21.9200	23.5028	24.7250	26.756
21.0261	22.7418	23.3367	24.9628	26.2170	28.299
22.3620	24.1249	24.7356	26.4034	27.6882	29.819
23.6848	25.4931	26.1189	27.8268	29.1412	31.319
24.9958	26.8479	27.4884	29.2349	30.5779	32.801
26.2962	28.1907	28.8454	30.6292	31.9999	34.267
27.5871	29.5227	30.1910	32.0112	33.4087	35.718
28.8693	30.8447	31.5264	33.3817	34.8053	37.156
30.1435	32.1577	32.8523	34.7420	36.1909	38.582
31.4104	33.4624	34.1696	36.0926	37.5662	39.996
32.6706	34.7593	35.4789	37.4345	38.9322	41.401
33.9244	36.0492	36.7807	38.7681	40.2894	42.795
35.1725	37.3323	38.0756	40.0941	41.6384	44.181
36.4150	38.6093	39.3641	41.4130	42.9798	45.558
37.6525	39.8804	40.6465	42.7252	44.3141	46.927
38.8851	41.1460	41.9232	44.0311	45.6417	48.289
40.1133	42.4066	43.1945	45.3311	46.9629	49.644
41.3371	43.6622	44.4608	46.6256	48.2782	50.993
42.5570	44.9132	45.7223	47.9147	49.5879	52.335
43.7730	46.1599	46.9792	49.1989	50.8922	53.672
49.8018	52.3351	53.2033	55.5526	57.3421	60.274
55.7585	58.4278	59.3417	61.8117	63.6907	66.766
61.6562	64.4535	65.4102	67.9937	69.9568	73.166
67.5048	70.4230	71.4202	74.1111	76.7539	79.490
79.0819	82.2251	83.2977	86.1883	88.3794	91.951
90.5312	93.8813	95.0232	98.0976	100.425	104.21
101.879	105.422	106.629	109.874	112.329	116.32
113.145	116.869	118.136	121.542	124.116	128.29
124.342	128.237	129.561	133.120	135.807	140.16
146.567	150.780	152.211	156.053	158.950	163.64
179.581	184.225	185.800	190.025	193.208	198.36
233.994	239.270	241.058	245.845	249.445	255.26
287.882	293.270	295.689	300.971	304.940	311.34

付表4. F 表❶

ϕ_2 \ ϕ_1	1	2	3	4	5	6	7	8	9	10
1	161. **4052.**	200. **5000.**	216. **5403.**	225. **5625.**	230. **5764.**	234. **5859.**	237. **5928.**	239. **5981.**	241. **6022.**	242. **6056.**
2	18.5 **98.5**	19.0 **99.0**	19.2 **99.2**	19.3 **99.2**	19.3 **99.3**	19.4 **99.3**	19.4 **99.4**	19.4 **99.4**	19.4 **99.4**	19.4 **99.4**
3	10.1 **34.1**	9.55 **30.8**	9.28 **29.5**	9.12 **28.7**	9.01 **28.2**	8.94 **27.9**	8.89 **27.7**	8.85 **27.5**	8.81 **27.3**	8.79 **27.2**
4	7.71 **21.2**	6.94 **18.0**	6.59 **16.7**	6.39 **16.0**	6.26 **15.5**	6.16 **15.2**	6.09 **15.0**	6.04 **14.8**	6.00 **14.7**	5.96 **14.5**
5	6.61 **16.3**	5.79 **13.3**	5.41 **12.1**	5.19 **11.4**	5.05 **11.0**	4.95 **10.7**	4.88 **10.5**	4.82 **10.3**	4.77 **10.2**	4.74 **10.1**
6	5.99 **13.7**	5.14 **10.9**	4.76 **9.78**	4.53 **9.15**	4.39 **8.75**	4.28 **8.47**	4.21 **8.26**	4.15 **8.10**	4.10 **7.98**	4.06 **7.87**
7	5.59 **12.2**	4.74 **9.55**	4.35 **8.45**	4.12 **7.85**	3.97 **7.46**	3.87 **7.19**	3.79 **6.99**	3.73 **6.84**	3.68 **6.72**	3.64 **6.62**
8	5.32 **11.3**	4.46 **8.65**	4.07 **7.59**	3.84 **7.01**	3.69 **6.63**	3.58 **6.37**	3.50 **6.18**	3.44 **6.03**	3.39 **5.91**	3.35 **5.81**
9	5.12 **10.6**	4.26 **8.02**	3.86 **6.99**	3.63 **6.42**	3.48 **6.06**	3.37 **5.80**	3.29 **5.61**	3.23 **5.47**	3.18 **5.35**	3.14 **5.26**
10	4.96 **10.0**	4.10 **7.56**	3.71 **6.55**	3.48 **5.99**	3.33 **5.64**	3.22 **5.39**	3.14 **5.20**	3.07 **5.06**	3.02 **4.94**	2.98 **4.85**
11	4.84 **9.65**	3.98 **7.21**	3.59 **6.22**	3.36 **5.67**	3.20 **5.32**	3.09 **5.07**	3.01 **4.89**	2.95 **4.74**	2.90 **4.63**	2.85 **4.54**
12	4.75 **9.33**	3.89 **6.93**	3.49 **5.95**	3.26 **5.41**	3.11 **5.06**	3.00 **4.82**	2.91 **4.64**	2.85 **4.50**	2.80 **4.39**	2.75 **4.30**
13	4.67 **9.07**	3.81 **6.70**	3.41 **5.74**	3.18 **5.21**	3.03 **4.86**	2.92 **4.62**	2.83 **4.44**	2.77 **4.30**	2.71 **4.19**	2.67 **4.10**
14	4.60 **8.86**	3.74 **6.51**	3.34 **5.56**	3.11 **5.04**	2.96 **4.69**	2.85 **4.46**	2.76 **4.28**	2.70 **4.14**	2.65 **4.03**	2.60 **3.94**
15	4.54 **8.68**	3.68 **6.36**	3.29 **5.42**	3.06 **4.89**	2.90 **4.56**	2.79 **4.32**	2.71 **4.14**	2.64 **4.00**	2.59 **3.89**	2.54 **3.80**
16	4.49 **8.53**	3.63 **6.23**	3.24 **5.29**	3.01 **4.77**	2.85 **4.44**	2.74 **4.20**	2.66 **4.03**	2.59 **3.89**	2.54 **3.78**	2.49 **3.69**
17	4.45 **8.40**	3.59 **6.11**	3.20 **5.18**	2.96 **4.67**	2.81 **4.34**	2.70 **4.10**	2.61 **3.93**	2.55 **3.79**	2.49 **3.68**	2.45 **3.59**
18	4.41 **8.29**	3.55 **6.01**	3.16 **5.09**	2.93 **4.58**	2.77 **4.25**	2.66 **4.01**	2.58 **3.84**	2.51 **3.71**	2.46 **3.60**	2.41 **3.51**
19	4.38 **8.18**	3.52 **5.93**	3.13 **5.01**	2.90 **4.50**	2.74 **4.17**	2.63 **3.94**	2.54 **3.77**	2.48 **3.63**	2.42 **3.52**	2.38 **3.43**
20	4.35 **8.10**	3.49 **5.85**	3.10 **4.94**	2.87 **4.43**	2.71 **4.10**	2.60 **3.87**	2.51 **3.70**	2.45 **3.56**	2.39 **3.46**	2.35 **3.37**
21	4.32 **8.02**	3.47 **5.78**	3.07 **4.87**	2.84 **4.37**	2.68 **4.04**	2.57 **3.81**	2.49 **3.64**	2.42 **3.51**	2.37 **3.40**	2.32 **3.31**
22	4.30 **7.95**	3.44 **5.72**	3.05 **4.82**	2.82 **4.31**	2.66 **3.99**	2.55 **3.76**	2.46 **3.59**	2.40 **3.45**	2.34 **3.35**	2.30 **3.26**
23	4.28 **7.88**	3.42 **5.66**	3.03 **4.76**	2.80 **4.26**	2.64 **3.94**	2.53 **3.71**	2.44 **3.54**	2.37 **3.41**	2.32 **3.30**	2.27 **3.21**
24	4.26 **7.82**	3.40 **5.61**	3.01 **4.72**	2.78 **4.22**	2.62 **3.90**	2.51 **3.67**	2.42 **3.50**	2.36 **3.36**	2.30 **3.26**	2.25 **3.17**
25	4.24 **7.77**	3.39 **5.57**	2.99 **4.68**	2.76 **4.18**	2.60 **3.86**	2.49 **3.63**	2.40 **3.46**	2.34 **3.32**	2.28 **3.22**	2.24 **3.13**
26	4.23 **7.72**	3.37 **5.53**	2.98 **4.64**	2.74 **4.14**	2.59 **3.82**	2.47 **3.59**	2.39 **3.42**	2.32 **3.29**	2.27 **3.18**	2.22 **3.09**
27	4.21 **7.68**	3.35 **5.49**	2.96 **4.60**	2.73 **4.11**	2.57 **3.78**	2.46 **3.56**	2.37 **3.39**	2.31 **3.26**	2.25 **3.15**	2.20 **3.06**
28	4.20 **7.64**	3.34 **5.45**	2.95 **4.57**	2.71 **4.07**	2.56 **3.75**	2.45 **3.53**	2.36 **3.36**	2.29 **3.23**	2.24 **3.12**	2.19 **3.03**
29	4.18 **7.60**	3.33 **5.42**	2.93 **4.54**	2.70 **4.04**	2.55 **3.73**	2.43 **3.50**	2.35 **3.33**	2.28 **3.20**	2.22 **3.09**	2.18 **3.00**
30	4.17 **7.56**	3.32 **5.39**	2.92 **4.51**	2.69 **4.02**	2.53 **3.70**	2.42 **3.47**	2.33 **3.30**	2.27 **3.17**	2.21 **3.07**	2.16 **2.98**
40	4.08 **7.31**	3.23 **5.18**	2.84 **4.31**	2.61 **3.83**	2.45 **3.51**	2.34 **3.29**	2.25 **3.12**	2.18 **2.99**	2.21 **2.89**	2.08 **2.80**
60	4.00 **7.08**	3.15 **4.98**	2.76 **4.13**	2.53 **3.65**	2.37 **3.34**	2.25 **3.12**	2.17 **2.95**	2.10 **2.82**	2.04 **2.72**	1.99 **2.63**
120	3.92 **6.85**	3.07 **4.79**	2.68 **3.95**	2.45 **3.48**	2.29 **3.17**	2.18 **2.96**	2.09 **2.79**	2.02 **2.66**	1.96 **2.56**	1.91 **2.47**
∞	3.84 **6.63**	3.00 **4.61**	2.60 **3.78**	2.37 **3.32**	2.21 **3.02**	2.10 **2.80**	2.01 **2.64**	1.94 **2.51**	1.88 **2.41**	1.83 **2.32**

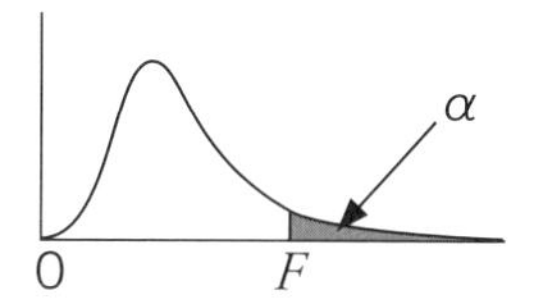

$F(\phi_1、\phi_2;\alpha)$　　$\alpha=0.05$(細字)　　$\alpha=0.01$(太字)
ϕ_1=分子の自由度　　ϕ_2=分母の自由度

12	15	20	24	30	40	60	120	∞
244. **6106.**	246. **6157.**	248. **6209.**	249. **6235.**	250. **6261.**	251. **6287.**	252. **6313.**	253. **6339.**	254. **6366.**
19.4 **99.4**	19.4 **99.4**	19.4 **99.4**	19.5 **99.5**	19.5 **99.5**	19.5 **99.5**	19.5 **99.5**	19.5 **99.5**	19.5 **99.5**
8.74 **27.1**	8.70 **26.9**	8.66 **26.7**	8.64 **26.6**	8.62 **26.5**	8.59 **26.4**	8.57 **26.3**	8.55 **26.2**	8.53 **26.1**
5.91 **14.4**	5.86 **14.2**	5.80 **14.0**	5.77 **13.9**	5.75 **13.8**	5.72 **13.7**	5.69 **13.7**	5.66 **13.6**	5.63 **13.5**
4.68 **9.89**	4.62 **9.72**	4.56 **9.55**	4.53 **9.47**	4.50 **9.38**	4.46 **9.29**	4.43 **9.20**	4.40 **9.11**	4.36 **9.02**
4.00 **7.72**	3.94 **7.56**	3.87 **7.40**	3.84 **7.31**	3.81 **7.23**	3.77 **7.14**	3.74 **7.06**	3.70 **6.97**	3.67 **6.88**
3.57 **6.47**	3.51 **6.31**	3.44 **6.16**	3.41 **6.07**	3.38 **5.99**	3.34 **5.91**	3.30 **5.82**	3.27 **5.74**	3.23 **5.65**
3.28 **5.67**	3.22 **5.52**	3.15 **5.36**	3.12 **5.28**	3.08 **5.20**	3.04 **5.12**	3.01 **5.03**	2.97 **4095**	2.93 **4.86**
3.07 **5.11**	3.01 **4.96**	2.94 **4.81**	2.90 **4.73**	2.86 **4.65**	2.83 **4.57**	2.79 **4.48**	2.75 **4.40**	2.71 **4.31**
2.91 **4.71**	2.85 **4.56**	2.77 **4.41**	2.74 **4.33**	2.70 **4.25**	2.66 **4.17**	2.62 **4.08**	2.58 **4.00**	2.54 **3.91**
2.79 **4.40**	2.72 **4.25**	2.65 **4.10**	2.61 **4.02**	2.57 **3.94**	2.53 **3.86**	2.49 **3.78**	2.45 **3.69**	2.40 **3.60**
2.69 **4.16**	2.62 **4.01**	2.54 **3.86**	2.51 **3.78**	2.47 **3.70**	2.43 **3.62**	2.38 **3.54**	2.34 **3.45**	2.30 **3.36**
2.60 **3.96**	2.53 **3.82**	2.46 **3.66**	2.42 **3.59**	2.38 **3.51**	2.34 **3.43**	2.30 **3.34**	2.25 **3.25**	2.21 **3.17**
2.53 **3.80**	2.46 **3.66**	2.39 **3.51**	2.35 **3.43**	2.31 **3.35**	2.27 **3.27**	2.22 **3.18**	2.18 **3.09**	2.13 **3.00**
2.48 **3.67**	2.40 **3.52**	2.33 **3.37**	2.29 **3.29**	2.25 **3.21**	2.20 **3.13**	2.16 **3.05**	2.11 **2.96**	2.07 **2.87**
2.42 **3.55**	2.35 **3.41**	2.28 **3.26**	2.24 **3.18**	2.19 **3.10**	2.15 **3.02**	2.11 **2.93**	2.06 **2.84**	2.01 **2.75**
2.38 **3.46**	2.31 **3.31**	2.23 **3.16**	2.19 **3.08**	2.15 **3.00**	2.10 **2.92**	2.06 **2.83**	2.01 **2.75**	1.96 **2.65**
2.34 **3.37**	2.27 **3.23**	2.19 **3.08**	2.15 **3.00**	2.11 **2.92**	2.06 **2.84**	2.02 **2.75**	1.97 **2.66**	1.92 **2.57**
2.31 **3.30**	2.23 **3.15**	2.16 **3.00**	2.11 **2.92**	2.07 **2.84**	2.03 **2.76**	1.98 **2.67**	1.93 **2.58**	1.88 **2.49**
2.28 **3.23**	2.20 **3.09**	2.12 **2.94**	2.08 **2.86**	2.04 **2.78**	1.99 **2.69**	1.95 **2.61**	1.90 **2.52**	1.84 **2.42**
2.25 **3.17**	2.18 **3.03**	2.10 **2.88**	2.05 **2.80**	2.01 **2.72**	1.96 **2.64**	1.92 **2.55**	1.87 **2.46**	1.81 **2.36**
2.23 **3.12**	2.15 **2.98**	2.07 **2.83**	2.03 **2.75**	1.98 **2.67**	1.94 **2.58**	1.89 **2.50**	1.84 **2.40**	1.78 **2.31**
2.20 **3.07**	2.13 **2.93**	2.05 **2.78**	2.01 **2.70**	1.96 **2.62**	1.91 **2.54**	1.86 **2.45**	1.81 **2.35**	1.76 **2.26**
2.18 **3.03**	2.11 **2.89**	2.03 **2.74**	1.98 **2.66**	1.94 **2.58**	1.89 **2.49**	1.84 **2.40**	1.79 **2.31**	1.73 **2.21**
2.16 **2.99**	2.09 **2.85**	2.01 **2.70**	1.96 **2.62**	1.92 **2.54**	1.87 **2.45**	1.82 **2.36**	1.77 **2.27**	1.71 **2.17**
2.15 **2.96**	2.07 **2.81**	1.99 **2.66**	1.95 **2.58**	1.90 **2.50**	1.85 **2.42**	1.80 **2.33**	1.75 **2.23**	1.69 **2.13**
2.13 **2.93**	2.06 **2.78**	1.97 **2.63**	1.93 **2.55**	1.88 **2.47**	1.84 **2.38**	1.79 **2.29**	1.73 **2.20**	1.67 **2.06**
2.12 **2.90**	2.04 **2.75**	1.96 **2.60**	1.91 **2.52**	1.87 **2.44**	1.82 **2.35**	1.77 **2.26**	1.71 **2.17**	1.65 **2.06**
2.10 **2.87**	2.03 **2.73**	1.94 **2.57**	1.90 **2.49**	1.85 **2.41**	1.81 **2.33**	1.75 **2.23**	1.70 **2.14**	1.64 **2.03**
2.09 **2.84**	2.01 **2.70**	1.93 **2.55**	1.89 **2.47**	1.84 **2.39**	1.79 **2.30**	1.74 **2.21**	1.68 **2.11**	1.62 **2.01**
2.00 **2.66**	1.92 **2.52**	1.84 **2.37**	1.79 **2.29**	1.74 **2.20**	1.69 **2.11**	1.64 **2.02**	1.58 **1.92**	1.51 **1.80**
1.92 **2.50**	1.84 **2.35**	1.75 **2.20**	1.70 **2.12**	1.65 **2.03**	1.59 **1.94**	1.53 **1.84**	1.47 **1.73**	1.39 **1.60**
1.83 **2.34**	1.75 **2.19**	1.66 **2.03**	1.61 **1.95**	1.55 **1.86**	1.50 **1.76**	1.43 **1.66**	1.35 **1.53**	1.25 **1.38**
1.75 **2.18**	1.67 **2.04**	1.57 **1.88**	1.52 **1.79**	1.46 **1.70**	1.39 **1.59**	1.32 **1.47**	1.22 **1.32**	1.00 **1.00**

付表5．F表❷

ϕ_2 \ ϕ_1	1	2	3	4	5	6	7	8	9	10
1	647.8	799.5	864.2	899.6	921.8	937.1	948.2	956.7	963.3	968.6
2	38.51	39.00	39.17	39.25	39.30	39.33	39.36	39.37	39.39	39.40
3	17.44	16.04	15.44	15.10	14.88	14.73	14.62	14.54	14.47	14.42
4	12.22	10.65	9.98	9.60	9.36	9.20	9.07	8.98	8.90	8.84
5	10.01	8.43	7.76	7.39	7.15	6.98	6.85	6.76	6.68	6.62
6	8.81	7.26	6.60	6.23	5.99	5.82	5.70	5.60	5.52	5.46
7	8.07	6.54	5.89	5.52	5.29	5.12	4.99	4.90	4.82	4.76
8	7.57	6.06	5.42	5.05	4.82	4.65	4.53	4.43	4.36	4.30
9	7.21	5.71	5.08	4.72	4.48	4.32	4.20	4.10	4.03	3.96
10	6.94	5.46	4.83	4.47	4.24	4.07	3.95	3.85	3.78	3.72
11	6.72	5.26	4.63	4.28	4.04	3.88	3.76	3.66	3.59	3.53
12	6.55	5.10	4.47	4.12	3.89	3.73	3.61	3.51	3.44	3.37
13	6.41	4.97	4.35	4.00	3.77	3.60	3.48	3.39	3.31	3.25
14	6.30	4.86	4.24	3.89	3.66	3.50	3.38	3.29	3.21	3.15
15	6.20	4.77	4.15	3.80	3.58	3.41	3.29	3.20	3.12	3.06
16	6.12	4.69	4.08	3.73	3.50	3.34	3.22	3.12	3.05	2.79
17	6.04	4.62	4.01	3.66	3.44	3.28	3.16	3.06	2.98	2.92
18	5.98	4.56	3.95	3.61	3.38	3.22	3.10	3.01	2.93	2.87
19	5.92	4.51	3.90	3.56	3.33	3.17	3.05	2.96	2.88	2.82
20	5.87	4.46	3.86	3.51	3.29	3.13	3.01	2.91	2.84	2.77
21	5.83	4.42	3.82	3.48	3.25	3.09	2.97	2.87	2.80	2.73
22	5.79	4.38	3.78	3.44	3.22	3.05	2.93	2.84	2.76	2.70
23	5.75	4.35	3.75	3.41	3.18	3.02	2.90	2.81	2.73	2.67
24	5.72	4.32	3.72	3.38	3.15	2.99	2.87	2.78	2.70	2.64
25	5.69	4.29	3.69	3.35	3.13	2.97	2.85	2.75	2.68	2.61
26	5.66	4.27	3.67	3.33	3.10	2.94	2.82	2.73	2.65	2.59
27	5.63	4.24	3.65	3.31	3.08	2.92	2.80	2.71	2.63	2.57
28	5.61	4.22	3.63	3.29	3.06	2.90	2.78	2.69	2.61	2.55
29	5.59	4.20	3.61	3.27	3.04	2.88	2.76	2.67	2.59	2.53
30	5.57	4.18	3.59	3.25	3.03	2.87	2.75	2.65	2.57	2.51
40	5.42	4.05	3.46	3.13	2.90	2.74	2.62	2.53	2.45	2.39
60	5.29	3.93	3.34	3.01	2.79	2.63	2.51	2.41	2.33	2.27
120	5.15	3.80	3.23	2.89	2.67	2.52	2.39	2.30	2.22	2.16
∞	5.02	3.69	3.12	2.79	2.57	2.41	2.29	2.19	2.11	2.05

$F(\phi_1、\phi_2;\alpha)$　　$\alpha=0.025$
ϕ_1＝分子の自由度　　ϕ_2＝分母の自由度

11	12	15	20	30	∞
973.0	976.7	984.9	993.1	1001	1018
39.41	39.41	39.43	39.45	39.46	39.50
14.37	14.34	14.25	14.17	14.08	13.90
8.79	8.75	8.66	8.56	8.46	8.26
6.57	6.52	6.43	6.33	6.23	6.02
5.41	5.37	5.27	5.17	5.07	4.85
4.71	4.67	4.57	4.47	4.36	4.14
4.24	4.20	4.10	4.00	3.89	3.67
3.91	3.87	3.77	3.67	3.56	3.33
3.66	3.62	3.52	3.42	3.31	3.08
3.47	3.43	3.33	3.23	3.12	2.88
3.32	3.28	3.18	3.07	2.96	2.72
3.20	3.15	3.05	2.95	2.84	2.60
3.09	3.05	2.95	2.84	2.73	2.49
3.01	2.96	2.86	2.76	2.64	2.40
2.68	2.57	2.32	2.99	2.93	2.89
2.87	2.82	2.72	2.62	2.50	2.25
2.81	2.77	2.67	2.56	2.44	2.19
2.76	2.72	2.62	2.51	2.39	2.13
2.72	2.68	2.57	2.46	2.35	2.09
2.68	2.64	2.53	2.42	2.31	2.04
2.65	2.60	2.50	2.39	2.27	2.00
2.62	2.57	2.47	2.36	2.24	1.97
2.59	2.54	2.44	2.33	2.21	1.94
2.56	2.51	2.41	2.30	2.18	1.91
2.54	2.49	2.39	2.28	2.16	1.88
2.51	2.47	2.36	2.25	2.13	1.85
2.49	2.45	2.34	2.23	2.11	1.83
2.48	2.43	2.32	2.21	2.09	1.81
2.46	2.41	2.31	2.20	2.07	1.79
2.33	2.29	2.18	2.07	1.94	1.64
2.22	2.17	2.06	1.94	1.82	1.48
2.10	2.05	1.94	1.82	1.69	1.31
1.99	1.94	1.83	1.71	1.57	1.00

付表6．計数規準型1回抜取検査表

P_1(%) / P_0(%)	0.71〜0.90	0.91〜1.12	1.13〜1.40	1.41〜1.80	1.81〜2.24	2.25〜2.80	2.81〜3.55	3.56〜4.50
0.090〜0.112	*	400 1	↓	←	↓	→	60 0	50 0
0.113〜0.140	*	↓	300 1	↓	←	↓	→	↑
0.141〜0.180	*	500 2	↓	250 1	↓	←	↓	→
0.181〜0.224	*	*	400 2	↓	200 1	↓	←	↓
0.225〜0.280	*	*	500 3	300 2	↓	150 1	↓	←
0.281〜0.355	*	*	*	400 3	250 2	↓	120 1	↓
0.356〜0.450	*	*	*	500 4	300 3	200 2	↓	100 1
0.451〜0.560	*	*	*	*	400 4	250 3	150 2	↓
0.561〜0.710	*	*	*	*	500 6	300 4	200 3	120 2
0.711〜0.900	*	*	*	*	*	400 6	250 4	150 3
0.901〜1.12		*	*	*	*	*	300 6	200 4
1.13 〜1.40			*	*	*	*	500 10	250 6
1.41 〜1.80				*	*	*	*	400 10
1.81 〜2.24					*	*	*	*
2.25 〜2.80						*	*	*
2.81 〜3.55							*	*
3.56 〜4.50								*
4.51 〜5.60								
5.61 〜7.10								
7.11 〜9.00								
9.01 〜11.2								

細字は n　**太字**は c　α≒0.05　β≒0.10

4.51～5.60	5.61～7.10	7.11～9.00	9.01～11.2	11.3～14.0	14.1～18.0	18.1～22.4	22.5～28.0	28.1～35.5
←	↓	↓	←	↓	↓	↓	↓	↓
40 **0**	←	↓	↓	←	↓	↓	↓	↓
↑	30 **0**	←	↓	↓	←	↓	↓	↓
→	↑	25 **0**	←	↓	↓	←	↓	↓
↓	→	↑	20 **0**	←	↓	↓	←	↓
←	↓	→	↑	15 **0**	←	↓	↓	←
↓	←	↓	→	↑	15 **0**	←	↓	↓
80 **1**	↓	←	↓	→	↑	10 **0**	←	↓
↓	60 **1**	↓	←	↓	→	↑	7 **0**	←
100 **2**	↓	50 **1**	↓	←	↓	→	↑	5 **0**
120 **3**	80 **2**	↓	40 **1**	↓	←	↓	↑	↑
150 **4**	100 **3**	60 **2**	↓	30 **1**	↓	←	↓	↑
200 **6**	120 **4**	80 **3**	50 **2**	↓	25 **1**	↓	←	↓
300 **10**	150 **6**	100 **4**	60 **3**	40 **2**	↓	20 **1**	↓	←
*	250 **10**	120 **6**	70 **4**	50 **3**	30 **2**	↓	15 **1**	↓
*	*	200 **10**	100 **6**	60 **4**	40 **3**	25 **2**	↓	10 **1**
*	*	*	150 **10**	80 **6**	50 **4**	30 **3**	20 **2**	↓
*	*	*	*	120 **10**	60 **6**	40 **4**	25 **3**	15 **2**
	*	*	*	*	100 **10**	50 **6**	30 **4**	20 **3**
		*	*	*	*	70 **10**	40 **6**	25 **4**
			*	*	*	*	60 **10**	30 **6**

“*”の場合は、次ページの抜取検査設計補助表を用いて計算する。

付表７．抜取検査設計補助表

p_1 / p_0	c	n
17以上	0	$2.56/p_0+115/p_1$
16～7.9	1	$17.8/p_0+194/p_1$
7.8～5.6	2	$40.9/p_0+266/p_1$
5.5～4.4	3	$68.3/p_0+334/p_1$
4.3～3.6	4	$98.5/p_0+400/p_1$
3.5～2.8	6	$164/p_0+527/p_1$
2.7～2.3	10	$308/p_0+770/p_1$
2.2～2.0	15	$502/p_0+1065/p_1$
1.99～1.86	20	$704/p_0+1350/p_1$

付表８．サンプル(サイズ)文字

ロットサイズ	特別検査水準				通常検査水準		
	S-1	S-2	S-3	S-4	I	II	III
2～8	A	A	A	A	A	A	B
9～15	A	A	A	A	A	B	C
16～25	A	A	B	B	B	C	D
26～50	A	B	B	C	C	D	E
51～90	B	B	C	C	C	E	F
91～150	B	B	C	D	D	F	G
151～280	B	C	D	E	E	G	H
281～500	B	C	D	E	F	H	J
501～1200	C	C	E	F	G	J	K
1201～3200	C	D	E	G	H	K	L
3201～10000	C	D	F	G	J	L	M
10001～35000	C	D	F	H	K	M	N
35001～150000	D	E	G	I	L	N	P
150001～500000	D	E	G	J	M	P	Q
500001以上	D	E	H	K	N	Q	R

（参考）この付表８は、レベル表の改訂によって１級の試験範囲に移行した「調整型抜取検査」で使用する。ロットから抜き取るサンプルの数は「サンプル文字」というアルファベットで表され、（JIS Z 9015-1により）ロットサイズと検査水準によって定められている。

付表9. $\overline{X}-R$ 管理図用係数表

サンプルサイズ	$\overline{X}$ 管理図		R 管理図			
n	A	A_2	d_2	D_2	D_3	D_4
2	2.121	1.880	1.128	3.686	—	3.27
3	1.732	1.023	1.693	4.358	—	2.57
4	1.500	0.729	2.059	4.698	—	2.28
5	1.342	0.577	2.326	4.918	—	2.11
6	1.225	0.483	2.534	5.079	—	2.00
7	1.134	0.419	2.704	5.204	0.08	1.92
8	1.061	0.373	2.847	5.307	0.14	1.86
9	1.000	0.337	2.970	5.394	0.18	1.82
10	0.949	0.308	3.078	5.469	0.22	1.78

(出典)JIS Z 9020-1:2016(一部抜粋)

付表10. $\overline{X}-s$ 管理図用係数表

サンプルサイズ	$\overline{X}$ 管理図	s 管理図	
n	A_3	B_4	B_3
2	2.659	3.267	—
3	1.954	2.568	—
4	1.628	2.266	—
5	1.427	2.089	—
6	1.287	1.970	0.030
7	1.182	1.882	0.118
8	1.099	1.815	0.185
9	1.032	1.761	0.239
10	0.975	1.716	0.284

(出典)JIS Z 9020-1:2016(一部抜粋)

付表11. p_0(%)、p_1(%)をもとにしての試料の大きさnと合格判定

p_0(%) ＼ p_1(%)	代表値	0.80	1.00	1.25	1.60	2.00	2.50	3.15
	範囲	0.71〜0.90	0.91〜1.12	1.13〜1.40	1.41〜1.80	1.81〜2.24	2.25〜2.80	2.81〜3.55
代表値	範囲							
0.100	0.090〜0.112	2.71 18	2.66 15	2.61 12	2.56 10	2.51 8	2.40 7	2.40 6
0.125	0.113〜0.140	2.68 23	2.63 18	2.58 14	2.53 10	2.48 9	2.43 8	2.37 6
0.160	0.141〜0.180	2.64 29	2.60 22	2.55 17	2.50 13	2.42 13	2.39 9	2.35 7
0.200	0.181〜0.224	2.61 39	2.57 28	2.52 21	2.47 16	2.38 15	2.30 10	2.30 8
0.250	0.225〜0.280	*	2.54 37	2.49 27	2.44 20	2.35 19	2.33 12	2.28 10
0.315	0.281〜0.355	*	*	2.46 36	2.40 25	2.32 24	2.30 14	2.24 11
0.400	0.356〜0.450	*	*	*	2.37 33	2.28 31	2.26 18	2.21 14
0.500	0,451〜0.560	*	*	*	2.33 46	2.25 44	2.23 23	2.17 17
0.630	0.561〜0.710	*	*	*	*	*	2.19 30	2.09 21
0.800	0.711〜0.900		*	*	*	*	2.16 42	2.10 28
1.00	0.901〜1.12			*	*	*	*	2.06 38
1.25	1.13〜1.40				*	*	*	*
1.60	1.41〜1.80				*	*	*	*
2.00	1.81〜2.24						*	*
2.50	2.25〜2.80						*	*
3.15	2.81〜3.55							*
4.00	3.56〜4.50							
5.00	4.51〜5.60							
6.30	5.61〜7.10							
8.00	7.11〜9.00							
10.0	9.01〜11.2							

値を計算するための係数kとを求める表

（α≒0.05、β≒0.10）(JIS Z 9003：1979)

4.00	5.00	6.30	8.00	10.0	12.5	16.0	20.0	25.0	31.5
3.56 ～ 4.50	4.51 ～ 5.60	5.61 ～ 7.10	7.11 ～ 9.00	9.01 ～ 11.2	11.3 ～ 14.0	14.1 ～ 18.0	18.1 ～ 22.4	22.5 ～ 28.0	28.1 ～ 35.5
2.34 5	2.28 4	2.30 4	2.14 3	2.08 3	1.99 2	1.91 2	1.84 2	1.75 2	1.00 2
2.31 5	2.25 5	2.19 4	2.11 3	2.05 3	1.96 2	1.88 2	1.80 2	1.72 2	1.62 2
2.28 6	2.22 5	2.15 4	2.09 4	2.01 3	1.94 3	1.84 2	1.77 2	1.68 2	1.59 2
2.25 7	2.19 6	2.12 5	2.05 4	1.98 3	1.91 3	1.81 2	1.73 2	1.65 2	1.55 2
2.21 8	2.15 6	2.09 5	2.02 4	1.95 4	1.87 3	1.80 3	1.70 2	1.61 2	1.52 2
2.18 9	2.12 7	2.05 6	1.99 5	1.92 4	1.84 3	1.76 3	1.66 2	1.57 2	1.48 2
2.15 11	2.08 8	2.02 7	1.95 6	1.89 5	1.81 4	1.72 3	1.64 3	1.53 2	1.44 2
2.11 13	2.05 10	1.99 8	1.92 6	1.85 5	1.77 4	1.68 3	1.60 3	1.50 2	1.40 2
2.03 15	2.02 12	1.95 9	1.89 7	1.81 6	1.74 5	1.65 4	1.56 3	1.46 2	1.36 2
2.04 20	1.98 15	1.91 11	1.84 8	1.78 7	1.70 5	1.61 4	1.52 3	1.44 3	1.32 2
2.00 26	1.94 18	1.88 14	1.81 10	1.74 8	1.65 6	1.58 5	1.50 4	1.42 3	1.30 3
1.97 35	1.91 24	1.84 17	1.77 12	1.70 9	1.63 7	1.54 6	1.45 4	1.37 3	1.26 3
*	1.86 34	1.80 23	1.73 16	1.66 12	1.59 9	1.50 6	1.41 5	1.32 4	1.21 3
*	*	1.76 31	1.69 20	1.62 14	1.54 10	1.46 8	1.37 6	1.28 5	1.16 3
*	*	1.72 46	1.65 28	1.58 19	1.50 13	1.42 9	1.33 7	1.24 5	1.13 4
*	*	*	1.60 42	1.53 26	1.46 17	1.37 11	1.29 8	1.19 6	1.09 5
*	*	*	*	1.49 39	1.41 24	1.33 15	1.24 10	1.14 7	1.04 5
	*	*	*	*	1.37 35	1.28 20	1.19 13	1.10 9	0.99 6
		*	*	*	*	1.23 30	1.14 18	1.05 12	0.94 8
			*	*	*	*	1.09 27	1.00 16	0.89 10
				*	*	*	1.03 44	0.94 23	0.83 14

さくいん

数字

3ム 218
4M 218,226
5M 193,206
5M1E 218
5MET 29
5S 218
5W1H 218
5ゲン主義 193

英字

ANDゲート 186
CSR 240
CWQC 194
c 管理図 161,167
DR 193
FMEA 186
FTA 186,215
F 分布 46,50
IE 247
ISO9001(シリーズ) 194,233
JISマーク 229
JISマーク表示制度 229
KKD 193,194
Me-*R* 管理図 161,164
MTBF 182
MTTF 182
np 管理図 161,166
OC曲線 149
OFF－JT 231
OJT 231
ORゲート 186
PDCA(サイクル) 206
PQCDSME 218
PSマーク制度 215
p 管理図 161,166
QAネットワーク 215
QCDPSME 218
QCDSME 218
QCサークル活動 229
QC工程図 217
QC的問題解決法 217
QC七つ道具 26
QFD 214
SDCA(サイクル) 206
SR 240
TCO 194
TPM 219
TQC 194,246
TQM 194,218
t 分布 48
u 管理図 161,168
VE 247
$\overline{X}$-R 管理図 162
$\overline{X}$-s 管理図 163

あ

アクシデント 227
当たり前品質 202
後工程はお客様 192
虻蜂とらず 194
アベイラビリティ 183
アローダイアグラム法 25
あわてものの誤り 64,150
維持活動 188,249
一元的品質 202
一元配置実験 125
因子 122,125
インシデント 227
上側確率 49
ウェルチの(t)検定 79
応急処置 193
大波の相関 108

か

回帰 111
回帰平方和 120
改善 206,234
改善活動 249
階層別教育(階層別研修) 231
カイの2乗(χ^2)分布 49
改良保全 188,249
ガウス分布 37
確率 36
確率分布 36
確率変数 36
確率密度関数 37,61
課題 209
課題達成型QCストーリー 208
片側検定 60
過程決定計画法(PDPC法) 24
稼働率 183
下方管理限界線 158
関係性管理 234
監査基準 232
監査証拠 232

間接検査……149,218
官能検査……218
管理限界線……158
管理項目……219,227
管理図……29,158
管理水準……227
規格値(線)……170
企画品質……201
棄却域……61
棄却限界値……65
企業の社会的責任……240
危険率……64
規準化(標準化)……39
期待値……43
きつい検査……149
機能……201
機能別委員会……225
機能別管理……224
基本事象……187
基本統計量……16
帰無仮説……60
客観的事実に基づく意思決定……234
逆品質……202
共分散……44
業務区分……227
局所管理の原則……123
寄与率……107,117
木を見て森を見ず……194
偶然誤差……123
区間推定……65
グラフ……27
クリティカルパス……26
クロスファンクショナルチーム(CFT)……225
計数規準型抜取検査……151
計数値……12
計測……219
継続的改善……193,206
系統誤差……123
系統サンプリング……15
系統図法……24
計量規準型(一回)抜取検査……153
計量値……12
結果系管理……227
言語データ……12
検査……214,218
検定……56
検定統計量……46,56
源流管理……214
源流段階……214
コーチング……231
効果……122
交互作用……122
校正(較正)……219
工程能力指数……176
顧客指向(志向)……192
顧客重視……234
国際規格……228
誤差……219
故障……185
故障の木解析……186
故障モード影響解析……186,215
故障率……183
国家規格……228
小波の相関……110
コンプライアンス教育……231

さ

サービス……201
最小二乗法……112
再発防止処置……193
最頻値……16
サタスウェイトの方法……79
産業標準化……229
三現主義……193
残差……117
残差平方和……120
散布図……27
サンプリング……13
サンプリング単位……15
サンプル……15
サンプルサイズ……15
自己啓発……231
事後保全……188
事実に基づく管理……193
自主保全活動……207
下側確率……49
実験計画法……122
四分位数……17
社会的責任……240
社内規格……228
シューハート博士……195
修正……219
修正項……125
重大製品事故情報報告……215
重点課題……224
重点指向(志向)……193,227

自由度 48
集落サンプリング 15
主効果 122
ジュラン博士 195
小集団活動 229
消費者危険 150
商品企画七つ道具 246
使用品質 200,202
上方管理限界線 158
初期流動管理 226
新QC七つ道具 22
新製品開発 214
信頼性 182
信頼度 183
信頼率 65
親和図法 22
水準 122,125
推定 56
数値データ 12
正規分布 37
生産者危険 150
製造品質 201
製造物責任 201
製造物責任法 216
精度管理 219
設計基準 215
設計品質 201
設計変更 226
設備管理 249
全社的品質管理 194,246
全数検査 149
相関 106
相関係数 107
相関分析 106
総合的品質管理 194
総合的品質マネジメント 194
相互啓発 231
総平方和 120
層別 29
層別サンプリング 15

た

第1種の誤り 64,171
第2種の誤り 64,171
大数の法則 47
代用特性 200
対立仮説 60
田口の公式 142
多段(2段)サンプリング 14
単回帰式 112
単回帰モデル 112
単回帰分析 112
単純ランダムサンプリング 14
団体規格 228
地域規格 228
チェックシート 26
中央値 16
中心極限定理 47
中心線 158
中長期経営計画 224
長期使用製品安全点検・表示制度 216
調整 219
直列システム 184
直交配列表 123
直行率 227
ティーチング 231
定期保全 249
できばえの品質 201
デザインレビュー 193
デミング博士 195
点検 219
点推定 65
特性要因図 27
トップ事象 187
トップ診断 232
トレーサビリティ 194
どんぶり勘定 194

な

内部監査 232
なみ検査 149
二元配置実験 125
二項分布 40
日常管理 225
日本産業規格(JIS) 229
人間性尊重 193
抜取検査 148
ねらいの品質 201

は

配置実験法 124
ハインリッヒの法則 207
バスタブ曲線 186
初物検査(初品検査) 226
ばらつき 12,16
パレート図 28
範囲 17
反復の原則 123

ヒストグラム 18,28
人々の積極的参加 234
非復元サンプリング 15
標準化 39,107,227
標準作業 226
標準正規分布 39,46
標準偏差 17
品質 200
品質監査 232
品質機能展開 214
品質展開 200
品質特性 200
品質保証 214
品質保証体系図 216
品質マネジメントシステム 233
品質優先 192
品質要素 200
フィッシャーの３原則 123
プーリング 141
フールプルーフ 188
フェールセーフ 187
フェールソフト 187
フェールソフトリー 188
復元サンプリング 15
不信頼度 183
不偏分散（標本分散） 17
プロセスアプローチ 234
プロセス重視 193
プロセス保証 214
プロダクトアウト 192
分散 12,17,43
分散の加法性 45
分散比 82,120
分散分析 114,122
分散分析表 115,125
分野別教育（部門別研修） 231
平均値 16
平均平方 120
平方和 17
並列システム 184
ベルヌーイ試行 40
変化点管理 226
偏差 17
偏差平方和 17
変動係数 17
ポアソン分布 42
方策 186
方針管理 224
母集団 13,15
保全予防 249
母標準偏差 16
母分散 16
母平均 16
ぼんやりものの誤り 64,150

ま

マーケットイン 192
マトリックス・データ解析法 26
マトリックス図法 25
見える化 207
未然防止 186,193
魅力的品質 202
無関心品質 202
無作為化の原則 123
無作為サンプリング 15
無試験検査 149
メディアン 16
モード 16
目標 208
問題 209
問題解決型ＱＣストーリー 208

や

有意サンプリング 15
有意水準 64
有効反復係数 142
ゆるい検査 149
要因 122
要因系管理 227
要因配置実験 124
要求品質 200,214
要求品質展開表 214
予知保全 249
予防保全 249

ら

リーダーシップ 234
両側検定 60
倫理 240
連関図法 23
ロット 15,148

■引用・参考文献一覧

- 『過去問題で学ぶＱＣ検定２級』(日本規格協会)
- 『入門統計解析法』(日科技連出版社)
- 『日本品質管理学会規格 方針管理の指針』
  JSQC-Std 33-001：2016 2016.5.17制定(一般社団法人 日本品質管理学会)

■数値表 引用元

- 付表１：正規分布表
  森口繁一(1989)『新編　統計的方法　改訂版』(日本規格協会)P.262
- 付表２：t表
  森口繁一(1989)『新編　統計的方法　改訂版』(日本規格協会)P.263
- 付表３：χ^2表
  中川雅央(滋賀大学 情報科学・システム工学)
  https://www.biwako.shiga-u.ac.jp/sensei/mnaka/ut/chi2disttab.html
- 付表４：F表①
  森口繁一(1989)『新編　統計的方法　改訂版』(日本規格協会)P.264、265
- 付表５：F表②
  青木繁伸(群馬大学 社会情報学部)
- 付表６：計数規準型１回抜取検査表
  JIS Z 9022:1956　計数規準型一回抜取検査(不良個数の場合)(抜取検査その２) 表１
- 付表７：抜取検査設計補助表
  JIS Z 9022:1956　計数規準型一回抜取検査(不良個数の場合)(抜取検査その２) 表２
- 付表８：サンプル(サイズ)文字
  JIS Z 9015-1:1956　計数規準型一回抜取検査(不良個数の場合)(抜取検査その２) 表１
  JIS Z 9022:2006　計数値検査に対する抜取検査手順－第１部
  ：ロットごとの検査に対するＡＱＬ指標型抜取検査方式　付表１
- 付表９：$\overline{X}-R$管理図用係数表
  JIS Z 9020-1：2016
- 付表10：$\overline{X}-s$管理図用係数表
  JIS Z 9020-1：2016
- 付表11：p_0(%)、p_1(%)をもとにしての試料の大きさnと合格判定値を計算するための係数kとを求める表
  JIS Z 9003：1979

■著者略歴

森 浩光（もり ひろみつ）

1972年長崎県生まれ。ＱＣ検定®２級、ＶＥリーダー、技術士（建設、総合技術監理部門）。九州大学工学部卒業。政策研究大学院大学まちづくりプログラム修了。独立行政法人にて主に都市計画事業（土地区画整理事業）に従事。2019年よりＳＡＴ(株)ＱＣ検定®２級・３級講座の担当講師を務める。
〈著書〉
- 『技術士第二次試験「総合技術監理部門」難関突破のための受験万全対策』
- 『技術士第二次試験「建設部門」難関突破のための受験万全対策』
（いずれも日刊工業新聞社）

■ 校正：橋村みさき（株式会社ぷれす）

■ 著　者：森 浩光（略歴はP.303参照）

■ 編集協力・DTP：knowm
■ 企画・編集：成美堂出版編集部

本書に関する正誤等の最新情報は、下記のアドレスで確認することができます。
https://www.seibidoshuppan.co.jp/support/

上記ＵＲＬに記載されていない箇所で正誤についてお気づきの場合は、書名・発行日・質問事項・ページ数・氏名・郵便番号・住所・ファクシミリ番号を明記の上、**郵送**または**ファクシミリ**で**成美堂出版**までお問い合わせください。

※**電話でのお問い合わせはお受けできません。**

※本書の正誤に関するご質問以外にはお答えできません。また受検指導などは行っておりません。

※ご質問の到着確認後、10日前後に回答を普通郵便またはファクシミリで発送いたします。

※ご質問の受付期間は、各試験日の10日前必着とさせていただきます。ご了承ください。

このコンテンツは、一般財団法人日本規格協会の承認や推奨、その他の検討を受けたものではありません。

しっかり受かる！ QC検定®2級テキスト&問題集

2024年２月20日発行

著　者　森　浩光（もり ひろみつ）

発行者　深見公子

発行所　成美堂出版
〒162-8445　東京都新宿区新小川町1-7
電話(03)5206-8151　FAX(03)5206-8159

印　刷　株式会社フクイン

ISBN978-4-415-23657-5